葛一兵　姜迎新　王纪俊　主编

大学物理

（下册）

COLLEGE PHYSICS

江苏大学出版社
JIANGSU UNIVERSITY PRESS
镇　江

图书在版编目(CIP)数据

大学物理. 下册 / 葛一兵，姜迎新，王纪俊主编. 镇江 : 江苏大学出版社，2024. 12. -- ISBN 978-7-5684-2320-5

Ⅰ. 04

中国国家版本馆 CIP 数据核字第 2024QV3052 号

大学物理. 下册

Daxue Wuli. Xiace

主　　编/葛一兵　姜迎新　王纪俊

责任编辑/李菊萍

出版发行/江苏大学出版社

地　　址/江苏省镇江市京口区学府路 301 号（邮编：212013）

电　　话/0511-84446464（传真）

网　　址/http://press.ujs.edu.cn

排　　版/镇江市江东印刷有限责任公司

印　　刷/江苏扬中印刷有限公司

开　　本/787 mm×1 092 mm　1/16

印　　张/14.75

字　　数/338 千字

版　　次/2024 年 12 月第 1 版

印　　次/2024 年 12 月第 1 次印刷

书　　号/ISBN 978-7-5684-2320-5

定　　价/39.00 元

前 言

物理学以其深邃、广博与基础性的特质，引领着人类对宇宙起源、演化历程及未来图景的不懈探索。它不仅是自然科学体系与工程技术创新的基石，更是塑造未来科技蓝图的关键力量。在大学教育体系中，大学物理课程扮演着至关重要的角色，它不仅是知识传授的殿堂，更是培养学生综合科学素养、启迪创新思维与提高实践能力的摇篮。通过学习大学物理，学生们得以领略物理学解决问题的独特视角与方法论，这些宝贵财富将为他们日后投身科学研究与工程实践的征途铺设坚实的基石。

回溯物理学的发展历程，三大里程碑式的突破犹如璀璨星辰，照亮了人类文明的进步之路。首先，17 至 18 世纪，牛顿力学与热力学的辉煌成就，不仅深刻改变了人类对自然界的认识，更直接推动了蒸汽机与机械工业的飞跃，掀起了第一次工业革命的浪潮。随后，从 19 世纪中叶起，法拉第与麦克斯韦的电磁理论犹如一股强劲的东风，引领人类步入了电气化时代，电机、电器的广泛应用以及电讯技术的迅猛发展，共同铸就了第二次工业革命的辉煌篇章。进入 20 世纪，相对论与量子论的崛起，开启了物理学乃至整个科技领域的全新纪元，成为第三次工业革命持续至今的强大引擎。这一系列历史性的飞跃，无不昭示着物理学作为科技进步不竭动力的深刻内涵。

参与本书编写工作的编者都具有丰富的教学经验，旨在通过生动有趣的教学设计，引导学生跨越物理学的知识门槛，掌握科学探索的钥匙。采用问题导向的教学方法，引导学生从实际问题出发，构建物理模型，进而通过深入分析与解答，逐步揭开自然界的奥秘。在这一过程中，物理模型作为连接理论与实际的桥梁，其简单性、形象性与近似性的特质得以充分展现，既简化了复杂问题的处理，又便于学生直观理解抽象概念。

本书在内容编排上，既注重基础知识的巩固与深化，又紧跟时代步伐，融入物理学最新研究成果与产业应用实例。我们力求使本书内容深浅适宜，讲解逻辑清晰，例题分析详尽透彻，旨在帮助学生构建扎实的物理知识体系，并激发他们的创新思维与培养他们的实践能力。此外，本书还积极探索产教融合的新路径，通过展示物理学理论在产业升级中的实际应用案例，为学生搭建从理论到实践的桥梁。

本书分成上、下两册，上册包含力学和电磁学（由葛一兵、卢立中和许伯强主笔），下册包含热学、振动与波、光学及量子物理（由葛一兵、姜迎新和王纪俊主笔），本书终稿经全体参编人员反复交流研讨敲定。本书配套了电子教案、思考题和习题分析与解答、学习指导书，将会陆续出版。

本书为理工科非物理类专业大学物理课程的教材，适用学时数为 90～120 学时。

最后，我们深知学无止境，书中难免存在不足之处。我们诚挚地邀请广大读者提出宝贵意见与建议，共同推动物理学教育事业的繁荣发展。

编　者

2024 年 8 月

目　录

第三部分　热　学

第四部分 振动与波

第五部分 光 学

第六部分　量子物理

第三部分

热　学

第 15 章　气体动理论

习惯上,人们把与温度有关的现象称为热现象.研究热现象及其规律的物理学分支,称热学.

在历史上,人们是通过两条途径来研究热现象的.一条途径是通过大量的实验观测,总结出热现象的宏观规律,这一部分称热力学;另一条途径是从物质的微观结构出发,以经典力学和概率论为基础,推导出体系内大量微观粒子运动所遵循的统计规律,这一部分称统计物理.热力学和统计物理,从研究方法到理论结果,都有一定的独立性.但是,由于它们研究的是同一类现象(热现象),所以它们是相互关联、相辅相成的.

任何物体都可以作为热学的研究对象,我们把热学研究对象称作热力学体系,简称为体系或系统.与系统发生相互作用的其他物体称为外界.与外界既有物质交换,又有能量交换的系统称为开放系统.与外界没有物质交换,但有能量交换的系统称为封闭系统.与外界既没有物质交换,也没有能量交换的系统称为孤立系统.孤立系统是一个理想概念,绝对的孤立系统是不存在的.当系统与外界的相互作用非常微弱,它们的相互作用能与系统本身的能量相比可以忽略不计时,系统可看作孤立系统.

本章以理想气体为研究对象,分析体系内大量分子的运动状况,提出气体微观分子模型和分子运动的统计假设,推导出体系内大量分子运动所遵循的统计规律,并揭示描述体系宏观状态的物理量的微观本质.本章所介绍的思想和理论是统计物理中的基础部分,被人们称为气体动理论.

15.1　气体动理论的基本概念

15.1.1　分子运动的基本观点

宏观物体是由大量分子(或原子)构成的,分子间存在空隙和相互作用,分子运动是无序的,遵循统计规律,这就是分子运动的基本观点.

1. 分子数密度

常温下，水的质量密度约为 $1.0\times10^{3}\ \mathrm{kg\cdot m^{-3}}$，1 mol① 水的质量为 1.8×10^{-2} kg，由此可以估算出水分子(H_2O)的直径约为 3×10^{-10} m.

氧气分子(O_2)的直径约为 4×10^{-10} m. 实验表明，在标准状态下，1 mol 氧气的体积为 $2.24\times10^{-2}\ \mathrm{m^3}$，由此可以估算出氧气分子间的距离约为 4×10^{-9} m，约为氧气分子直径的 10 倍，一个氧气分子所占的空间约为氧气分子体积的 1000 倍，可见气体分子之间存在很大的间隙. 实验表明，液体和固体分子间也存在间隙. 气体分子间的间隙很大，所以气体很容易被压缩. 在许多情况下，气体分子的线度与分子的间距相比可以忽略不计，这时，通常把气体分子当作质点处理.

单位体积内的分子数称为分子数密度，常用 n 表示. 若体积 V 内有 N 个气体分子，则

$$n=\frac{N}{V}$$

分子数密度通常是很大的. 铜的分子数密度约为 $7.3\times10^{28}\ \mathrm{m^{-3}}$，水的分子数密度约为 $3.3\times10^{28}\ \mathrm{m^{-3}}$，在标准状态下，氧气的分子数密度约为 $2.7\times10^{25}\ \mathrm{m^{-3}}$.

2. 分子间的相互作用

分子与分子之间存在的相互作用称为分子力. 研究表明，分子力包括吸引力和排斥力两部分，它们都随着分子间距离的增大而减小，斥力随距离增大减小得更快. 图 15.1.1 所示为分子力随分子间距变化的曲线：分子间距较大时，分子间呈现微弱的引力(图中用负值表示引力)，随着分子间距的减小，引力逐渐增大；分子间距减小到接近 r_0(r_0 约为 10^{-10} m)时，引力随分子间距的减小也逐渐减小，分子间距为 r_0 时，分子力为零；分子间距小于 r_0 时，分子间呈现斥力(图中用正值表示斥力)，斥力随分子间距的减小而快速增大.

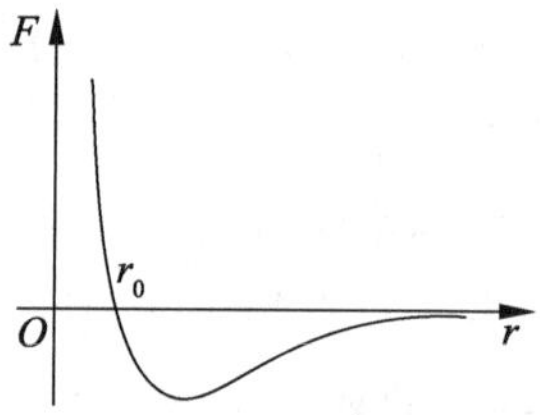

图 15.1.1　分子力与分子间距

通常情况下，气体分子的间距较大(约为 $10r_0$)，分子间呈现的微弱引力可以忽略不计. 固体分子和液体分子的间距约为 r_0，它们有相对固定的体积. 固体分子和液体分子间距稍有减小，分子间就会呈现很强的斥力，这是固体和液体不易被压缩的原因. 物体的弹性和液体的表面张力②等都是分子力的宏观体现.

3. 分子的无序运动

分子是运动的，运动是无序的. 大量分子的无序运动称为分子的热运动. 分子热运动

① mol(摩尔)是国际单位制中的基本单位之一，按 1971 年国际计量大会决议，1 mol 表示系统中所包含的基本单元数与 0.012 kg 碳-12 的原子数目相等。0.012 kg 碳-12 的原子数目通常记作 N_A，N_A 称为阿伏伽德罗(Avogadro)常数，其公认值为 $N_A=6.0221367(36)\times10^{23}\ \mathrm{mol^{-1}}$，计算中，一般取 $N_A=6.02\times10^{23}\ \mathrm{mol^{-1}}$。

② 由于液体分子的相互作用，液体表面在宏观上犹如受到一种方向沿液体表面、结果使液体表面积减小的力的作用，这种力称为表面张力.

的基本特征是分子的永恒运动和频繁的相互碰撞.

气体、液体和固体都有扩散现象①,扩散现象是分子运动的有力证明.将香水瓶的盖子打开,不久就可以闻到从瓶中散发出来的香水味,这是气体的扩散现象.将墨水滴入清水中,可以看到被墨水染色的水域迅速扩大,这是液体的扩散现象.与气体和液体的扩散相比,固体的扩散相对较慢,通常情况下要经过很长时间才能明显地观察到固体的扩散现象.

著名的布朗运动实验间接地反映了分子的无序运动.1827 年,布朗(R. Brown,1773—1858,英国植物学家)在显微镜中观察到悬浮在液体中的植物花粉的微小颗粒总是在无序运动,而且这种无序运动是永不停息的.这种悬浮在液体中的微小颗粒所做的永不停息的无序运动称为布朗运动.图 15.1.2 记录了某个花粉颗粒的位置随时间的变化情况,图中的点表示某时刻花粉颗粒所在的位置,每隔相同的时间记录一次花粉颗粒的位置,一个时间间隔的两个位置用虚线连接起来,一段时间后,就得到一张由许多点连接起来的折线图.花粉颗粒的这种运动只能有一种解释,即大量无序运动的液体分子不断地撞击花粉颗粒,使花粉颗粒的位置不断地改变.要说明的是,布朗运动描述的是花粉颗粒的运动,并不是液体分子的运动,它只是液体分子无序运动的一种间接表现形式.研究表明,分子无序运动的剧烈程度与温度有关.

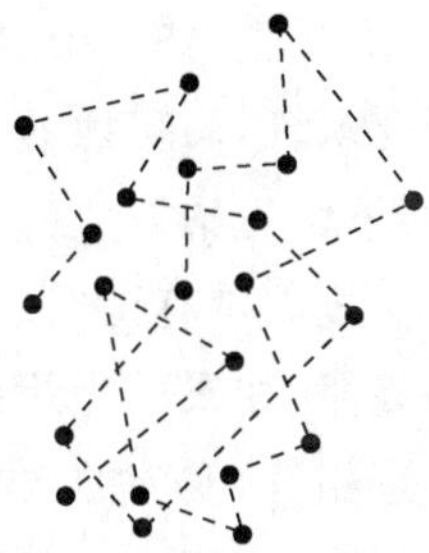

图 15.1.2　布朗运动的径迹

由于分子的热运动,气体的分子与分子之间会发生频繁的碰撞.所谓分子碰撞,实际上是指两个分子间的距离相对较小时,分子之间呈现很强斥力的这段过程.在常温、常压下,分子碰撞持续的时间约为 10^{-13} s,一个气体分子连续两次碰撞所经过的平均距离约为 10^{-7} m,每个气体分子平均每秒内将遇到约 10^{10} 次的碰撞,即平均间隔 10^{-10} s 发生一次碰撞.可见,分子连续两次碰撞之间只有约千分之一的时间有很强的相互作用,而大部分时间分子相互作用很弱.所以,除碰撞以外,分子可近似看作处于不受力的自由运动状态.

4. 统计规律

由于分子热运动和频繁的相互碰撞,我们不能简单地用经典力学的方法来研究分子运动问题.现代物理学研究表明,分子、原子的实际行为并不遵循经典力学规律,而是遵循量子力学规律,在学习量子力学以前我们对分子、原子的运动无法深入研究.然而,在这里我们并不需要知道每个分子的具体行为,而是要知道有某种行为的分子数目平均有多少,或者说某个分子有这种行为的概率为多少.这种分子行为的概率分布就是我们所要研究的统计规律.

---

① 在混合气体内,如果某种气体只是由于自身密度不均匀,而使该气体分子从密度大的区域移向密度小的区域,这个过程称为扩散。固体、液体和气体都有扩散现象.

用来描述单个分子性质的物理量称为微观量,如分子的能量、速度等.用来描述大量分子集体性质的物理量称为宏观量,如气体的压强、温度等.由于分子热运动和频繁的相互碰撞,分子的许多微观量是随时间变化的.例如,单个气体分子的速率由于碰撞而不断地改变,而且这种变化没有什么规律.研究表明,系统的温度与系统内分子的平均速率有关,但与系统内分子间相互碰撞没有直接关系.这里所说的分子平均速率就是系统内所有分子速率的算术平均值.从计算的角度来看,平均速率与每个分子的速率都有关系,所以说,宏观量(如系统温度)与微观量(如分子速率)之间存在联系.本章将从微观的角度去研究系统,用统计的方法推导某些微观量与宏观量的关系.研究表明,微观量具有统计规律,下面先举一个例子来说明什么是统计规律.

一枚硬币有正反两面,将一枚硬币抛向空中,落地后是正面朝上还是反面朝上完全没有规律.如果进行几百次甚至几万次这样的实验,可以发现正面朝上和反面朝上的次数接近相等,实验的次数越多,两者的次数越接近.如果将几万枚硬币同时抛向空中,落地时,某一枚硬币是正面朝上还是反面朝上完全没有规律,但正面朝上和反面朝上的硬币数量接近相等,这就是统计规律.所谓统计规律就是大量偶然事件整体所遵循的规律.

常以伽尔顿板实验来说明统计规律.实验装置如图15.1.3所示,竖直放置的长方形盒子正面是透明的玻璃,盒子顶部中央位置开有一个入口,盒子的上半部钉有整齐排列的许多铁钉,盒子的下半部是用竖直隔板隔成的等间距的平行狭槽.

图 15.1.3 伽尔顿板实验

小球从盒子顶部入口进入,与盒子上部的铁钉发生多次碰撞,最后掉入盒子下部的狭槽内.实验表明:小球下落时会与铁钉发生多次碰撞,单个小球最后掉入哪个狭槽完全是偶然的,看不出什么规律.多次投入单个小球或一次投入多个小球后发现,掉入入口正下方狭槽内的小球数目较多,而掉入两侧槽内的小球数目相对较少,如图15.1.3下部所示,这个实验无论重复多少次结论都相同.因此,可以得出这样的结论:掉入槽内的小球数目遵循确定的分布规律(即统计规律).本章15.4节中讲到的麦克斯韦速率分布律就是大量气体分子速率分布的统计规律.

用一定数量的小球重复伽尔顿板实验,每次实验掉入某个狭槽内的小球数目基本接近,即遵循统计规律.但每次实验掉入某个狭槽内的小球数目并非完全相等,也就是说,在一定数目范围内,统计值存在一定的偏差,这种现象称为涨落现象.实验表明,统计规律存在涨落现象,参与统计的数目越多,涨落现象越不明显,所以统计规律只有对大量数目进行统计才有意义.一切与热现象有关的宏观量的数值都是某个微观量的统计平均值,在任一给定瞬间或在系统中任一给定局部范围内,实验观测值与统计值都有一定偏差.

气体分子的平均速率和方均根速率是统计平均值.假设一定量的气体中有 n 个分子,速率分别为 $v_1, v_2, \cdots, v_n$,则气体分子的平均速率定义为

$$\bar{v}=\frac{v_1+v_2+\cdots+v_n}{N}=\frac{1}{N}\sum_{i=1}^{n}v_i \tag{15.1.1}$$

气体分子的方均根速率定义为

$$\sqrt{\overline{v^2}}=\sqrt{\frac{v_1^2+v_2^2+\cdots+v_n^2}{N}}=\sqrt{\frac{1}{N}\sum_{i=1}^{n}v_i^2} \tag{15.1.2}$$

［例 15.1.1］ 计算下列一组粒子的平均速率和方均根速率.

粒子数 N_i	2	4	6	8	2
速率 $v_i/(\mathrm{m\cdot s^{-1}})$	10.0	20.0	30.0	40.0	50.0

解：根据平均速率的定义，得

$$\bar{v}=\frac{\sum N_i v_i}{\sum N_i}=\frac{2\times10.0+4\times20.0+6\times30.0+8\times40.0+2\times50.0}{2+4+6+8+2}=31.8(\mathrm{m\cdot s^{-1}})$$

根据方均根速率的定义，得

$$\sqrt{\overline{v^2}}=\sqrt{\frac{\sum N_i v_i^2}{\sum N_i}}=\sqrt{\frac{2\times10.0^2+4\times20.0^2+6\times30.0^2+8\times40.0^2+2\times50.0^2}{2+4+6+8+2}}=33.7(\mathrm{m\cdot s^{-1}})$$

15.1.2　气体状态的描述

1. 平衡态

孤立系统经过足够长时间以后，它的宏观性质不再随时间变化，我们就说这个系统处于平衡态. 系统处于平衡态时，描述系统的宏观量（压强、温度、密度等）在系统内部处处均匀一致，而且不随时间改变. 由于气体分子的热运动是永不停息的，所以从微观的角度来看，气体的平衡态只是一种动态的平衡，通常称为热动平衡. 处于热动平衡时，系统内部各处的宏观量有微小的差别，由于涨落现象，系统中某处的宏观量也会随时间有微小的变化，在一般情况下，这种差别和变化是极其微小的，所以我们通常忽略这种差别和变化，认为系统的宏观量处处均匀一致且不随时间变化.

2. 状态参量

系统处于平衡态时，我们把用于描述系统宏观状态的物理量称为状态参量（或者称为物态参量）. 处于平衡态的一定量的气体，通常将体积（用 V 表示）、压强（用 p 表示）和温度（用 T 表示）作为系统的状态参量. 系统的其他宏观量可以表示为这些状态参量的函数，这些函数称为态函数.

(1) 体积

气体的体积V是指系统中气体分子做无规则热运动所能到达空间的体积.置于密闭容器中的气体,容器的容积就是气体的体积.在国际单位制(SI制)中,体积的单位是立方米(m^3).常用的体积单位还有立方分米(dm^3)、立方厘米(cm^3)、升(L)等.

$$1\ L = 10^{-3}\ m^3 = 1\ dm^3 = 10^3\ cm^3$$

注意:气体的体积和气体分子本身的体积的总和是两个不同的概念.

(2) 压强

气体的压强p是由系统中大量气体分子与容器壁碰撞产生的,是大量气体分子热运动引起的一个统计平均值,它的数值等于容器壁上单位面积所受到的正压力.在下一节中我们将讨论微观模型下的压强公式.设面积为S的容器壁上受到的气体的正压力为F,则

$$p = \frac{F}{S}$$

在SI制中,压强的单位是帕斯卡(Pa).常用的压强单位还有标准大气压(atm)、毫米汞柱(mmHg)等.

$$1\ Pa = 1\ N \cdot m^{-2}$$

$$1\ atm = 1.013 \times 10^5\ Pa$$

$$1\ mmHg = 1.333 \times 10^2\ Pa$$

(3) 温度

日常生活中,我们常用温度来表示物体的冷热程度,两个物体相比较,人们感觉较热的物体有较高的温度.气体的温度是一个比较复杂的概念,是大量气体分子热运动相关的微观量的统计平均值.在下一节中我们将讨论温度的统计意义,温度的高低(即数值的大小)反映了气体分子热运动的剧烈程度.为了说明温度的概念,我们先介绍热力学第零定律.

3. *热力学第零定律*

设A和B是两个导热性能良好的孤立系统,它们各自处于热平衡状态.现将A和B通过导热壁相互接触(称为热接触,即相互接触的系统之间能够发生热传导),如图15.1.4所示.实验表明,通常情况下A和B各自的热平衡都将被破坏,即A和B之间有热传导发生.经过足够长时间后两个系统达到一个新的平衡,此时两个系统之间不再有热传导发生.这时,如果将它们分开,它们各自的热平衡不会改变,分开一段时间后再进行热接触,它们的热平衡也不会改变.

设A、B和C是三个导热性能良好的孤立系统,它们各自处于热平衡状态.将它们通过导热壁依次接触,如图15.1.5所示.实验表明,通常情况下A和C之间以及C和B之间都有热传导发生,经过足够长时间后A和C之间以及C和B之间都达到一个新的平衡.这时,如果让A和B直接热接触,A和B各自的平衡态不会改变(即它们之间没有热传导发生).概括地说,如果两个热力学系统中的每一个都与第三个热力学系统处于热平衡,则这两个系统也处于热平衡.这一结论称为热力学第零定律,也称为热平衡定律.

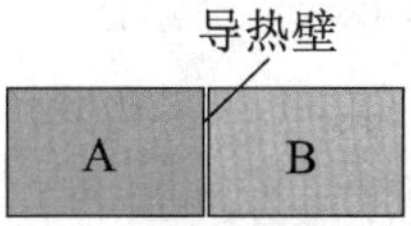

图 15.1.4　两个物体热接触

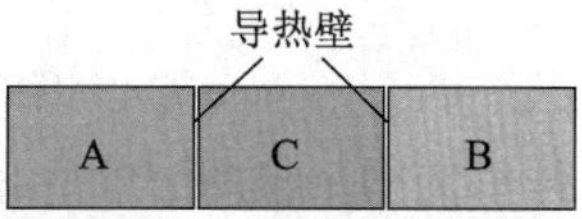

图 15.1.5　三个物体热接触

处于热平衡的系统有许多物理属性，它们可以用各种物理量来描述. 各自处于热平衡的两个系统相互热接触，如果它们之间没有发生热传导，则说明它们所具有的某个物理属性相同；如果它们之间发生热传导，则说明它们的这个物理属性不相同，经过足够长时间后，它们又达到一个新的平衡状态时，说明这两个系统的这个物理属性变得相同了. 如果将任意多个系统依次热接触，最后达到一个新的平衡态，则这些系统的这个物理属性都相同，这个相同的物理属性称为温度. 温度相同的系统热接触时系统间不会发生热传导，温度不同的系统热接触时系统间会发生热传导，当这些系统达到新的平衡态时，各个系统温度相同.

4. 温标

温度的数值表示方法称为温标，常用的三种温标如下：

① 摄氏温标，常用 t 表示，摄氏温标的单位是摄氏度(℃)

② 华氏温标，常用 F 表示，华氏温标的单位是华氏度(℉)

③ 热力学温标，或称为开尔文温标，常用 T 表示，热力学温标的单位是开尔文(K).

不同种类的温度计有不同的温标，读者如果想了解各种温标的相关知识，可以参考相关热学书籍. 根据 1987 年第 18 届国际计量大会对国际实用温标的规定，热力学温标为最基本的温标，它的单位就是 SI 制单位.

三种常用温标的数值关系为

$$T=t+273.15 \tag{15.1.3}$$

$$F=\frac{9}{5}t+32$$

例如，水的三相点[①]温度为 0.01 ℃(读作 0.01 摄氏度)，或 273.16K(读作 273.16 开尔文，但不能读作 273.16 开尔文度).

15.1.3　理想气体

1. 理想气体的概念

实验表明，在压强不太大(与正常大气压相比)、温度不太低(与正常室温相比)的情况下，气体遵守三个实验定律，分别是玻意耳(R. Boyle，1662)定律、盖吕萨克(L. J. Gay-Lussac，1802)定律和查理(J. A. C. Charles，1787)定律. 所谓理想气体，是指在任何情况下都能严格遵守上述三个定律的气体. 一般，气体在压强不太大、温度不太低的情况下都可以当作理想气体. 一定量的理想气体处于平衡态时，常用体积、压强和温度三个量

---

① 某种物质的气态、液态和固态共存时的平衡态称为这种物质的三相点。水蒸气、水和冰共存时的平衡态称为水的三相点，水的三相点温度为 273.16 K，压强为 6.1102 Pa。

来描述其状态，但这三个量中只有两个量是独立变量，系统的其他各量都可以表示成两个独立变量的函数. 两个独立变量可以确定一个平衡态. 常用压强和体积表示平衡态. 以压强为纵坐标、体积为横坐标的二维直角坐标系中的一个点就表示一定量气体的一个平衡态. 换句话说，一个平衡态在这个二维坐标系中可以用一个点表示.

2. 理想气体状态方程

在平衡态时，一定量的理想气体三个状态参量即压强 p、体积 V 和温度 T 之间的关系式称为理想气体状态方程，或称为克拉珀龙方程. 理想气体状态方程可以由气体遵循的三个实验定律得到，对于质量为 m、摩尔质量为 M 的理想气体，有

$$pV=\frac{m}{M}RT \tag{15.1.4}$$

式中，R 称为普适气体常量，其数值为 $R=8.314510(70)\,\mathrm{J\cdot mol^{-1}\cdot K^{-1}}$. 对于一定量的理想气体，不同平衡态之间的状态参量应满足

$$\frac{p_1V_1}{T_1}=\frac{p_2V_2}{T_2}=\cdots \tag{15.1.5}$$

式中，p_1, V_1, T_1 表示一个平衡态的状态参量，p_2, V_2, T_2 表示另一个平衡态的状态参量.

理想气体状态方程还可以写成另一种形式：

$$p=\frac{m}{M}\frac{R}{V}T=\frac{N}{N_A}\frac{R}{V}T=\frac{N}{V}\frac{R}{N_A}T$$

即

$$p=nkT \tag{15.1.6}$$

式中，$n=\dfrac{N}{V}$ 为气体分子数密度；$k=\dfrac{R}{N_A}$ 称为玻尔兹曼常数，其数值为 $k=1.380658(12)\times 10^{-23}\,\mathrm{J\cdot K^{-1}}$.

3. 道尔顿分压定律

许多情况下，气体是由几种不同成分组成的混合气体. 例如，我们呼吸的空气就是一种混合气体，空气中氮气含量约为 78.0%，氧气含量约为 20.7%，其他气体含量约为 1.3%. 在混合气体中，各种成分的气体有自身的压强，可称它们为分压强. 若把混合气体中各种成分的气体作为理想气体，则混合理想气体的总压强等于各种成分气体的分压强之和，这个规律称为道尔顿分压定律.

设由 i 种不同成分组成的混合理想气体处于平衡态，各种成分气体的温度(都相同)就是混合气体的温度 T，各种成分气体的分子数密度分别为 $n_1, n_2, \cdots, n_i$，则混合气体的分子数密度为 $n=n_1+n_2+\cdots+n_i$，各种成分气体的分压强分别为 $p_1, p_2, \cdots, p_i$，由理想气体状态方程 $p_i=n_ikT$ 和道尔顿分压定律，得到混合气体的总压强

$$\begin{aligned} p &= p_1+p_2+\cdots+p_i \\ &= n_1kT+n_2kT+\cdots+n_ikT \\ &= (n_1+n_2+\cdots+n_i)kT \end{aligned}$$

即

$$p=nkT$$

可见，理想气体状态方程的另一种形式对混合气体也适用.

［例 15.1.2］　容器内装有氧气，质量为 0.100 kg，压强为 1.01×10^6 Pa，温度为 37 ℃. 因为容器漏气，经过若干时间后，压强降到 5.05×10^5 Pa，温度降到 27 ℃. 试问：(1) 容器的容积有多大？(2) 漏掉了多少氧气？（将氧气当作理想气体）

解：(1) 漏气前，对容器内氧气应用理想气体状态方程

$$pV=\frac{m}{M}RT$$

上式变形，得到容器的容积

$$V=\frac{mRT}{Mp}=\frac{0.100\times8.31\times(37+273)}{0.032\times1.01\times10^6}=7.97\times10^{-3}(\mathrm{m^3})$$

(2) 漏掉氧气后，对容器内氧气应用理想气体状态方程

$$p'V=\frac{m'}{M}RT'$$

上式变形，得漏掉氧气后容器内还存有的氧气质量

$$m'=\frac{Mp'V}{RT'}=\frac{0.032\times5.05\times10^5\times7.97\times10^{-3}}{8.31\times(27+273)}=5.17\times10^{-2}(\mathrm{kg})$$

漏掉氧气的质量

$$\Delta m=m-m'=0.100-5.17\times10^{-2}=4.83\times10^{-2}(\mathrm{kg})$$

［例 15.1.3］　容器内贮有理想气体，温度为 27 ℃. 求：

(1) 压强为 1.01×10^5 Pa 时的分子数密度.

(2) 压强为 1.33×10^{-5} Pa 的高真空时的分子数密度.

解：根据理想气体状态方程 $p=nkT$，得到分子数密度

$$n=\frac{p}{kT}$$

(1) 压强为 1.01×10^5 Pa 时，分子数密度

$$n=\frac{p}{kT}=\frac{1.01\times10^5}{1.38\times10^{-23}\times(27+273)}=2.44\times10^{25}(\mathrm{m^{-3}})$$

(2) 压强为 1.33×10^{-5} Pa 的高真空时，分子数密度

$$n=\frac{p}{kT}=\frac{1.33\times10^{-5}}{1.38\times10^{-23}\times(27+273)}=3.21\times10^{15}(\mathrm{m^{-3}})$$

可见，高度真空时，分子数密度还是相当大的.

15.2　理想气体的压强和温度

15.2.1　理想气体分子运动微观模型

1. 分子热运动的特征

① 系统由大量分子(或原子)组成，分子间存在空隙，分子的数密度很大.

② 分子间存在复杂的相互作用(分子力).

③ 分子在永不停息地无序运动,运动的剧烈程度与温度有关.

④ 分子运动的微观量遵循统计规律.

2. 理想气体分子运动的微观模型

① 单个分子的线度与分子之间的平均距离相比可以忽略不计,分子可看作质点.

② 分子与分子之间的碰撞,以及分子与容器壁之间的碰撞都可看作完全弹性碰撞.碰撞前、后分子系统的动能守恒、动量守恒.

③ 在碰撞以外的时间内,分子之间的相互作用力非常微弱(可忽略不计),分子可看作在做匀速直线运动.

④ 除特殊需要以外,分子的重力不考虑.

从这个微观模型出发,理想气体可视为由大量的不停地无规则运动的弹性质点组成的质点系.

3. 理想气体分子运动的统计假设

① 平衡状态时,系统中气体分子数密度 n 处处相等.

② 平衡状态时,具有相同速率的气体分子向各个方向运动的平均数目都相等,或者说气体分子向各个方向运动的概率都相等,即气体分子沿任一个方向的运动不比其他方向的运动占优势.

设系统由 N 个气体分子组成,分子的速率分别为 $v_1, v_2, \cdots, v_N$,分子速度在直角坐标系中的分量分别为 $v_{1x}, v_{2x}, \cdots, v_{Nx}$;$v_{1y}, v_{2y}, \cdots, v_{Ny}$ 和 $v_{1z}, v_{2z}, \cdots, v_{Nz}$.分子速度分量平方的平均值

$$\overline{v_x^2} = \frac{v_{1x}^2 + v_{2x}^2 + \cdots + v_{Nx}^2}{N} = \frac{\sum v_{ix}^2}{N}$$

$$\overline{v_y^2} = \frac{v_{1y}^2 + v_{2y}^2 + \cdots + v_{Ny}^2}{N} = \frac{\sum v_{iy}^2}{N}$$

$$\overline{v_z^2} = \frac{v_{1z}^2 + v_{2z}^2 + \cdots + v_{Nz}^2}{N} = \frac{\sum v_{iz}^2}{N}$$

根据理想气体分子运动统计假设,得

$$\overline{v_x^2} = \overline{v_y^2} = \overline{v_z^2}$$

分子速率平方的平均值

$$\begin{aligned}\overline{v^2} &= \frac{v_1^2 + v_2^2 + \cdots + v_N^2}{N} \\ &= \frac{v_{1x}^2 + v_{1y}^2 + v_{1z}^2 + v_{2x}^2 + v_{2y}^2 + v_{2z}^2 + \cdots + v_{Nx}^2 + v_{Ny}^2 + v_{Nz}^2}{N} \\ &= \frac{\sum v_{ix}^2 + \sum v_{iy}^2 + \sum v_{iz}^2}{N}\end{aligned}$$

$$=\overline{v_x^2}+\overline{v_y^2}+\overline{v_z^2}$$

根据理想气体分子运动统计假设，得

$$\overline{v_x^2}=\overline{v_y^2}=\overline{v_z^2}=\frac{1}{3}\overline{v^2}$$

分子平均平动动能

$$\overline{\varepsilon}_{\mathrm{kt}}=\frac{1}{N}\sum_{i=1}^{N}\frac{1}{2}mv_i^2=\frac{1}{2}m\frac{1}{N}\sum_{i=1}^{N}v_i^2=\frac{1}{2}m\overline{v^2} \tag{15.2.1}$$

式中，m 为单个分子的质量；下标"k"表示动能；下标"t"表示平动.

15.2.2　理想气体的压强

1. 理想气体压强的产生

气体的压强是气体中大量分子与容器壁碰撞产生的.由于分子运动的无序性，某个气体分子何时何地与容器壁发生碰撞完全是偶然的.单个气体分子与容器壁碰撞所产生的作用力是短暂的、不连续的，但从总的效果来看，大量气体分子与容器壁碰撞所产生的作用力是持续的，这种持续的作用力可以用一个简单实验来说明.取一支为轮胎打气的气枪(或气筒)，气枪对着较轻小的物体喷气时，小物体由于受到气体的作用力而发生移动，这种力是由气枪喷出的气体分子撞击物体产生的，物体表面上单位面积受到的这种作用力就是压强.从理想气体分子运动微观模型的角度看，理想气体分子可看作运动的弹性小球，根据牛顿运动定律，这些小球与容器壁发生弹性碰撞时，容器壁就会受到一定的正压力，容器壁单位面积受到的这种正压力就是理想气体的压强.

2. 理想气体压强公式的简单推导

最早利用气体分子运动的概念导出气体压强公式的方法是由丹尼尔·伯努利(D. Bernoulli，1700—1782，瑞士数学家和物理学家)在 1738 年提出的，后来，经过克劳修斯、麦克斯韦等人的发展，导出的方法更加科学、合理.下面用一种简化的方法导出理想气体压强公式.

假设一定量的气体存储在边长分别为 L_1、L_2 和 L_3 的长方形容器中，则气体的体积 $V=L_1L_2L_3$，容器中总共有 N 个同类气体分子，单个分子的质量为 m，分子的速率分别为 $v_1, v_2, \cdots, v_N$.

以容器的一个顶点为坐标原点，沿容器三条边为坐标轴方向，建立如图 15.2.1 所示的直角坐标系，考察任意一个分子的运动.该分子与容器壁 A_1 碰撞后要经过一定时间间隔再与容器壁 A_2 碰撞，再经过相同的时间间隔又一次与容器壁 A_1 碰撞，如此重复.设第 i 个分子的速率为 v_i，由于分子与容器壁碰撞是完全弹性的，根据动量守恒定律，分子与容器壁 A_1 碰撞后速率保持不变，分子速度沿 x 轴方向的分量由 v_{ix} 变为 $-v_{ix}$，其他分量不变.分子动量沿 x 轴方向的分量由 mv_{ix} 变为 $-mv_{ix}$，即动量的增量为 $-mv_{ix}-$

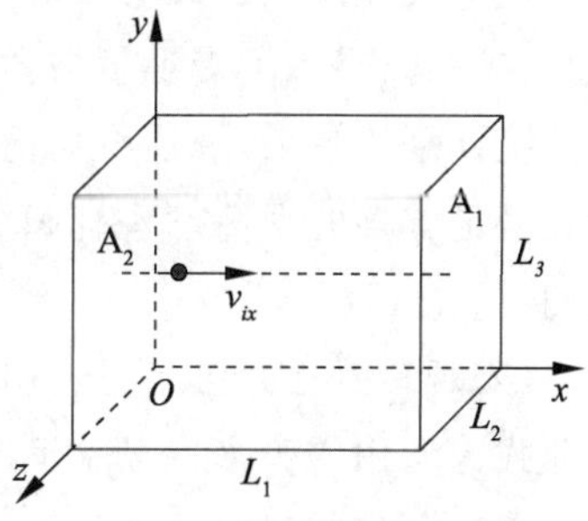

图 15.2.1　压强公式推导用图

$mv_{ix}=-2mv_{ix}$. 连续两次与容器壁 A_1 碰撞的时间间隔为 $\Delta t=\dfrac{2L_1}{v_{ix}}$. 根据动量定理,在一次碰撞中,第 i 个分子受到容器壁 A_1 的冲量 I'_{ix} 等于该分子的动量的增量,即

$$I'_{ix}=-mv_{ix}-mv_{ix}=-2mv_{ix}$$

容器壁 A_1 受到第 i 个分子的冲量 I_{ix} 与 I'_{ix} 等值反向,即

$$I_{ix}=-I'_{ix}=2mv_{ix}$$

根据平均力的定义,容器壁 A_1 受到第 i 个分子的平均力

$$\overline{F_{ix}}=\frac{I_{ix}}{\Delta t}=\frac{2mv_{ix}}{2L_1/v_{ix}}=\frac{mv_{ix}^2}{L_1}$$

上式对容器中所有分子求和就是容器壁 A_1 受到的气体平均正压力,即

$$\overline{F_x}=\sum_{i=1}^{N}\overline{F_{ix}}=\sum_{i=1}^{N}\frac{mv_{ix}^2}{L_1}$$

容器壁 A_1 上的气体压强就是单位面积受到的这种正压力,即

$$p=\frac{\overline{F_x}}{S}=\frac{1}{L_2L_3}\sum_{i=1}^{N}\frac{mv_{ix}^2}{L_1}=\frac{m}{V}\sum_{i=1}^{N}v_{ix}^2=\frac{N}{V}m\sum_{i=1}^{N}\frac{v_{ix}^2}{N}=nm\overline{v_x^2}=\frac{1}{3}nm\overline{v^2}$$

上式中 n 为分子数密度,利用分子平均平动动能的定义

$$\overline{\varepsilon_{\mathrm{kt}}}=\frac{1}{N}\sum_{i=1}^{N}\frac{1}{2}mv_i^2=\frac{1}{2}m\overline{v^2}$$

容器壁 A_1 上的气体压强可写为

$$p=\frac{1}{3}nm\overline{v^2}=\frac{2}{3}n\left(\frac{1}{2}m\overline{v^2}\right)=\frac{2}{3}n\overline{\varepsilon_{\mathrm{kt}}} \tag{15.2.2}$$

式(15.2.2)是对容器壁 A_1 计算得到的结论,该结论对所有容器壁都适用,所以该式称为理想气体的压强公式. 由式(15.2.2)可以看出,理想气体的压强正比于气体分子数密度和分子的平均平动动能. 分子数密度越大,相同时间内与容器壁碰撞的分子数目就越多,压强就越大;分子的平均平动动能越大,即分子运动越剧烈,分子与容器壁碰撞时产生的冲量就越大,压强就越大. 理想气体的压强公式是气体动理论的基本公式之一.

理想气体压强公式把宏观量(压强)与微观量的统计平均值(分子的平均平动动能)联系在一起,显示了宏观量与微观量之间的关系. (宏观量)压强是大量分子对容器壁碰撞的统计平均效果,统计平均值对分子数量、空间、时间存在涨落现象,所以只有气体分子数量足够多的平衡态才有确定的统计平均值,对少数分子或单个分子说压强是没有意义的.

(宏观量)压强可以直接测量,而(微观量)分子平均平动动能不可直接测量,因而压强公式无法用实验来直接验证. 但压强公式可以很好地解释与实验结果相符的理想气体定律,从而得到间接的证明. 压强公式的推导有代表性地说明了气体动理论的研究任务和研究方法,我们不仅需要记住它的结论,而且需要知道它的推导过程.

15.2.3　温度的统计意义

1. 理想气体分子的平均平动动能与温度的关系

将理想气体的状态方程 $p=nkT$ 与压强公式 $p=\frac{2}{3}n\overline{\varepsilon_{kt}}=\frac{2}{3}n\left(\frac{1}{2}m\overline{v^2}\right)$ 比较，得

$$\overline{\varepsilon_{kt}}=\frac{1}{2}m\overline{v^2}=\frac{3}{2}kT \tag{15.2.3}$$

这就是理想气体分子的平均平动动能与温度的关系，它是气体动理论的又一个基本公式. 上式表明，分子的平均平动动能与气体的温度成正比，气体的温度越高，分子的平均平动动能越大，分子热运动越剧烈.

2. 温度的统计意义

将式(15.2.3)改写为

$$T=\frac{2}{3k}\overline{\varepsilon_{kt}} \tag{15.2.4}$$

通常把上式称为理想气体的温度公式. 它把宏观量(温度)和微观量的统计平均值(分子的平均平动动能)联系在一起，从而揭示了温度的微观本质. 由式(15.2.4)可以看出，温度是表示大量分子热运动剧烈程度的宏观物理量，是大量分子热运动的集体表现. 分子热运动越剧烈，分子的平均平动动能越大，气体的温度就越高. 由于理想气体的温度是关于大量气体分子热运动的微观量的统计平均，所以对少数分子或单个分子说温度是没有意义的.

气体分子的平均平动动能数值都很小，温度为 300 K 时，气体分子平均平动动能为 6.21×10^{-21} J，即使温度为 3000 K 时，气体分子平均平动动能也只有 6.21×10^{-20} J. 通常情况下，系统的分子数日很大(约为 10^{23} 数量级)，所以系统中分了平均平动动能的总和是相当可观的. 由于分子运动是永不停息的，所以从温度公式可以看出，绝对零度是不可能达到的. 当系统的温度改变时，系统就会与外界发生能量交换，这个问题将在下一章专门研究.

温度是描述系统处于平衡态时的一个状态参量. 若两个系统具有相同的温度，则两个系统的分子平均平动动能相等. 设两个系统温度相同，两种气体分子的质量分别为 m_1 和 m_2，两种气体分子的方均根速率分别为$\sqrt{\overline{v_1^2}}$和$\sqrt{\overline{v_2^2}}$，由于温度相同，所以分子平均平动动能相等，即

$$\frac{1}{2}m_1\overline{v_1^2}=\frac{1}{2}m_2\overline{v_2^2}$$

故

$$\frac{\sqrt{\overline{v_1^2}}}{\sqrt{\overline{v_2^2}}}=\frac{\sqrt{m_2}}{\sqrt{m_1}}$$

上式表明，在同一温度下，气体分子的方均根速率与分子质量的平方根成反比.

混合气体系统处于平衡态时，其内部各组成部分的气体分子平均平动动能应该都相同，所以其内部各组成部分的气体分子的方均根速率与分子质量的平方根成反比.

[例 15.2.1] 一容器内储有氧气，其压强为 1.01×10^5 Pa，温度为 27 ℃，求：(1) 氧气分子数密度；(2) 氧气的质量密度；(3) 氧气分子的平均平动动能；(4) 氧气分子间的平均距离.

解：(1) 氧气分子数密度

$$n=\frac{p}{kT}=\frac{1.01\times10^5}{1.38\times10^{-23}\times(27+273)}=2.44\times10^{25}(\mathrm{m^{-3}})$$

(2) 根据理想气体状态方程

$$pV=\frac{m}{M}RT$$

得氧气的质量密度

$$\rho=\frac{m}{V}=\frac{pM}{RT}=\frac{1.01\times10^5\times3.2\times10^{-2}}{8.31\times(27+273)}=1.30(\mathrm{kg\cdot m^{-3}})$$

(3) 氧气分子的平均平动动能

$$\overline{\varepsilon}_{kt}=\frac{3}{2}kT=\frac{3}{2}\times1.38\times10^{-23}\times(27+273)=6.21\times10^{-21}(\mathrm{J})$$

(4) 氧气分子间的平均距离

$$\bar{d}=\sqrt[3]{\frac{1}{n}}=\sqrt[3]{\frac{1}{2.44\times10^{25}}}=3.45\times10^{-9}(\mathrm{m})$$

15.3 能量均分定理和理想气体的内能

15.3.1 分子的自由度

1. 自由度

确定一个物体的空间位置所需要的独立坐标数目称为这个物体的自由度. 根据物体运动类型的不同，自由度可分为平动自由度、转动自由度和振动自由度. 通常用 t 表示平动自由度，r 表示转动自由度，s 表示振动自由度.

单个质点只有平动自由度，质点做一维运动时自由度为 1，做二维运动时自由度为 2，做三维运动时自由度为 3. 刚体有平动自由度和转动自由度，定轴转动的刚体有 1 个转动自由度，定点转动的刚体有 3 个转动自由度，自由运动的刚体有 3 个平动自由度和 3 个转动自由度. 质点组有平动自由度、转动自由度和振动自由度，质点组的自由度数目与质点的数目和质点组的结构有关. 分子的自由度取决于分子的结构和系统的温度.

2. 分子的自由度

单原子分子可以当作一个质点，如图 15.3.1 所示. 在直角坐标系中可以用 3 个独立坐标(x，y，z)来确定它的位置，因此，它有 3 个平动自由度.

双原子分子可分为刚性的(也叫哑铃式)和非刚性的. 如图 15.3.2 所示，刚性双原子分子运动时两个原子之间的距离保持不变，两个原子好像通过一根轻质细杆连在一起.

分子运动时可看作分子质心的平动和两个原子绕质心的转动，质心运动有 3 个平动自由度，两个原子绕质心运动时始终在同一直线上且其与质心的距离保持不变. 确定两原子的连线（图中两原子 A、B 的连线）方位可以用连线 AB 与两个坐标轴的夹角表示（连线与三个坐标轴有三个夹角，但只有两个是独立的），所以有 2 个转动自由度.

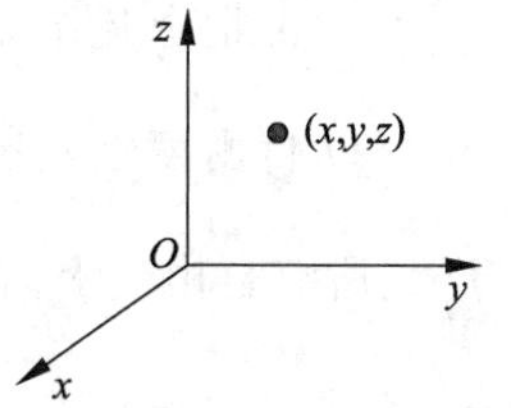

图 15.3.1　单原子分子自由度

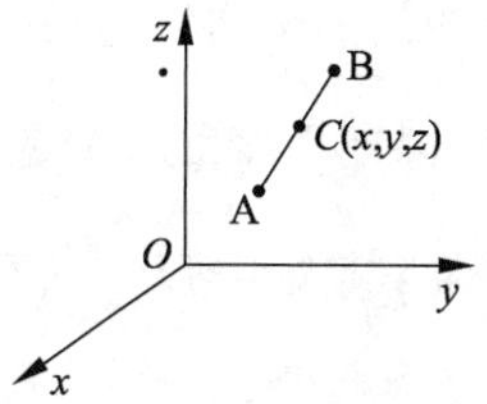

图 15.3.2　双原子分子自由度

非刚性双原子分子有 3 个平动自由度、2 个转动自由度和 1 个振动自由度. 与刚性双原子分子不同的是，非刚性双原子分子增加了一个振动自由度，这个分子的两个原子之间的距离可以改变，即两个原子可以沿着它们的连线方向振动，因此有 1 个振动自由度.

多原子分子（两个以上原子组成的分子）的情况比较复杂. 系统在常温时，分子中原子的振动较弱，如果忽略振动，分子可看作刚性的；系统在高温时，分子中原子的振动强烈，必须考虑振动，分子应看作非刚性的. 刚性多原子分子可以看作自由运动的刚体，因此有 3 个平动自由度和 3 个转动自由度. 实际气体的自由度视气体的温度而定：氢气分子在室温时有平动和转动自由度，在高温时有平动、转动和振动自由度；氯气分子在室温时就有平动、转动和振动自由度. 表 15.3.1 列出了几种常见分子的自由度.

表 15.3.1　常见分子的自由度

分子的组成	平动自由度 t	转动自由度 r	振动自由度 s	总自由度
单原子	3	0	0	3
刚性双原子	3	2	0	5
非刚性双原子	3	2	1	6
刚性多原子	3	3	0	6

15.3.2　能量均分定理

上一节已经得到了系统处于温度为 T 的平衡态时理想气体分子的平均平动动能与温度的关系为

$$\overline{\varepsilon_{kt}}=\frac{1}{2}m\overline{v^2}=\frac{3}{2}kT$$

式中，$\frac{1}{2}m\overline{v^2}=\frac{1}{2}m(\overline{v_x^2}+\overline{v_y^2}+\overline{v_z^2})$，已经指出 $\overline{v_x^2}=\overline{v_y^2}=\overline{v_z^2}=\frac{1}{3}\overline{v^2}$，所以

$$\frac{1}{2}m\overline{v_x^2}=\frac{1}{2}m\overline{v_y^2}=\frac{1}{2}m\overline{v_z^2}=\frac{1}{3}\times\frac{1}{2}m\overline{v^2}=\frac{1}{2}kT$$

上式表明，分子平均平动动能在分子的三个平动自由度上是均匀分配的，每个平动自由度上具有相等的平均平动动能，其大小等于$\frac{1}{2}kT$.

将上述结论推广到转动自由度，当系统处于温度为 T 的平衡态时，分子的每一个转动自由度上具有相同的平均转动动能，其大小也等于$\frac{1}{2}kT$. 再把上述结论推广到振动自由度，当系统处于温度为 T 的平衡态时，分子的每一个振动自由度上具有相同的平均振动动能和平均势能，其大小等于$\frac{1}{2}kT$. 将上述结论推广到所有自由度上，就得到能量按自由度均分定理.

气体处于温度为 T 的平衡态时，分子的每一个自由度上的平均能量都相等，其大小为$\frac{1}{2}kT$，这个结论称为能量按自由度均分定理，简称能量均分定理. 能量均分定理是一条统计规律，尽管定理是在研究气体时提出来的，但对温度较高的液体和固体也适用.

根据能量均分定理，气体分子的平均动能

$$\overline{\varepsilon_k}=\frac{1}{2}(t+r+s)kT \tag{15.3.1}$$

考虑到分子振动有势能，分子的平均势能为 $s\cdot\frac{1}{2}kT$，所以气体分子平均能量

$$\bar{\varepsilon}=\frac{1}{2}(t+r+2s)kT \tag{15.3.2}$$

定义能量自由度 $i=t+r+2s$，则气体分子平均能量

$$\bar{\varepsilon}=\frac{i}{2}kT \tag{15.3.3}$$

即气体分子的平均能量与热力学温度和能量自由度的乘积成正比.

15.3.3 理想气体的内能

实际气体的内能除了分子的动能和势能外，还包括分子间的相互作用能. 对理想气体而言，由于分子间的相互作用忽略不计，所以理想气体的内能是系统的所有分子动能和势能的总和. 如果系统中分子数目为 N，根据能量均分定理，系统的内能应该等于分子平均能量的 N 倍，即

$$E=N\frac{i}{2}kT \tag{15.3.4}$$

1 mol 理想气体的内能

$$E_m=N_A\frac{i}{2}kT=\frac{i}{2}RT \tag{15.3.5}$$

质量为 m 的理想气体的内能

$$E=\frac{m}{M}\frac{i}{2}RT \tag{15.3.6}$$

式中，M 为气体的摩尔质量. 由上式可以看出，理想气体的内能完全取决于气体的物质的量、分子的能量自由度和热力学温度. 一定量的理想气体的内能只是温度的单值函数，与气体的压强和体积无关，气体状态变化时只要没有引起系统的温度变化，系统的内能就不会变化. 即使系统温度发生了一系列变化，但只要两个状态的温度相同，这两个状态的内能就相等. 在与室温相差不大的温度范围内，这个结论与实际气体的实验基本相符.

[例 15.3.1]　容积为 $V=1.00\ \mathrm{m}^3$ 的容器内装有混合气体，温度为 400 K，其中有 $N_1=1.00\times10^{25}$ 个氢气分子和 $N_2=4.00\times10^{25}$ 个氧气分子. 求混合气体的压强和气体分子的平动动能总和.

解：根据分子的平均平动动能公式

$$\overline{\varepsilon_{\mathrm{kt}}}=\frac{3}{2}kT$$

可知，氢气分子和氧气分子的平均平动动能相等. 混合气体的平动动能总和

$$\begin{aligned}E_{\mathrm{kt}}&=N\overline{\varepsilon_{\mathrm{kt}}}=(N_1+N_2)\frac{3}{2}kT\\&=(1.00\times10^{25}+4.00\times10^{25})\times\frac{3}{2}\times1.38\times10^{-23}\times400\\&=4.14\times10^{5}(\mathrm{J})\end{aligned}$$

因为理想气体的压强公式 $p=nkT$ 也适用于混合气体，所以混合气体的压强

$$\begin{aligned}p&=nkT=\frac{N_1+N_2}{V}kT\\&=\frac{1.00\times10^{25}+4.00\times10^{25}}{1.00}\times1.38\times10^{-23}\times400\\&=2.76\times10^{5}(\mathrm{Pa})\end{aligned}$$

[例 15.3.2]　一容器被中间的隔板分成相等的两半，一半装氦气，温度为 250 K；另一半装氧气，温度为 310 K. 二者压强相等. 求去掉隔板两种气体混合后的温度.

解：设去掉隔板前，氦气的分子数为 N_1、温度为 T_1，氧气的分子数为 N_2、温度为 T_2.

根据理想气体内能公式

$$E=N\ \frac{i}{2}kT$$

氦气是单原子分子，$i=3$，所以氦气的内能

$$E_1=N_1\ \frac{3}{2}kT_1$$

常温下，氧气是刚性双原子分子，$i=5$，所以氧气的内能

$$E_2=N_2\frac{5}{2}kT_2$$

设去掉隔板两种气体混合后温度为 T,混合气体的内能

$$E=N_1\frac{3}{2}kT+N_2\frac{5}{2}kT$$

氦气和氧气混合前后总的内能保持不变,所以有

$$N_1\frac{3}{2}kT+N_2\frac{5}{2}kT=N_1\frac{3}{2}kT_1+N_2\frac{5}{2}kT_2$$

解得两种气体混合后的温度

$$T=\frac{N_1\frac{3}{2}T_1+N_2\frac{5}{2}T_2}{N_1\frac{3}{2}+N_2\frac{5}{2}}=\frac{\frac{N_1}{N_2}\frac{3}{2}T_1+\frac{5}{2}T_2}{\frac{N_1}{N_2}\frac{3}{2}+\frac{5}{2}} \tag{①}$$

根据理想气体状态方程 $p=nkT$,混合前氦气的压强为 $p_1=n_1kT_1$,氧气的压强为 $p_2=n_2kT_2$,根据题意 $p_1=p_2$,即得 $n_1kT_1=n_2kT_2$,或者$\frac{n_1}{n_2}=\frac{T_2}{T_1}$.

混合前,两种气体的体积相等,得

$$\frac{N_1}{N_2}=\frac{n_1V}{n_2V}=\frac{n_1}{n_2}$$

所以有

$$\frac{N_1}{N_2}=\frac{T_2}{T_1} \tag{②}$$

将式②代入式①,求得两种气体混合后的温度

$$T=\frac{\frac{N_1}{N_2}\frac{3}{2}T_1+\frac{5}{2}T_2}{\frac{N_1}{N_2}\frac{3}{2}+\frac{5}{2}}=\frac{\frac{T_2}{T_1}\frac{3}{2}T_1+\frac{5}{2}T_2}{\frac{T_2}{T_1}\frac{3}{2}+\frac{5}{2}}=\frac{8T_1T_2}{3T_2+5T_1}=\frac{8\times250\times310}{3\times310+5\times250}\approx284(\mathrm{K})$$

15.4 理想气体速率分布

理想气体的速率分布是从两个方面去研究的:一方面是通过实验方法测定分子速率分布;另一方面是根据分子运动论和统计规律推导分子速率分布律.

15.4.1 分子速率分布的实验测定

测定气体分子速率分布需要运用高真空技术,由于技术条件的限制,直到 1920 年斯特恩(O. Stern)才首次测出银蒸气分子的速率分布,1934 年蔡特曼(I. F. Zartman)和我国物理学家葛正权测出铋蒸气分子的速率分布,1955 年密勒(R. C. Mlier)和库什(P. Kusch)测出铊蒸气分子的速率分布.他们的实验装置各不相同,其中密勒-库什实验的结果相对精确.随着真空技术和实验技术的发展,测定分子速率分布的实验装置不断改进,

分子速率分布测定的结果越来越精确.

1. 葛正权实验

图 15.4.1 所示是测定气体分子速率分布的葛正权实验装置. 整个装置被安装在高真空容器中, O 是金属气源, 金属气体从气源上的狭缝 S_1 逸出, 再通过狭缝 S_2. 半径为 r 的圆筒以匀角速度 ω 绕其中心轴顺时针方向旋转, 当圆筒上的狭缝 S_3 转到与狭缝 S_1、S_2 在同一平面时, 有一部分金属气体进入圆筒, 最后射到固定在圆筒内壁的胶片板 GB 上并附着在上面. 由于圆筒的转动, 不同速率的气体分子将附着在 GB 板的不同位置, 圆筒每转一圈就有一部分气体进入圆筒并附着在 GB 板上, 相同速率的分子每次进入圆筒后都附着在 GB 板的相同位置. 不同速率的分子附着在 GB 板的不同位置, 并按速率大小分布排列, 这种排列称为"速率谱". 图 15.4.1 中, 附着在 GB 板上越靠近 G 端的分子速率越大.

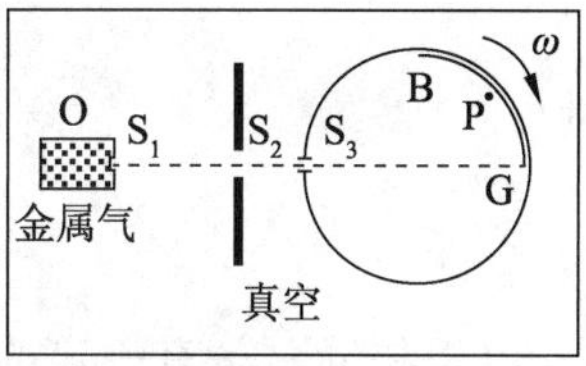

图 15.4.1　葛正权的实验装置

经过一段时间, 附着在 GB 板上的金属气体分子足够多时, 板 GB 表面沉积的金属分子便有了一定厚度, 如图 15.4.2 所示. 图中颜色越深的地方表示金属分子沉积越厚.

附着在 GB 板上各处的气体分子速率可以直接推导出来. 设 GB 板的 G 端与狭缝 S_3 处于圆筒同一直径上, 实验结束将 GB 板展平(见图 15.4.2), 速率为 v 的气体分子附着在 GB 板的 P 处, P 到 G 的距离为 x, 则速率为 v 的气体分子在筒中飞行的时间 $\frac{2r}{v}$ 与圆筒相应转动的时间 $\frac{x}{\omega r}$ 相同, 即

$$\frac{2r}{v}=\frac{x}{\omega r}$$

得

$$v=\frac{2r^2\omega}{x}$$

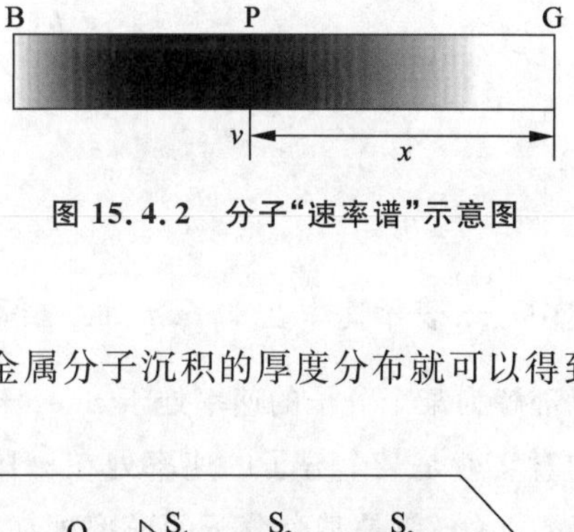

图 15.4.2　分子"速率谱"示意图

利用测微光度计(也称黑度计)测量 GB 板各处金属分子沉积的厚度分布就可以得到气体分子速率的分布律.

2. 密勒-库什实验

密勒和库什于 1955 年用铊蒸气做了实验, 精确地测定了气体速率分布. 实验装置如图 15.4.3 所示, 整个装置放置在真空容器中, 相距 l 的两个同轴圆盘以角速度 ω 匀速转动, 两个圆盘上分别有一条沿半径方向的狭缝 S_2 和 S_3, 两狭缝成微小角度 θ, 这两个圆盘实际上组成了一个粒子速度选择器. 金属气体从气源 O 的狭缝逸出, 通过狭缝 S_1, 再进入粒子速度选择器, 只有满足一定速率条件的粒子才能通过狭缝 S_3 最后到达探测器 G.

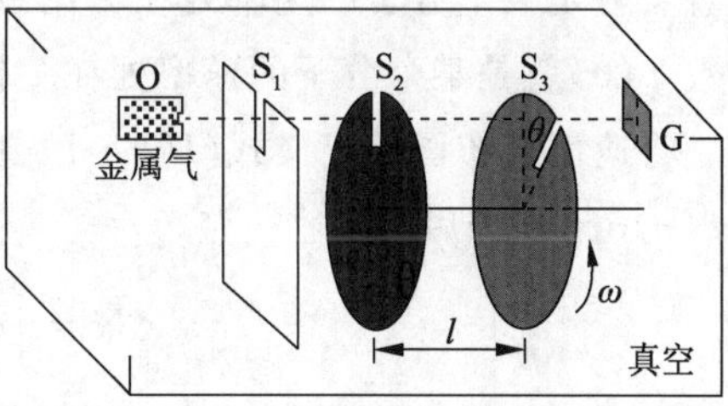

图 15.4.3　密勒-库什的实验装置

实验时, 圆盘以角速度 ω 转动, 设速率为 v 的粒子最终到达探测器 G, 显然该粒子通

过速度选择器的时间与圆盘转动 θ 角的时间相同，即

$$\frac{l}{v}=\frac{\theta}{\omega}$$

所以

$$v=\frac{l}{\theta}\omega$$

由于狭缝总是有一定的宽度，所以，实际到达探测器的粒子速率并不是严格等于 v，而是在 $v \sim v+\Delta v$ 的速率范围内. 探测器用于测定粒子束的强度，改用不同的角速度进行实验，依次测定不同速度粒子束的强度，从而得到粒子速率分布.

15.4.2 分子速率分布函数

设系统中气体分子的数目为 N，速率在 $v \sim v+\Delta v$ 之间的分子数为 ΔN，则速率在 $v \sim v+\Delta v$ 之间的分子数占总分子数的比率为

$$\frac{\Delta N}{N}$$

该比率与 v 和 Δv 有关. 速率在 v 附近单位速率区间的分子数占总分子数的比率为

$$\frac{\Delta N}{N\Delta v}$$

当 $\Delta v \to 0$ 时，上述比率的极限仅与 v 有关，成为 v 的一个连续函数，称为气体分子速率分布函数，用 $f(v)$ 表示，即定义

$$f(v) \equiv \lim_{\Delta v \to 0}\frac{\Delta N}{N\Delta v}=\frac{\mathrm{d}N}{N\mathrm{d}v} \tag{15.4.1}$$

于是有

$$\frac{\mathrm{d}N}{N}=f(v)\mathrm{d}v$$

式中，$\frac{\mathrm{d}N}{N}$表示速率在 $v \sim v+\mathrm{d}v$ 之间的分子数 $\mathrm{d}N$ 占总分子数 N 的比率，这个比率也可以理解为某个分子的速率处于 $v \sim v+\mathrm{d}v$ 之间的概率. 这样，气体分子速率分布函数 $f(v)$ 的意义就是某个分子的速率处在 v 附近单位速率区间的概率，或者说气体分子速率分布函数 $f(v)$ 就是某个分子的速率处在 v 附近的概率密度.

将速率分布函数定义式(15.4.1)变形，得到速率在 $v \sim v+\mathrm{d}v$ 之间的分子数 $\mathrm{d}N=Nf(v)\mathrm{d}v$，积分后得

$$\Delta N=\int \mathrm{d}N=\int_{v_1}^{v_2} Nf(v)\mathrm{d}v \tag{15.4.2}$$

上式积分结果表示速率在 $v_1 \sim v_2$ 之间的分子数. 上式积分区间为 $0 \sim \infty$时(对系统所有分子积分)，积分就等于总分子数 N，即

$$\int_0^{\infty} Nf(v)\mathrm{d}v=N$$

上式可改写为

$$\int_0^{\infty} f(v)\mathrm{d}v = 1 \tag{15.4.3}$$

对于任何形式的气体分子速率分布函数 $f(v)$，总是满足式(15.4.3)，我们把它称为速率分布函数的归一化条件.

假设如图 15.4.4 所示为某种气体分子速率分布函数曲线. 积分 $\int_{v_1}^{v_2} f(v)\mathrm{d}v = \frac{\Delta N}{N}$ 表示速率在 $v_1 \sim v_2$ 之间的分子数占总分子数的比率，其数值在速率分布函数曲线图中等于曲边梯形的面积，即如图 15.4.4 所示打斜线部分的面积. 根据归一化条件和分布函数积分的几何意义，可以得出这样的结论，即图中分布函数曲线与 v 轴所包围的面积为 1.

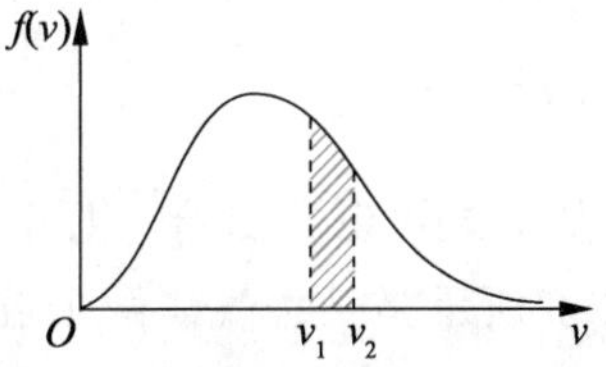

图 15.4.4　速率分布函数的几何意义

15.4.3　麦克斯韦速率分布律　三种统计速率

1. 麦克斯韦速率分布律

在实验测定气体速率分布以前，麦克斯韦于 1859 年就从理论上导出了一定量的理想气体在平衡态时的速率分布规律，称为麦克斯韦速率分布律，其函数表达式为

$$f(v) = 4\pi\left(\frac{m}{2\pi kT}\right)^{\frac{3}{2}} v^2 \mathrm{e}^{-\frac{mv^2}{2kT}} \tag{15.4.4}$$

式中，m 是分子质量；T 是热力学温度；k 是玻尔兹曼常数. 麦克斯韦分子速率分布律是气体动理论的基本规律之一.

2. 最概然速率

麦克斯韦速率分布函数曲线如图 15.4.5 所示. 从图中可以看出，该函数有一个极大值，函数取极大值时相应的速率称为最概然速率，常用 v_p 表示，其物理意义如下：一定量的理想气体处于平衡态时，速率处于 v_p 附近的分子数占总分子数的比率最大，或者说分子分布在速率 v_p 附近的概率最大. 从麦克斯韦速率分布函数可以求出最概然速率.

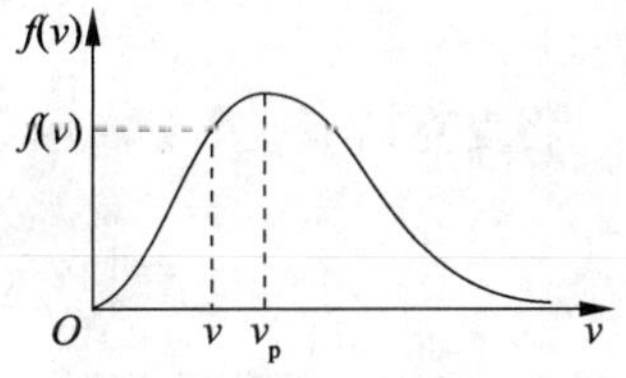

图 15.4.5　分子速率分布函数与最概然速率

令 $b = \frac{m}{2kT}$，麦克斯韦速率分布函数改写为

$$f(v) = 4\pi\left(\frac{b}{\pi}\right)^{\frac{3}{2}} v^2 \mathrm{e}^{-bv^2}$$

上式对速率 v 求导数，得

$$\frac{\mathrm{d}f(v)}{\mathrm{d}v} = 4\pi\left(\frac{b}{\pi}\right)^{\frac{3}{2}}\left(2v\mathrm{e}^{-bv^2} - 2bv^3\mathrm{e}^{-bv^2}\right) = 8\pi\left(\frac{b}{\pi}\right)^{\frac{3}{2}} \mathrm{e}^{-bv^2} v(1 - bv^2)$$

当 $v = v_p$ 时，$\frac{\mathrm{d}f(v)}{\mathrm{d}v} = 0$，得

$$1 - bv_p^2 = 0$$

$$v_p=\frac{1}{\sqrt{b}}=\sqrt{\frac{2kT}{m}}$$

利用 $m=\frac{M}{N_A}$ 和 $k=\frac{R}{N_A}$，得最概然速率

$$v_p=\sqrt{\frac{2kT}{m}}=\sqrt{\frac{2RT}{M}}\approx 1.41\sqrt{\frac{RT}{M}} \tag{15.4.5}$$

从上式可以看出，v_p 大小取决于气体的温度和气体分子的质量（或摩尔质量）. 图 15.4.6 所示是某种气体两个温度下的速率分布曲线，可见，温度越高 v_p 越大，但 v_p 处的 $f(v)$ 函数值越小，即曲线变得越平坦. 图 15.4.7 所示是两种气体同温度时的速率分布曲线，可见，摩尔质量越小 v_p 越大，但 v_p 处的 $f(v)$ 函数值越小，曲线越平坦.

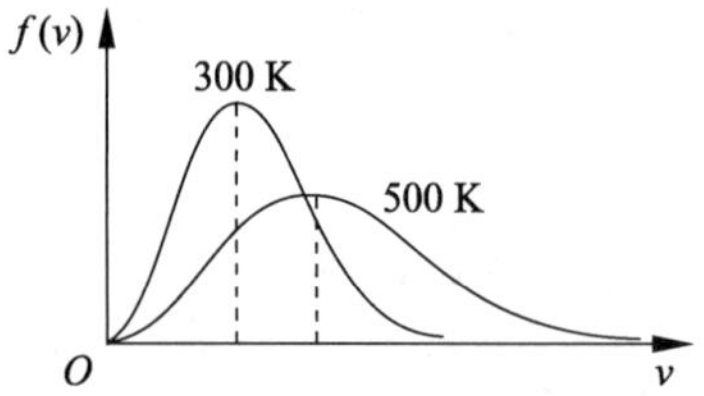

图 15.4.6 某种气体两个温度下的分子速率分布曲线

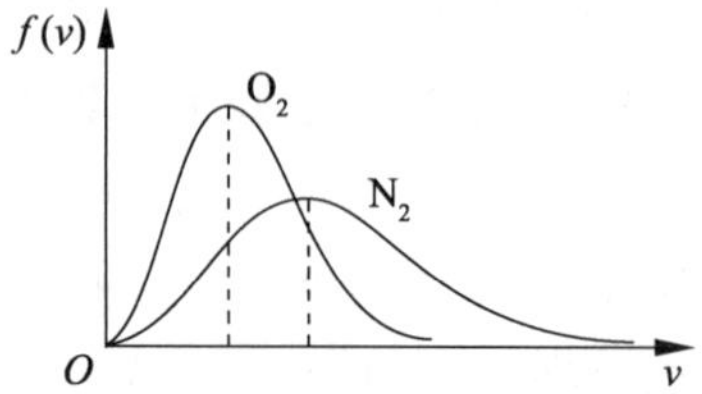

图 15.4.7 两种气体同温度时的分子速率分布曲线

3. 平均速率

根据平均速率的定义，得

$$\bar{v}=\frac{\int_0^N v\mathrm{d}N}{N}=\int_0^\infty vf(v)\mathrm{d}v$$

将麦克斯韦速率分布函数代入上式，整理后得

$$\bar{v}=\int_0^\infty 4\pi\left(\frac{b}{\pi}\right)^{\frac{3}{2}}v^3\mathrm{e}^{-bv^2}\mathrm{d}v=4\pi\left(\frac{b}{\pi}\right)^{\frac{3}{2}}\int_0^\infty v^3\mathrm{e}^{-bv^2}\mathrm{d}v$$

上式中，定积分部分的值

$$\int_0^\infty v^3\mathrm{e}^{-bv^2}\mathrm{d}v=\frac{1}{2b^2}$$

所以，平均速率

$$\bar{v}=4\pi\left(\frac{b}{\pi}\right)^{\frac{3}{2}}\times\frac{1}{2b^2}=4\pi\left(\frac{\frac{m}{2kT}}{\pi}\right)^{\frac{3}{2}}\times\frac{1}{2\left(\frac{m}{2kT}\right)^2}=\sqrt{\frac{8kT}{\pi m}}$$

利用 $m=\frac{M}{N_A}$ 和 $k=\frac{R}{N_A}$，得平均速率

$$\bar{v}=\sqrt{\frac{8kT}{\pi m}}=\sqrt{\frac{8RT}{\pi M}}\approx 1.60\sqrt{\frac{RT}{M}} \tag{15.4.6}$$

4. 方均根速率

根据方均根速率的定义，得

$$\sqrt{\overline{v^2}}=\sqrt{\frac{\int_0^N v^2\mathrm{d}N}{N}}=\sqrt{\int_0^\infty v^2 f(v)\mathrm{d}v}$$

将麦克斯韦速率分布函数代入上式，经过积分运算，并利用已有积分公式 $\int_0^\infty v^4\mathrm{e}^{-bv^2}\mathrm{d}v=\frac{3}{8}\left(\frac{\pi}{b^5}\right)^{\frac{1}{2}}$ 和 $b=\frac{m}{2kT}$，整理后得

$$\sqrt{\overline{v^2}}=\sqrt{\frac{3kT}{m}}$$

利用 $m=\frac{M}{N_\mathrm{A}}$ 和 $k=\frac{R}{N_\mathrm{A}}$，得方均根速率

$$\sqrt{\overline{v^2}}=\sqrt{\frac{3kT}{m}}=\sqrt{\frac{3RT}{M}}\approx1.73\sqrt{\frac{RT}{M}} \tag{15.4.7}$$

最概然速率、平均速率和方均根速率的大小都取决于系统的温度和分子质量(或分子的摩尔质量). 这三个量都是大量气体分子热运动的统计平均值，在计算平均平动动能时我们已经用到了方均根速率，在讨论速率分布时用到了最概然速率，而平均速率在后面讨论分子平均碰撞频率和平均自由程时将用到. 这三种速率数值接近，但又不相等，其中最概然速率最小，方均根速率最大，即 $v_\mathrm{p}<\overline{v}<\sqrt{\overline{v^2}}$，图 15.4.8 是三种速率大小关系的示意图.

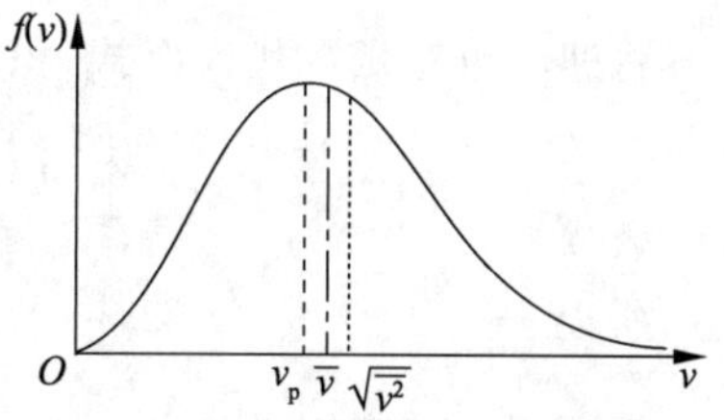

图 15.4.8　三种速率关系示意图

[例 15.4.1]　计算不同温度时氮气分子的平均平动动能和方均根速率.

(1) 温度为 1000 ℃；

(2) 温度为 0 ℃；

(3) 温度为 −150 ℃.

解：分子的平均平动动能公式为 $\overline{\varepsilon_\mathrm{kt}}=\frac{3}{2}kT$，方均根速率公式为 $\sqrt{\overline{v^2}}=\sqrt{\frac{3RT}{M}}$.

(1) 温度为 1000 ℃时，

$$\overline{\varepsilon_\mathrm{kt}}=\frac{3}{2}kT=\frac{3}{2}\times1.38\times10^{-23}\times(1000+273)=2.64\times10^{-20}(\mathrm{J})$$

$$\sqrt{\overline{v^2}}=\sqrt{\frac{3RT}{M}}=\sqrt{\frac{3\times8.31\times(1000+273)}{28\times10^{-3}}}=1.06\times10^3(\mathrm{m\cdot s^{-1}})$$

(2) 温度为 0 ℃时，

$$\overline{\varepsilon_\mathrm{kt}}=\frac{3}{2}kT=\frac{3}{2}\times1.38\times10^{-23}\times(0+273)=5.65\times10^{-21}(\mathrm{J})$$

$$\sqrt{\overline{v^2}}=\sqrt{\frac{3RT}{M}}=\sqrt{\frac{3\times8.31\times(0+273)}{28\times10^{-3}}}=493(\mathrm{m\cdot s^{-1}})$$

(3) 温度为-150 ℃时，

$$\overline{\varepsilon_{kt}}=\frac{3}{2}kT=\frac{3}{2}\times1.38\times10^{-23}\times(-150+273)=2.55\times10^{-21}(\mathrm{J})$$

$$\sqrt{\overline{v^2}}=\sqrt{\frac{3RT}{M}}=\sqrt{\frac{3\times8.31\times(-150+273)}{28\times10^{-3}}}=331(\mathrm{m\cdot s^{-1}})$$

[例 15.4.2] 有 N 个粒子，其速率分布函数为

$$\begin{cases}f(v)=C & 0\leqslant v\leqslant v_0\\ f(v)=0 & v\geqslant v_0\end{cases}$$

试求速率分布函数中的常数 C 和粒子的平均速率(用 v_0 表示).

解:根据速率分布函数的归一化条件

$$\int_0^\infty f(v)\mathrm{d}v=1$$

将速率分布函数代入上式，积分得

$$\int_0^\infty f(v)\mathrm{d}v=\int_0^{v_0}C\mathrm{d}v=Cv_0=1$$

所以

$$C=\frac{1}{v_0}$$

根据平均速率定义

$$\bar{v}=\int_0^\infty vf(v)\mathrm{d}v=\int_0^{v_0}v\frac{1}{v_0}\mathrm{d}v=\frac{v_0}{2}$$

15.4.4 玻尔兹曼分布

1. 重力场中的气体分子数密度

麦克斯韦速率分布律是理想气体处于平衡态时的速率分布，由于不考虑重力，气体分子微观量的统计平均值处处均匀一致. 地面上的实际气体由于受到重力作用，分子数密度、压强、温度都随高度变化. 如果忽略温度随高度的变化，可以导出分子数密度随高度按指数规律变化.

假设重力场中的气体处于热动平衡(空气柱内各处温度均匀一致，但压强随高度改变). 在气体中作一个底面积为 S 的竖直气柱，如图 15.4.9 所示，以气柱底面为坐标原点，竖直向上为 z 轴的正方向. 在气柱 z 处取一厚度为 $\mathrm{d}z$ 的薄层，该薄层上、下的气体压强分别为 $p+\mathrm{d}p$ 和 p，薄层上、下气体压力和气体薄层中气体分子的重力($mg\mathrm{d}N=mgnS\mathrm{d}z$)三力平衡，即

$$pS-(p+\mathrm{d}p)S-mgnS\mathrm{d}z=0$$

式中，n 为薄层 z 处的气体分子数密度. 上式整理，得

$$\mathrm{d}p=-mgn\mathrm{d}z$$

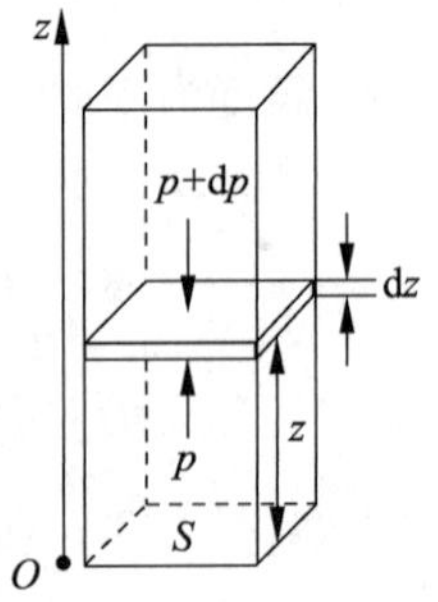

图 15.4.9 压强与重力

根据理想气体状态方程 $p=nkT$，温度不变时压强与分子数密度成正比，即 $\mathrm{d}p=$

$kT\mathrm{d}n$，代入上式并整理，得

$$\frac{\mathrm{d}n}{n}=-\frac{mg}{kT}\mathrm{d}z$$

上式积分

$$\int_{n_0}^{n}\frac{\mathrm{d}n}{n}=\int_{0}^{z}-\frac{mg}{kT}\mathrm{d}z$$

$$\ln n-\ln n_0=-\frac{mgz}{kT}$$

或者写成

$$n=n_0\mathrm{e}^{-\frac{mgz}{kT}} \tag{15.4.8}$$

式中，n_0 表示 $z=0$ 处的分子数密度. 式(15.4.8)称为重力场中的气体分子数密度公式. 可以看出，重力场中的气体分子数密度随高度的增加按指数规律减小，函数曲线如图 15.4.10 所示. 重力场中的气体分子数密度不仅与高度和分子质量有关，还与温度有关.

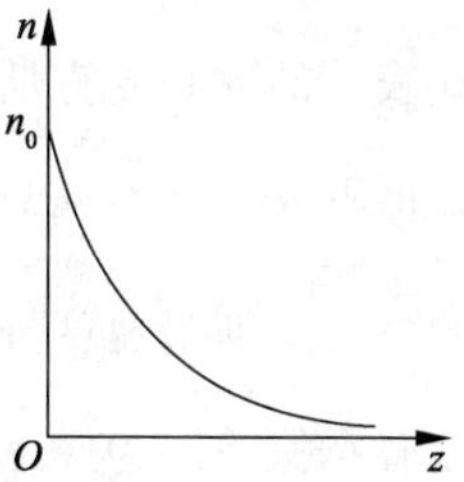

图 15.4.10　分子数密度随高度变化

将式(15.4.8)代入理想气体的状态方程 $p=nkT$，得重力场中的气体压强

$$p=nkT=n_0\mathrm{e}^{-\frac{mgz}{kT}}kT$$

或者写成

$$p=p_0\mathrm{e}^{-\frac{mgz}{kT}} \tag{15.4.9}$$

式中，$p_0=n_0kT$ 表示 $z=0$ 处的气体压强；p 表示 z 处的气体压强. 通常把式(15.4.9)称为重力场中的气压公式. 实际大气层的温度是随高度变化的，大气中含有不同种类的气体，另外大气中还有许多扰动，所以实际大气的分子数密度和大气压都不是一个简单的指数函数.

将式(15.4.9)变形，得

$$z=\frac{kT}{mg}\ln\frac{p_0}{p}$$

或者

$$z=\frac{RT}{Mg}\ln\frac{p_0}{p} \tag{15.4.10}$$

由上式，通过测量 $z=0$ 处的大气压 p_0 和某高度 z 处的大气压 p 就可以估算出高度 z，这种方法常用于登山、地质考察等非精确测量时估计某处的高度.

2. 玻尔兹曼分布

式(15.4.8)表示的分子数密度是在重力场中得到的，现在把式中的 mgz 写成分子重力势能 ε_p，则

$$n=n_0 e^{-\frac{\varepsilon_p}{kT}} \tag{15.4.11}$$

如果将这一结论推广到任意势场中,就可以得到玻尔兹曼分布.

前面我们介绍了麦克斯韦速率分布律,实际上,麦克斯韦首先得到的是速度分布律,由速度分布律通过坐标变换可以得到速率分布律.下面我们先介绍麦克斯韦速度分布律,再从麦克斯韦速度分布律导出玻尔兹曼分布.

一定量的理想气体,在平衡态时,其速度在 $v_x \sim v_x+\mathrm{d}v_x, v_y \sim v_y+\mathrm{d}v_y, v_z \sim v_z+\mathrm{d}v_z$ 区间内的分子数占总分子数的比率

$$\frac{\mathrm{d}N}{N}=\left(\frac{m}{2\pi kT}\right)^{\frac{3}{2}} e^{-\frac{m(v_x^2+v_y^2+v_z^2)}{2kT}} \mathrm{d}v_x \mathrm{d}v_y \mathrm{d}v_z \tag{15.4.12}$$

上式表示的就是麦克斯韦速度分布律,其中 $F(v_x, v_y, v_z)=\left(\frac{m}{2\pi kT}\right)^{\frac{3}{2}} e^{-\frac{m(v_x^2+v_y^2+v_z^2)}{2kT}}$ 称为麦克斯韦速度分布函数.

将麦克斯韦速度分布函数以分子的平动动能 $\varepsilon_k=\frac{1}{2}(v_x^2+v_y^2+v_z^2)$ 表示,则麦克斯韦速度分布律改写为

$$\frac{\mathrm{d}N}{N}=\left(\frac{m}{2\pi kT}\right)^{\frac{3}{2}} e^{-\frac{\varepsilon_k}{kT}} \mathrm{d}v_x \mathrm{d}v_y \mathrm{d}v_z$$

或者写为

$$\mathrm{d}N=N\left(\frac{m}{2\pi kT}\right)^{\frac{3}{2}} e^{-\frac{\varepsilon_k}{kT}} \mathrm{d}v_x \mathrm{d}v_y \mathrm{d}v_z \tag{15.4.13}$$

现在,我们仅考虑 $x \sim x+\mathrm{d}x, y \sim y+\mathrm{d}y, z \sim z+\mathrm{d}z$ 的空间范围,用 N' 表示该范围内的总分子数,并以 n 表示 $x \sim x+\mathrm{d}x, y \sim y+\mathrm{d}y, z \sim z+\mathrm{d}z$ 范围内的分子数密度,则 $N'=n\mathrm{d}x\mathrm{d}y\mathrm{d}z$.将式(15.4.13)中的 N 换成 N',就得到处于 $x \sim x+\mathrm{d}x, y \sim y+\mathrm{d}y, z \sim z+\mathrm{d}z$ 的空间范围,速度在 $v_x \sim v_x+\mathrm{d}v_x, v_y \sim v_y+\mathrm{d}v_y, v_z \sim v_z+\mathrm{d}v_z$ 区间内的分子数 $\mathrm{d}N'$,即

$$\mathrm{d}N'=N'\left(\frac{m}{2\pi kT}\right)^{\frac{3}{2}} e^{-\frac{\varepsilon_k}{kT}} \mathrm{d}v_x \mathrm{d}v_y \mathrm{d}v_z=n\left(\frac{m}{2\pi kT}\right)^{\frac{3}{2}} e^{-\frac{\varepsilon_k}{kT}} \mathrm{d}v_x \mathrm{d}v_y \mathrm{d}v_z \mathrm{d}x \mathrm{d}y \mathrm{d}z$$

将势场中的分子数密度公式(15.4.11)代入上式,得

$$\mathrm{d}N'=n_0 e^{-\frac{\varepsilon_p}{kT}}\left(\frac{m}{2\pi kT}\right)^{\frac{3}{2}} e^{-\frac{\varepsilon_k}{kT}} \mathrm{d}v_x \mathrm{d}v_y \mathrm{d}v_z \mathrm{d}x \mathrm{d}y \mathrm{d}z$$

或者写成

$$\mathrm{d}N'=n_0\left(\frac{m}{2\pi kT}\right)^{\frac{3}{2}} e^{-\frac{\varepsilon_k+\varepsilon_p}{kT}} \mathrm{d}v_x \mathrm{d}v_y \mathrm{d}v_z \mathrm{d}x \mathrm{d}y \mathrm{d}z \tag{15.4.14}$$

式(15.4.14)称为玻尔兹曼分布律.由式(15.4.13)可以看出,麦克斯韦速度分布律表明气体分子按分子平动动能分布;由式(15.4.14)可以看出,玻尔兹曼分布律表明气体分子按分子总能量分布,麦克斯韦速度分布律适用于热动平衡的理想气体,玻尔兹曼分

布律将适用范围扩大到势场中.

15.5　分子平均碰撞频率和平均自由程

由于气体的热运动，分子与分子之间、分子与容器壁之间会发生频繁地碰撞. 前面我们研究了分子与容器壁之间发生碰撞，得到了微观理论下的理想气体压强公式. 本节我们研究分子与分子之间的碰撞，得到分子间的平均碰撞频率和分子热运动的平均自由程. 分子通过相互碰撞实现分子能量和动量的传递，从而实现由非平衡态向平衡态的演变. 常温下，气体分子以每秒几百米的平均速率运动，由于分子间的频繁碰撞，气体分子的实际运动路径是迂回曲折的、无规律的，与分子平均速率相比扩散运动是比较慢的，分子间的频繁碰撞也是引起热传导现象和黏滞现象等一系列热现象的主要因素.

假设某个气体分子 A 在某处与另一个分子 B 发生了碰撞，一段时间后分子 A 又在另一处与另一个分子 C 发生碰撞，再经过一段时间后又与分子 D 发生碰撞，等等. 与其他分子碰撞后，分子 A 的速率通常会发生变化，它的运动方向也会改变，其运动路径是迂回曲折的. 连续两次碰撞的时间间隔一般都不会相等，连续两次碰撞的时间间隔内所经过的路程一般也不会相同，看上去这些都没有规律. 但从大量分子热运动的观点来看，不论是连续两次碰撞的时间间隔，还是连续两次碰撞的时间间隔内所经过的路程都遵循统计规律，我们可以用统计的方法计算出它们的统计平均值.

单位时间内，某一气体分子与其他气体分子碰撞的平均次数称为平均碰撞频率，用 $\overline{Z}$ 表示. 某一气体分子连续两次碰撞的时间间隔内所经过的路程的平均值称为平均自由程，用 $\overline{\lambda}$ 表示.

15.5.1　分子平均碰撞频率

为了使研究的问题简单化，我们设想有一个分子 A 以某一速率相对于其他分子运动，这个速率称为平均相对速率，用 $\overline{v}_r$ 表示，这样，其他分子都可视为是静止不动的. 再把分子都看作直径为 d 的刚性弹性小球，d 称为分子的有效直径，这样，分子间的碰撞就是完全弹性的. 由于分子间发生碰撞，分子 A 的运动路径是迂回曲折的，但做了刚才的假设，分子 A 的运动就可以看作是匀速率的，即 Δt 时间内运动的路程应该是 $\overline{v}_r\Delta t$. 以分子 A 运动的曲折路径为轴线，以分子的有效直径 d 为半径，作一个长为 $\overline{v}_r\Delta t$ 的曲轴圆柱，如图 15.5.1 所示，圆柱的横截面称为分子的碰撞截面. 很明显，凡是小球的球心(分子中心)在圆柱内的分子必定与运动分子 A 发生碰撞，分子 A 在 Δt 时间内的碰撞次数就等于曲轴圆柱内的分子数目，其数值就等于分子数密度与曲轴圆柱体积的乘积.

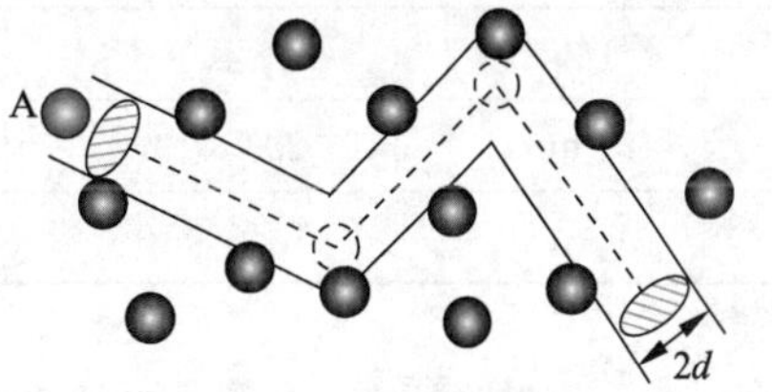

图 15.5.1　平均碰撞频率计算

曲轴圆柱内的分子数目为

$$n \cdot \pi d^2 \cdot \overline{v}_r\Delta t$$

运动分子 A 单位时间内的碰撞次数

$$\overline{Z}=\frac{n\cdot\pi d^2\cdot\overline{v}_r\Delta t}{\Delta t}=n\pi d^2\overline{v}_r$$

根据麦克斯韦速率分布律，可以计算出分子平均相对速率与分子平均速率的关系为

$$\overline{v}_r=\sqrt{2}\,\overline{v} \tag{15.5.1}$$

所以，分子平均碰撞频率(或单位时间内的平均碰撞次数)

$$\overline{Z}=\sqrt{2}\,n\pi d^2\overline{v} \tag{15.5.2}$$

式(15.5.2)表明，分子平均碰撞频率与分子数密度成正比，与分子平均速率成正比，与分子有效直径的平方成正比.

15.5.2 分子平均自由程

Δt 时间内分子运动的平均路程 $\overline{v}\Delta t$ 除以这段时间内该分子与其他分子平均碰撞次数 $\overline{Z}\Delta t$ 所得就是该分子连续两次碰撞所经过路程的平均值，即平均自由程

$$\overline{\lambda}=\frac{\overline{v}\Delta t}{\overline{Z}\Delta t}=\frac{\overline{v}}{\sqrt{2}\,n\pi d^2\overline{v}}=\frac{1}{\sqrt{2}\,\pi d^2 n} \tag{15.5.3}$$

从式(15.5.3)可以看出，平均自由程只与气体分子的有效直径和分子数密度有关. 对一定量的理想气体，分子数密度只与气体的体积有关，因此平均自由程只与气体的体积有关而与气体的温度、压强无关.

根据理想气体状态方程 $p=nkT$，可得平均自由程

$$\overline{\lambda}=\frac{kT}{\sqrt{2}\,\pi d^2 p} \tag{15.5.4}$$

由式(15.5.4)可以看出，平均自由程也可以用气体的温度和压强来计算. 在高度真空(压强极小)状态时，真空容器内的气体分子平均自由程很大，这时，分子间发生碰撞的概率就变得很小. 表 15.5.1 中列出了压强为 1.01×10^5 Pa、温度为 0 ℃时，不同气体的平均自由程的计算值. 表 15.5.2 中列出了温度为 0 ℃时，氧气在不同压强下的平均自由程的计算值.

表 15.5.1　0 ℃时，几种气体分子的平均自由程(计算值)

$p=1.01\times10^5$ Pa

气体	氢气	氦气	氮气	氧气
d/m	2.3×10^{-10}	1.9×10^{-10}	3.1×10^{-10}	3.0×10^{-10}
$\overline{\lambda}$/m	1.59×10^{-7}	2.33×10^{-7}	0.87×10^{-7}	0.93×10^{-7}

表 15.5.2　0 ℃时，不同压强下氧气分子的平均自由程(计算值)

p/Pa	1.01×10^5	1.33	1.33×10^{-2}	1.33×10^{-4}
$\overline{\lambda}$/m	9.3×10^{-8}	7.0×10^{-3}	7.0×10^{-1}	7.0×10^{1}

[**例 15.5.1**] 求温度为 0 ℃和压强为 1.01×10^5 Pa 时,氢气分子的平均碰撞频率和平均自由程.

解:查表 15.5.1,得 $d=2.3\times10^{-10}$ m,氢气分子的平均自由程

$$\bar{\lambda}=\frac{kT}{\sqrt{2}\pi d^2 p}=\frac{1.38\times10^{-23}\times273}{\sqrt{2}\pi\times(2.30\times10^{-10})^2\times1.01\times10^5}=1.59\times10^{-7}(\mathrm{m})$$

氢气分子的平均速率

$$\bar{v}=\sqrt{\frac{8RT}{\pi M}}=\sqrt{\frac{8\times8.31\times273}{3.14\times2\times10^{-3}}}=1.70\times10^3(\mathrm{m\cdot s^{-1}})$$

氢气分子的平均碰撞频率

$$\bar{Z}=\frac{\bar{v}}{\bar{\lambda}}=\frac{1.70\times10^3}{1.59\times10^{-7}}=1.07\times10^{10}(\mathrm{s^{-1}})$$

15.6 实际气体和范德瓦耳斯方程

前面研究的气体都是理想气体,理想气体的相关结论适用于压强不太大、温度不太低时的实际气体.当压强较大、温度较低时,实际气体的性质与理想气体状态方程所描述的规律有较大的差异.当压强变得更大或温度变得更低时,实际气体还会出现液化、凝华等现象,这些现象与理想气体状态完全不相符.本节将介绍真实气体的等温线,通过对理想气体状态方程进行修正,得到更接近实际气体的范德瓦耳斯①方程.

15.6.1 真实气体的等温线

图 15.6.1 所示是二氧化碳(CO_2)在不同温度下的实验等温线,图中以压强为纵坐标、摩尔体积为横坐标.我们先看 13 ℃时的等温线,在曲线的 AB 段,气体压强随体积减小而增大,与理想气体等温线相似.曲线的 BC 段是一段水平线,在 BC 范围内压强保持不变,其大小约为 48.5 atm(约为 4.9×10^6 Pa).实际上,当气体压缩到 B 点时,气体开始液化,即进入气液共存状态,这时的气体称为饱和蒸气,对应的压强称为饱和蒸气压.在从 B 到 C 的过程中,系统体积减小,有更多的气体转化为液体,到达 C 点气体全部液化.曲线的 CD 段,表示系统处于液体状态,液体的体积是不易压缩的,所以图中 CD 部分几乎是竖直的.温度在 31.1 ℃以下的等温线都相似,只是气液共存的范围(等温线水平部分)不同,温度越高,气液共存的范围越小,相应的饱和蒸气压越大.温度到达 31.1 ℃时,气液共存的范围变成一个点 K,这条等温线称为临界等温线,对应的温度称为临界温度.K 点实际上是等温线的拐点,K 点对应的压强称为临界压强,K 点对应的体积称为临界体积,临界温度、临界压强和临界体积统称为气体的临界参量.表 15.6.1 列出了几种物

① 范德瓦耳斯(J. D. Van der Waals,1837—1923),荷兰物理学家,因 1873 年导出范德瓦耳斯方程而获得 1910 年诺贝尔物理学奖.

质的临界参量.温度高于 31.1 ℃时,气体不能被液化,温度越高,相应的等温线越接近于理想气体的等温线.

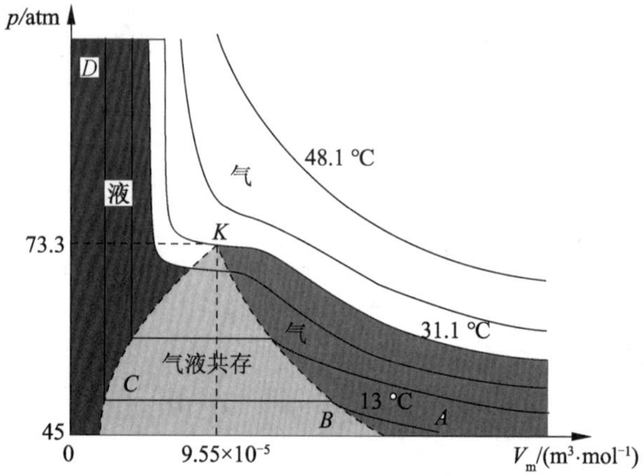

图 15.6.1 二氧化碳的实验等温线

表 15.6.1 几种物质的临界参量

物质	临界温度/K	临界压强/atm	临界体积/($m^3\cdot mol^{-1}$)
H_2	33.3	12.8	6.49×10^{-5}
He	5.3	2.26	5.76×10^{-5}
N_2	126.1	33.5	8.46×10^{-5}
O_2	154.4	49.7	7.42×10^{-5}
H_2O	647.2	217.7	4.50×10^{-5}
CO_2	304.3	72.3	9.55×10^{-5}

15.6.2 范德瓦耳斯方程

实际上,我们经常要处理高压和低温的气体,理想气体状态方程在这种情况下是不适用的,所以必须建立一个比理想气体状态方程更接近实际气体的状态方程.物理学家建立了各种不同形式的气体状态方程,其中形式较简单、物理意义较清楚的就是范德瓦耳斯方程.范德瓦耳斯方程是在理想气体状态方程基础上进行了必要的修正后得到的.

理想气体状态方程把气体分子看作质点,气体可以压缩的范围就是容器的容积.实际上,气体分子都占有一定的空间,所以,气体可以压缩的范围应当比容器的容积小.另外,理想气体状态方程把气体分子看作刚性小球,除碰撞外,分子力忽略不计.实际气体中分子间存在相互作用力,通常气体分子间的作用力为引力,引力的存在使气体的压强也要进行适当的修正.范德瓦耳斯就是从这两个因素去考虑并修正理想气体状态方程的.

以 1 mol 气体为例,理想气体状态方程为

$$pV_m=RT$$

式中，V_m 是气体的摩尔体积(即存放 1 mol 气体的容器容积)，这里理解为气体可压缩的空间. 对于理想气体来说，可压缩的空间就等于容器的容积. 而实际气体分子都占有一定的空间(即气体分子有一定的体积)，气体可压缩空间应减小某一量值 b，对理想气体状态方程修正后，方程应写为

$$p(V_m-b)=RT$$

或者写为

$$p=\frac{RT}{V_m-b} \tag{15.6.1}$$

再考虑分子间的引力对压强的影响. 微观理论的压强告诉我们，气体压强是大量分子撞击容器壁引起的，垂直于容器壁上单位面积的撞击力的平均值就是压强. 系统内的分子受到周围相同分子的作用，根据热运动的无序性和空间对称性，周围分子的作用力正好相互抵消. 与容器壁发生碰撞时的分子处于系统的边界上，它们一边受到系统内部分子的作用，另一边受到容器表面分子的作用，两边的作用不能相互抵消. 处于边界上的这些分子总体上受到一个指向系统内部的等效合力，这样也就削弱了边界上的分子对容器壁的撞击作用，即减小了对容器壁的压强，式(15.6.1)中的压强值$\frac{RT}{V_m-b}$没有考虑这种影响，如果考虑这种影响，压强应该减小一个量值 p_i，p_i 称为内压强. 式(15.6.1)考虑压强修正后，应改写为

$$p=\frac{RT}{V_m-b}-p_i$$

或者写为

$$(p+p_i)(V_m-b)=RT \tag{15.6.2}$$

内压强是系统内部分子的吸引所引起的，分子数密度越大，内压强越大. 分子数密度与气体体积成反比，所以体积越小，分子数密度越大，内压强越大. 因此，范德瓦耳斯假设内压强与体积的平方成反比，写成等式为

$$p_i=\frac{a}{V_m^2} \tag{15.6.3}$$

式中，a 为比例系数，其大小取决于气体的性质. 将式(15.6.3)的压强修正值代入式(15.6.2)，气体状态方程应写为

$$\left(p+\frac{a}{V_m^2}\right)(V_m-b)=RT \tag{15.6.4}$$

式(15.6.4)称为范德瓦耳斯方程. 式中，a 和 b 称为范德瓦耳斯常数，其数值由实验测定. 表 15.6.2 给出了几种气体的范德瓦耳斯常数.

表 15.6.2 几种气体的范德瓦耳斯常数

气体	$a/(\mathrm{Pa}\cdot\mathrm{m}^6\cdot\mathrm{mol}^{-2})$	$b/(10^{-5}\ \mathrm{m}^3\cdot\mathrm{mol}^{-1})$
H_2	0.0247	2.7
He	0.0034	2.4
N_2	0.141	3.9
O_2	0.138	3.2
H_2O	0.553	3.0
CO_2	0.364	4.3

范德瓦耳斯方程是在 1 mol 气体情况下建立起来的，所以方程仅用于 1 mol 气体，适当变换后就可用于任意质量的系统. 对于体积为 V、质量为 m、摩尔质量为 M 的气体，首先计算出对应 1 mol 气体的体积为 $V_{\mathrm{m}}=\frac{M}{m}V$，代入方程，再进行有关计算.

思考题

15-1 气体的平衡状态有何特征？与力学中所指的平衡有何不同？当气体处于平衡状态时还有分子热运动吗？

15-2 一金属杆一端置于沸水中，另一端和冰接触，当沸水和冰的温度维持不变时，金属杆上各点的温度将不随时间而变化. 试问金属杆这时是否处于平衡态？为什么？

15-3 对于一定量的气体来说，当温度不变时，气体的压强随体积的减小而增大；当体积不变时，压强随温度的升高而增大. 从宏观来看，这两种变化同样使压强增大，从微观（分子运动）来看，它们有什么区别？

15-4 在同一温度下，不同气体分子的平均平动动能相等，就氢分子和氧分子比较，氧分子的质量比氢分子大，是否每个氢分子的速率一定比氧分子的速率大？

15-5 计算气体分子算术平均速度时，为什么不考虑各分子速度的矢量性？

习题

15-1 容积为 $1.00\times10^{-3}\ \mathrm{m}^3$ 的发动机气缸内充满空气（将空气当作理想气体），温度为 47 ℃、压强为 1.01×10^5 Pa. 移动活塞，使气缸内空气压缩到原体积的$\frac{1}{17}$、压强增加到 5.05×10^6 Pa. 求此时气缸内空气的温度.

15-2 水银气压计玻璃管的截面积为 $2.00\times10^{-4}\ \mathrm{m}^2$. 当气压计读数为 0.760 mHg 时，水银面离开管顶部 0.120 m. 有少量氦气进入水银管顶部，气压计的读数下降为

0.600 mHg，此时温度为 27 ℃. 试计算有多少质量的氦气在管顶？（氦气的摩尔质量为 $0.004\ \mathrm{kg\cdot mol^{-1}}$）

15－3　一容器内贮有氧气，压强为 1.01×10^5 Pa，温度为 27 ℃. 求单位体积内的分子数和氧分子的平均平动动能.

15－4　容积为 $V=1.00\ \mathrm{m^3}$ 的容器内装有混合气体，压强为 2.76×10^5 Pa，其中有 $N_1=1.00\times10^{25}$ 个氧气分子和 $N_2=4.00\times10^{25}$ 个氮气分子. 求混合气体的温度和分子的平均平动动能.

15－5　有 2.00×10^{-2} kg 氢气装在 $4.00\times10^{-3}\ \mathrm{m^3}$ 的容器内，当容器内的压强为 3.90×10^5 Pa 时，氢气分子的平均平动动能为多大？

15－6　容积为 $1.00\times10^{-5}\ \mathrm{m^3}$ 的容器内装有氮气，当温度为 300 K 时，气体压强为 5.00×10^{-6} mmHg. 容器内气体分子数目为多少？气体分子热运动的平动动能的总和为多少？转动动能的总和为多少？动能的总和为多少？（氮气分子可视为刚性双原子分子）

15－7　分子总数为 5.40×10^{22} 个，体积为 $2.00\times10^{-3}\ \mathrm{m^3}$ 的刚性双原子分子理想气体，其内能为 6.75×10^2 J. 求气体的温度、压强和分子的平均平动动能.

15－8　当氢气和氦气的压强、体积和温度都相等时，求它们的质量比 $\dfrac{m_{\mathrm{H_2}}}{m_{\mathrm{He}}}$ 和内能比 $\dfrac{E_{\mathrm{H_2}}}{E_{\mathrm{He}}}$.（将氢气分子视为刚性双原子分子）

15－9　设氢气的温度为 300 ℃，求速率在 $3000\sim3010\ \mathrm{m\cdot s^{-1}}$ 之间的分子数 n_1 与速率在 $(v_\mathrm{p}\sim v_\mathrm{p}+10)\ \mathrm{m\cdot s^{-1}}$ 之间的分子数 n_2 之比.

15－10　导体中自由电子可当作电子气体. 设导体中共有 N 个自由电子，电子速率处在 $v\sim v+\mathrm{d}v$ 之间的概率为

$$\frac{\mathrm{d}N}{N}=\begin{cases}Av^2\mathrm{d}v & 0\leqslant v\leqslant v_\mathrm{m}\\ 0 & v\geqslant v_\mathrm{m}\end{cases}$$

式中，A 和 v_m 为常数. 试求：

(1) 常数 A（用 N 和 v_m 表示）；

(2) 导体中 N 个自由电子的平均速率.

15－11　有 N 个质量均为 m 的同类气体分子，它们的速率分布如图所示.（1）说明曲线与横坐标轴所包围的面积的含义；（2）由 N 和 v_0 求 a 值；（3）求速率在 $\dfrac{v_0}{2}$ 到 $\dfrac{3v_0}{2}$ 间隔内的分子数；（4）求分子的平均平动动能.

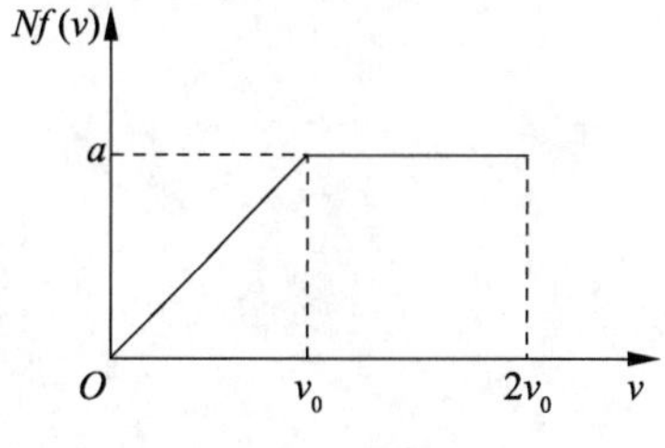

习题 15-11 图

15－12　试求温度为 127 ℃时，氢分子的平均速率、方均根速率和最概然速率.

15-13　许多星球的温度达到 1.00×10^{8} K，在这种温度下，星球可以看作是由氢核(质子)组成的，若把它视为理想气体，求氢核的方均根速率和平均平动动能.

15-14　在容积为 $3.00\times10^{-2}\ \mathrm{m^3}$ 的容器中装有 2.00×10^{-2} kg 气体，容器内气体的压强为 1.01×10^{5} Pa，求气体分子的最概然速率.

15-15　实验室可以获得的真空度约为 1.33×10^{-11} Pa. 试求在 27 ℃时单位体积中的分子数及分子的平均自由程.(设气体分子的有效直径 $d=3.00\times10^{-10}$ m)

15-16　某种理想气体在温度为 300 K 时，分子平均碰撞频率为 $5.00\times10^{9}\ \mathrm{s^{-1}}$. 若保持压强不变，当温度升到 500 K 时，求分子的平均碰撞频率.

15-17　在压强为 1.01×10^{5} Pa 下，氮气分子的平均自由程为 6.00×10^{-6} cm. 温度不变时，在多大压强下，其平均自由程为 1.00 mm.

15-18　容器中氧气的温度为 0 ℃，分子的平均自由程为 9.50×10^{-8} m. 从容器中释放出一部分氧气，使容器中氧气的压强变为初始压强的 $\frac{1}{100}$. 假设释放部分氧气后，容器中氧气的温度不变. 求此时氧气分子的平均自由程和平均碰撞频率.

15-19　容积为 $3.0\times10^{-2}\ \mathrm{m^3}$ 的容器，内有质量为 2.2 kg 的 CO_2 气体，温度为 27 ℃. 分别用范德瓦耳斯方程和理想气体状态方程计算容器内气体的压强.(CO_2 气体的范德瓦耳斯常数 $a=3.6\times10^{-6}\ \mathrm{m^6\cdot atm\cdot mol^{-2}}$，$b=4.3\times10^{-5}\ \mathrm{m^3\cdot mol^{-1}}$)

15-20　1 mol 范德瓦耳斯气体，在保持温度 T 不变的条件下，从体积 V_1 变到 V_2，试计算外界对系统所做的功.

第 16 章　热力学基础

热力学是有关热运动的宏观理论，它是从大量实验现象中总结出的热现象所遵循的普遍规律. 热力学理论不涉及物质的具体结构，所以它不仅适用于气体，也适用于液体和固体.

热力学理论基本包括在热力学的三个定律之中. 本章主要介绍热力学第一定律和热力学第二定律. 关于内容为“不可能使一个物体冷却到热力学温度的零度”的热力学第三定律，在此不做专门介绍.

16.1　热力学第一定律

16.1.1　热力学的一些基本概念

1. 准静态过程

热力学的研究对象是热力学系统，简称系统. 例如，容器中的气体. 处于平衡态的系统可以用状态参量来描述，当系统与外界有能量交换时，系统的状态通常会发生变化，例如，推进活塞压缩气缸内的气体时，气体的压强、体积、温度和密度等都将变化. 系统状态随时间的变化过程称为热力学过程. 一个热力学过程除了具有初态和终态，还包括一系列的中间态. 对于一般的热力学过程，中间态都是非平衡态，这些中间态不能用状态参量来描述. 如果我们让热力学过程无限缓慢地进行，可以认为过程中的任何时刻都无限接近于平衡态，整个过程可以看作是由一系列依次相连的平衡态所组成的，这种过程称为准静态过程，也叫平衡过程. 中间态是非平衡态的过程称为非准静态过程，或非平衡过程. 准静态过程是从实际过程中抽象出来的，是热力学研究的主要过程. 在本章，除了特别申明外，一般的热力学过程都是指准静态过程.

热力学系统的平衡态常用状态参量 p、V 和 T 来描述，对于一定量的理想气体，常用 $p-V$ 图上的一个点表示一个平衡态，$p-V$ 图上的任意一条曲线表示一个准静态过程. 如图 16.1.1 所示是一个准静态过程，系统从初态 B 经过一系列的中间态变化到终态 C，曲线 $\overset{\frown}{BC}$ 称为过程曲线，过程曲线对应的方程称为过程方程. 常见的准静态过程有等压过程、等温过程和等体过程等. 由于非平衡态

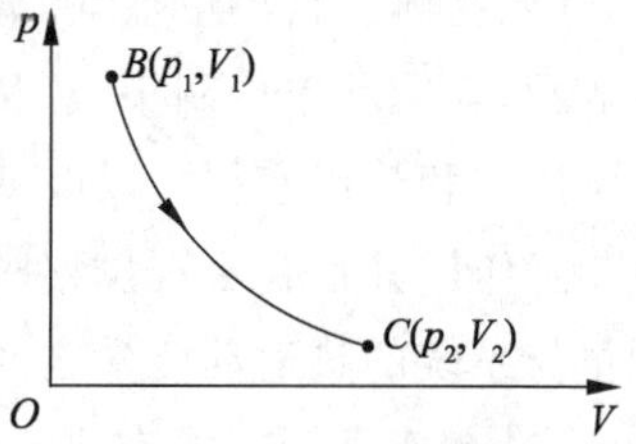

图 16.1.1　状态与过程

不能在 $p-V$ 图上表示，所以非平衡过程也不能用 $p-V$ 图上的曲线表示.

2. 功

上一章我们已经讲到系统的内能是状态的函数，当系统的状态变化时，内能就会发生变化，即系统与外界有能量交换. 做功是系统与外界实现能量交换的一种方法. 下面以气缸中气体的压缩或膨胀为例，导出气体做功的一般表达式. 如图 16.1.2 所示，以活塞运动方向为 x 轴建立坐标系. 气缸内盛有一定量的理想气体，气体的压强为 p. 假设气缸活塞的横截面积为 S，则气体的体积 $V=Sx$，气缸活塞受到气体的压力 $F=pS$. 当活塞向右移动时，气体体积膨胀. 当活塞运动无限缓慢时，气体膨胀为准静态过程. 当活塞无摩擦地发生无穷小位移 dx 时，气体体积的增量 $dV=Sdx$，在这无穷小的过程中，气体对外界所做的元功

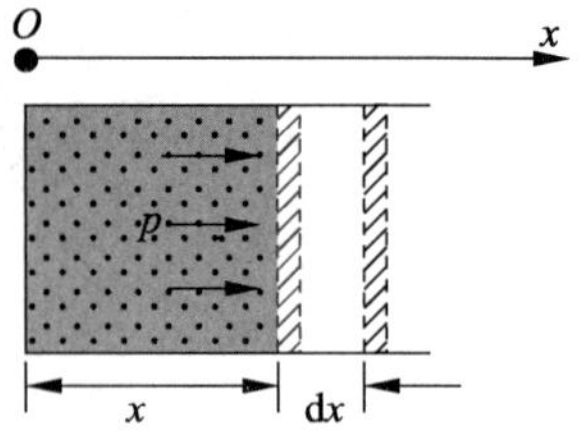

图 16.1.2　气体推动活塞作功

$$dA=F\,dx=pS\,dx=p\,dV$$

如果气体从初态 $B(p_1,V_1)$ 变化到终态 $C(p_2,V_2)$，则整个过程中气体对外界做的功

$$A=\int_{V_1}^{V_2}p\,dV \tag{16.1.1}$$

只要已知状态变化的过程曲线函数 $p=f(V)$，通过对上式积分就可以算出功的数值.

可以看出，气体膨胀时，气体对外界做功；气体被压缩时，气体对外界做负功，或称外界对气体做功. 气体所做的功可以在 $p-V$ 图上表示，如图 16.1.3 所示，元功 $p\,dV$ 数值上就等于图中打斜线的竖条的面积，整个过程中气体所做的功在数值上等于过程曲线下的曲边梯形的面积. 功是过程量，即使初态和终态相同，只要过程不同，气体所做的功就是不同的，图 16.1.3 中虚线过程的功与实线过程的功显然是不等的.

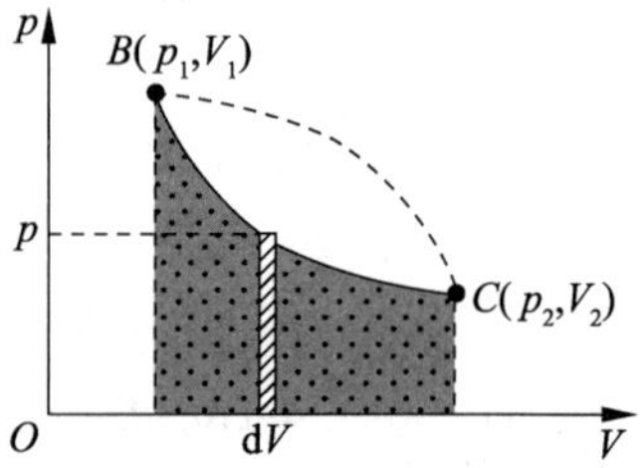

图 16.1.3　气体做功的图示

3. 热量

热传递是系统与外界实现能量交换的另一种方式. 不同温度的物体通过热接触传递分子热运动的能量称为热量. 高温物体将热量传给低温物体，我们就说高温物体放出热量，低温物体吸收热量. 能够为系统提供热量的物体称为热源，或者称为热库. 热量常用 Q 表示，在国际单位制中，热量的单位是焦耳(J).

做功和热传递都可以改变系统的内能，但它们之间存在本质的区别. 系统与外界发生相互作用并且有宏观位移时实现做功，这种功称为宏观功. 做功实质上是外界的其他能量与系统的热运动能量之间的转换，而热传递实质上是外界与系统之间热运动能量的转移，没有能量形式的转换. 热传递是通过微观粒子之间的相互作用实现的，称为微观功.

4. 热容

一定量的物质与外界有热量传递时，物质温度升高 1 K 所吸收的热量称为该物质的热容，常用 C 表示. 设系统吸收热量 $\mathrm{d}Q$ 后温度升高 $\mathrm{d}T$，则这种物质的热容

$$C \equiv \frac{\mathrm{d}Q}{\mathrm{d}T}$$

单位质量的物质温度升高 1 K 所吸收的热量称为该物质的比热容，简称比热，常用 c 表示. 设系统的质量为 m，吸收热量 $\mathrm{d}Q$ 后温度升高 $\mathrm{d}T$，则这种物质的比热容

$$c \equiv \frac{\mathrm{d}Q}{m\mathrm{d}T}$$

显然，$C=mc$. 当物体的温度从 T_1 升高到 T_2 时，吸收的热量

$$Q=\int \mathrm{d}Q=\int_{T_1}^{T_2} mc\,\mathrm{d}T$$

通常比热 c 是温度 T 的函数. 当温度变化较小时，比热 c 才可以看作常数，这时，物体温度升高 ΔT，吸收的热量近似为

$$Q=mc\Delta T$$

1 mol 物质温度升高 1 K 所吸收的热量称为该物质的摩尔热容. 设物质的质量为 m，摩尔质量为 M，吸收热量 $\mathrm{d}Q$ 后温度升高 $\mathrm{d}T$，则这种物质的摩尔热容

$$C_{\mathrm{m}} \equiv \frac{M\mathrm{d}Q}{m\mathrm{d}T} \tag{16.1.2}$$

显然，$C_{\mathrm{m}}=Mc$. 在国际单位制中，摩尔热容的单位是焦每摩开（$\mathrm{J \cdot mol^{-1} \cdot K^{-1}}$）. 通常摩尔热容不仅与温度有关，还与系统变化的过程有关. 对于气体，常有摩尔定容热容和摩尔定压热容，分别用 $C_{V,\mathrm{m}}$ 和 $C_{p,\mathrm{m}}$ 表示，对应于体积保持不变和压强保持不变的两种状态变化过程. 下一节我们将从理论上导出摩尔定容热容和摩尔定压热容的计算公式.

16.1.2　热力学第一定律

1. 内能增量

第 15 章已经得到理想气体内能的表达式

$$E=\frac{m}{M}\frac{i}{2}RT$$

可见，只有状态变化引起系统温度改变时，系统的内能才发生变化. 系统温度由 T_1 变为 T_2 时，内能的增量

$$\Delta E=E_2-E_1=\frac{m}{M}\frac{i}{2}R(T_2-T_1)=\frac{m}{M}\frac{i}{2}R\Delta T \tag{16.1.3}$$

内能的变化只取决于始、末状态，与系统经历的过程无关.

2. 热力学第一定律

做功或热传递都可以改变系统的内能. 我们知道，所有涉及能量转换的过程都遵循能量转换和守恒定律，通常把包含热现象在内的能量转换和守恒定律称为热力学第一定律.

实验表明，热力学系统吸收的热量等于系统内能增量与系统对外所做功之和. 这个规律称为热力学第一定律，数学表达式为

$$Q=\Delta E+A \tag{16.1.4}$$

实际的热力学过程，系统可以吸热，也可以放热；系统内能可以增加，也可以减少；系统可以对外做功，外界也可以对系统做功. 我们规定，系统吸热 $Q>0$，系统放热 $Q<0$；内能增加 $\Delta E>0$，内能减少 $\Delta E<0$；系统对外界做功 $A>0$，外界对系统做功 $A<0$.

（1）功的计算. 功不仅与系统的始、末状态有关，还与系统发生的过程有关，对于准静态过程，前面已经得到系统对外界做的功

$$A=\int_{V_1}^{V_2} p\,\mathrm{d}V$$

积分结果为正值表示系统对外界做功，积分结果为负值表示系统对外界做负功，也可以说是外界对系统做功.

（2）内能增量的计算. 内能增量只与系统的始、末状态有关，与系统发生的过程无关，所以不管系统发生什么过程，内能的增量始终为

$$\Delta E=\frac{m}{M}\frac{i}{2}R(T_2-T_1)$$

（3）热量的计算. 热量不仅与系统的始、末状态有关，也与系统发生的过程有关. 通常利用热力学第一定律计算系统吸收的热量

$$Q=\Delta E+A$$

如果系统发生的过程有热容，热量也可以用式(16.1.2)的摩尔热容来计算.

对无穷小过程，热力学第一定律可写为

$$\mathrm{d}Q=\mathrm{d}E+\mathrm{d}A \tag{16.1.5}$$

其中，$\mathrm{d}A=p\,\mathrm{d}V$，$\mathrm{d}E=\frac{m}{M}\frac{i}{2}R\,\mathrm{d}T$.

热力学第一定律是在 19 世纪 40 年代建立起来的. 在此以前，曾有人企图设计制造一种无需输入能量但能不断对外做功的机器，这类机器被称为第一类永动机. 制造第一类永动机的尝试全部以失败而告终，人们终于认识到第一类永动机是不可能制造出来的. 现在我们知道第一类永动机违反了热力学第一定律，实质上也就是违反了能量转换与守恒定律.

16.2　理想气体等值过程

理想气体的状态变化过程有简单的，也有复杂的，但热力学第一定律适用于任何热力学系统的任何过程. 理想气体的等值过程比较简单，在工程技术应用中，许多实际过程的某些部分都接近理想气体的等值过程，所以，研究理想气体的等值过程有着十分重要的实际意义. 下面我们详细讨论理想气体的三种准静态等值过程，并计算这些过程的功、热量、内能增量，如果过程中有热容还将导出摩尔热容的计算公式.

16.2.1　等体过程与摩尔定容热容

1. 等体过程

系统体积保持不变的状态变化过程称为等体过程，或等容过程. 等体过程的特征是系统的体积不变，即体积 $V=$常量或 $\mathrm{d}V=0$. 对于一定量的理想气体，当系统体积不变时，压强与温度成正比，即过程方程为 $\frac{p}{T}=\frac{m}{M}\frac{R}{V}=$常量. 可见，在等体过程中，如果系统压强下降，则系统温度也降低，内能将减少，即内能增量为负值；反之，如果系统压强升高，则系统温度也升高，内能将增加，即内能增量为正值. 等体过程的过程曲线在 $p-V$ 图上是一条平行于 p 轴的线段，称为等体线或等容线，如图 16.2.1 所示的线段 $\overline{ab}$.

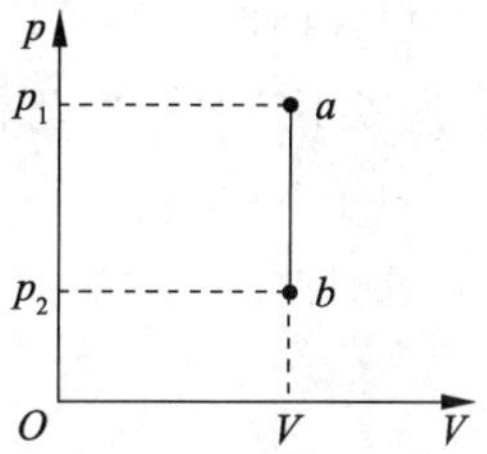

图 16.2.1　等体过程

在等体过程中，由于系统体积 $V=$常量，所以系统对外做的功为零，即 $A_V=0$（下标 V 表示体积不变的过程）. 假设系统温度由 T_1 变化到 T_2，压强由 p_1 变化到 p_2，则系统内能的增量

$$\Delta E=E_2-E_1=\frac{m}{M}\frac{i}{2}R(T_2-T_1)$$

式中，m 为气体的质量；M 为气体的摩尔质量；i 为气体分子的能量自由度.

根据热力学第一定律，等体过程中系统吸收的热量

$$Q_V=\Delta E+A_V=\Delta E+0=\frac{m}{M}\frac{i}{2}R(T_2-T_1)$$

对于无穷小等体过程，由于体积不变，$\mathrm{d}V=0$，系统对外做的元功为零（或者说系统不做功）$\mathrm{d}A_V=p\,\mathrm{d}V=0$，系统吸收的热量

$$\mathrm{d}Q_V=\mathrm{d}E=\frac{m}{M}\frac{i}{2}R\,\mathrm{d}T$$

2. 摩尔定容热容

等体过程中，1 mol 气体温度升高 1 K 所吸收的热量称为摩尔定容热容，用 $C_{V,\mathrm{m}}$ 表示. 根据摩尔定容热容的定义

$$C_{V,\mathrm{m}}\equiv\frac{\mathrm{d}Q_V}{\frac{m}{M}\mathrm{d}T}$$

将等体过程中吸收的热量 $\mathrm{d}Q_V=\frac{m}{M}\frac{i}{2}R\,\mathrm{d}T$ 代入上式，得

$$C_{V,\mathrm{m}}=\frac{i}{2}R \tag{16.2.1}$$

式(16.2.1)是摩尔定容热容的理论公式，对于单原子分子气体，$i=3$，$C_{V,\mathrm{m}}=\frac{3}{2}R\approx 12.5\ \mathrm{J\cdot mol^{-1}\cdot K^{-1}}$；对于刚性双原子分子气体，$i=5$，$C_{V,\mathrm{m}}=\frac{5}{2}R\approx 20.8\ \mathrm{J\cdot mol^{-1}\cdot K^{-1}}$；对于刚性多原子分子气体，$i=6$，$C_{V,\mathrm{m}}=\frac{6}{2}R\approx 24.9\ \mathrm{J\cdot mol^{-1}\cdot K^{-1}}$.

有了摩尔定容热容概念以后，理想气体的内能可以写为

$$E=\frac{m}{M}\frac{i}{2}RT=\frac{m}{M}C_{V,\mathrm{m}}T \tag{16.2.2}$$

内能的增量也可以写为

$$\Delta E=\frac{m}{M}C_{V,\mathrm{m}}(T_2-T_1) \tag{16.2.3}$$

由式(16.2.3)可以看出，理想气体的内能变化只与始末状态有关，与系统的过程无关. 所以不论系统经历什么样的过程，内能的增量都可以用式(16.2.3)计算.

对于等体过程，系统吸收的热量可以用热力学第一定律计算，也可以用摩尔定容热容计算，即

$$Q_V=\Delta E=\frac{m}{M}C_{V,\mathrm{m}}(T_2-T_1) \tag{16.2.4}$$

利用理想气体状态方程 $pV=\frac{m}{M}RT$，等体过程中系统吸收的热量也可以写为

$$Q_V=\frac{C_{V,\mathrm{m}}}{R}(p_2-p_1)V$$

对于无穷小等体过程，$\mathrm{d}Q_V=\mathrm{d}E=\frac{m}{M}C_{V,\mathrm{m}}\mathrm{d}T$.

16.2.2 等压过程与摩尔定压热容

1. 等压过程

系统压强保持不变的状态变化过程称为等压过程. 等压过程的特征是系统的压强不变，即压强 $p=$常量或 $\mathrm{d}p=0$. 对于一定量的理想气体，当系统压强不变时，体积与温度成正比，即过程方程为$\frac{V}{T}=\frac{m}{M}\frac{R}{p}=$常量. 等压过程的过程曲线在 $p-V$ 图上是一条平行于 V 轴的线段，称为等压线，如图 16.2.2 所示的 $\overline{ab}$ 线段.

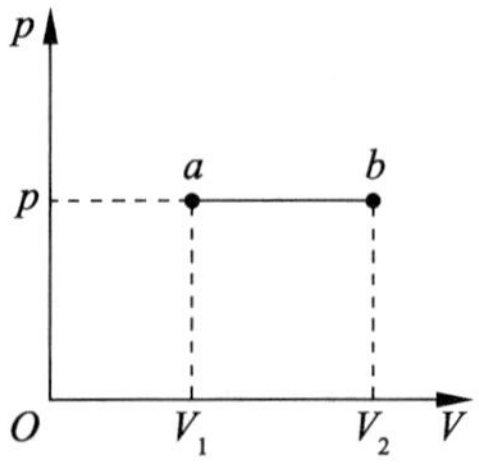

图 16.2.2 等压过程

在等压过程中，系统压强 $p=$常量. 假设系统温度由 T_1 变化到 T_2，体积由 V_1 变化到 V_2，则系统内能的增量

$$\Delta E=E_2-E_1=\frac{m}{M}C_{V,\mathrm{m}}(T_2-T_1)$$

利用理想气体状态方程 $pV=\frac{m}{M}RT$，内能的增量也可以写为

$$\Delta E=\frac{C_{V,\mathrm{m}}}{R}p(V_2-V_1)$$

在等压过程中，系统对外做的功

$$A_p=\int_{V_1}^{V_2}p\,\mathrm{d}V=p(V_2-V_1) \tag{16.2.5}$$

等压过程中系统对外做的功也可以在 $p-V$ 图上利用等压线下面的矩形面积直接计算，计算中要注意压强和体积的单位.

利用理想气体状态方程 $pV=\frac{m}{M}RT$，系统对外做的功也可以写为

$$A_p=\frac{m}{M}R(T_2-T_1)$$

根据热力学第一定律，系统吸收的热量等于系统内能的增量与系统对外做的功之和. 所以，等压过程中系统吸收的热量

$$Q_p=\Delta E+A_p=\frac{m}{M}(C_{V,\mathrm{m}}+R)(T_2-T_1) \tag{16.2.6}$$

对于无穷小等压过程

$$\mathrm{d}Q_p=\frac{m}{M}(C_{V,\mathrm{m}}+R)\mathrm{d}T$$

2. 摩尔定压热容

在等压过程中，1 mol 气体温度升高 1 K 所吸收的热量称为摩尔定压热容，用 $C_{p,\mathrm{m}}$ 表示. 根据摩尔定压热容的定义

$$C_{p,\mathrm{m}}\equiv\frac{\mathrm{d}Q_p}{\frac{m}{M}\mathrm{d}T}$$

将等压过程中吸收的热量 $\mathrm{d}Q_p=\frac{m}{M}(C_{V,\mathrm{m}}+R)\mathrm{d}T$ 代入上式，得

$$C_{p,\mathrm{m}}=C_{V,\mathrm{m}}+R \tag{16.2.7}$$

上式称为迈耶公式. 可见，摩尔定压热容比摩尔定容热容要大，因为等体过程吸收的热量只用来增加系统的内能，而等压过程吸收的热量不仅要用来增加内能还要对外做功，所以系统升高同样温度时等压过程比等体过程要吸收更多的热量，多吸收的这部分热量就是对外做功所需要的能量. 式(16.2.7)是摩尔定压热容的理论公式，对于单原子分子气体 $C_{p,\mathrm{m}}=\frac{5}{2}R\approx 20.8\ \mathrm{J\cdot mol^{-1}\cdot K^{-1}}$；对于刚性双原子分子气体 $C_{p,\mathrm{m}}=\frac{7}{2}R\approx 29.1\ \mathrm{J\cdot mol^{-1}\cdot K^{-1}}$；对于刚性多原子分子气体 $C_{p,\mathrm{m}}=\frac{8}{2}R\approx 33.2\ \mathrm{J\cdot mol^{-1}\cdot K^{-1}}$.

对于等压过程，系统吸收的热量可以用热力学第一定律计算，也可以用摩尔定压热容计算，即

$$Q_p=\Delta E+A_p=\frac{m}{M}C_{p,\mathrm{m}}(T_2-T_1) \tag{16.2.8}$$

对于无穷小等压过程

$$\mathrm{d}Q_p=\mathrm{d}E+\mathrm{d}A_p=\frac{m}{M}C_{p,\mathrm{m}}\mathrm{d}T$$

3. 比热容比

实际应用中，常用到摩尔定压热容与摩尔定容热容的比值，称为摩尔热容比，也叫比热容比，用 γ 表示. 利用式(16.2.1)和式(16.2.7)得

$$\gamma \equiv \frac{C_{p,\mathrm{m}}}{C_{V,\mathrm{m}}} = \frac{i+2}{i} \tag{16.2.9}$$

比热容比是没有单位的纯数，且总是大于 1. 单原子分子气体 $\gamma = \frac{5}{3} \approx 1.67$；刚性双原子分子气体 $\gamma = \frac{7}{5} = 1.40$；刚性多原子分子气体 $\gamma = \frac{4}{3} \approx 1.33$. 前面列出的摩尔定容热容、摩尔定压热容和比热容比的数据都是经典热容理论导出的理论值，表 16.2.1 列出了压强为 1.013×10^5 Pa、温度为 293 K 时，一些常见气体的 $C_{V,\mathrm{m}}$、$C_{p,\mathrm{m}}$ 和 γ 的实验值.

表 16.2.1　一些常见气体的摩尔热容和比热容比的实验值

(压强为 1.013×10^5 Pa、温度为 293 K，摩尔热容单位为 $\mathrm{J \cdot mol^{-1} \cdot K^{-1}}$)

气体	$C_{V,\mathrm{m}}$	$C_{p,\mathrm{m}}$	γ
氦气	12.5	20.9	1.67
氢气	20.4	28.8	1.41
氧气	21.0	28.9	1.40
一氧化碳	21.2	29.3	1.40
水蒸气	27.8	36.2	1.31
乙醇	79.2	87.5	1.11

从表中数据可以看出，单原子分子气体和双原子分子气体的比热容比的实验值与理论值非常接近，说明经典热容理论是成功的. 但对多原子分子气体，特别是分子结构复杂的气体，理论值与实验值明显不符，其中一个原因是理论值没有考虑振动自由度；另一个原因是在气体动理论中，分子的能量并不连续，而是具有量子性的，所以只有应用量子统计理论才能更好地对实验数据做出解释.

实验表明，气体的摩尔热容是随温度变化的. 图 16.2.3 所示为氢气的摩尔定容热容随温度变化的实验曲线，从图中可以看出，温度低于 100 K 时，$C_{V,\mathrm{m}} \approx \frac{3}{2}R$，此时可以理解为只有平动动能对摩尔热容有贡献；当温度在 250～1000 K 时，$C_{V,\mathrm{m}} \approx \frac{5}{2}R$，正好等于双原子刚性分子气体摩尔定容热容的理论值，此时可以解释为平动动能和转动动能同时对摩尔热容有贡献；当温度高于 2500 K 时，$C_{V,\mathrm{m}} \approx \frac{7}{2}R$，可以认为平动动能、转动动能以及振动动能和势能对摩尔热容都有贡献. 摩尔热容随温度连续变化是气体的共性，经典分子动理论无法解释，只有量子力学理论能够做出合理的解释.

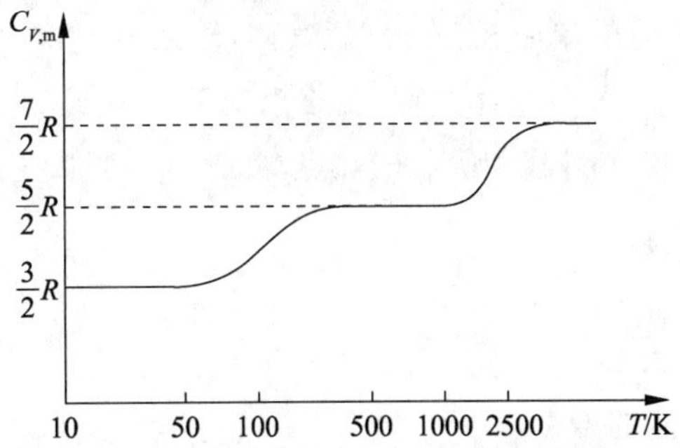

图 16.2.3　氢气摩尔定容热容随温度变化实验曲线

16.2.3　等温过程

系统温度保持不变的状态变化过程称为等温过程. 等温过程的特征是系统的温度不变，即温度 $T=$ 常量或 $dT=0$. 对于一定量的理想气体，当系统温度不变时，压强与体积成反比，即过程方程为 $pV=\frac{m}{M}RT=$ 常量. 等温过程的过程曲线在 $p-V$ 图上是一条反比曲线的线段，称为等温线，如图 16.2.4 所示.

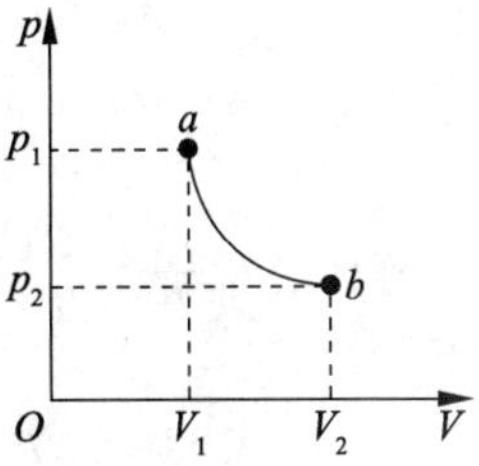

图 16.2.4　等温过程

在等温过程中，系统温度 $T=$ 常量. 系统内能不变，即系统内能的增量为零，$\Delta E=0$. 假设系统体积由 V_1 变化到 V_2，压强由 p_1 变化到 p_2，则在等温过程中，系统对外做的功

$$A_T=\int_{V_1}^{V_2}p\,dV$$

根据理想气体状态方程，将 $p=RT\frac{m}{M}\frac{1}{V}$代入上式进行积分，得

$$A_T=\int_{V_1}^{V_2}p\,dV=\int_{V_1}^{V_2}RT\frac{m}{M}\frac{1}{V}dV=\frac{m}{M}RT\ln\frac{V_2}{V_1}$$

在等温过程中，$p_1V_1=p_2V_2=\frac{m}{M}RT$，即$\frac{V_2}{V_1}=\frac{p_1}{p_2}$，所以，等温过程中系统对外做的功也可以写为

$$A_T=\frac{m}{M}RT\ln\frac{V_2}{V_1}=p_1V_1\ln\frac{V_2}{V_1}=p_2V_2\ln\frac{V_2}{V_1}=p_2V_2\ln\frac{p_1}{p_2} \tag{16.2.10}$$

根据热力学第一定律，等温过程中系统吸收的热量

$$Q_T=A_T \tag{16.2.11}$$

对于无穷小等温过程，由于温度不变，$dT=0$，所以系统内能增量为零，即 $dE=0$，系统吸收的热量等于系统对外做的功，即 $dQ_T=dA_T$.

对于等温过程，尽管系统吸收（或放出）热量，但由于系统温度不变，根据热容的定义，可以认为等温过程中系统的热容为无穷大. 所以，等温过程中系统吸收的热量无法用热容来计算，只能用热力学第一定律计算.

［例 16.2.1］ 一定量的单原子分子理想气体，压强为 1.20×10^{6} Pa，体积为 8.31×10^{-3} m³，温度为 300 K. 经过一等体过程，温度升高到 450 K，再经过一等温过程，压强降到初始值. 求：气体在整个过程中吸收的热量.

解：理想气体的摩尔数

$$\frac{m}{M}=\frac{p_1V_1}{RT_1}=\frac{1.20\times10^{6}\times8.31\times10^{-3}}{8.31\times300}=4.00(\text{mol})$$

整个过程中气体内能的增量

$$\begin{aligned}\Delta E&=\frac{m}{M}C_{V,\text{m}}(T_2-T_1)\\&=4.00\times\frac{3}{2}\times8.31\times(450-300)\\&=7.48\times10^{3}(\text{J})\end{aligned}$$

等体过程 $\frac{p_2}{T_2}=\frac{p_1}{T_1}$，温度升高到 450 K 时的压强

$$p_2=\frac{T_2}{T_1}p_1=\frac{450}{300}\times1.20\times10^{6}=1.80\times10^{6}(\text{Pa})$$

整个过程中气体对外做的功数值上等于等温过程对外做的功，即

$$\begin{aligned}A&=\frac{m}{M}RT_2\ln\frac{p_2}{p_1}\\&=4.00\times8.31\times450\times\ln\frac{1.80\times10^{6}}{1.20\times10^{6}}\\&=6.06\times10^{3}(\text{J})\end{aligned}$$

整个过程中气体吸收的热量

$$Q=\Delta E+A=7.48\times10^{3}+6.06\times10^{3}=1.35\times10^{4}(\text{J})$$

16.3 绝热过程 多方过程

16.3.1 绝热过程

1. 绝热过程的定义

系统在整个状态变化过程中始终与外界没有热量交换的过程称为绝热过程. 绝热过程的特征是整个过程始终与外界没有热量交换，即 $dQ=0$. 对于一定量的理想气体，可以证明绝热过程方程为 $pV^{\gamma}=$常量. 绝热过程的过程曲线称为绝热线，$p-V$ 图上的绝热线如图 16.3.1 中曲线 ab 所示. 实际上，绝对的绝热过程是不存在的，当某些实际过程进行的时间很短，系统与外界之间传递的热量很小，这部分热量与系统内能的变化相比可以

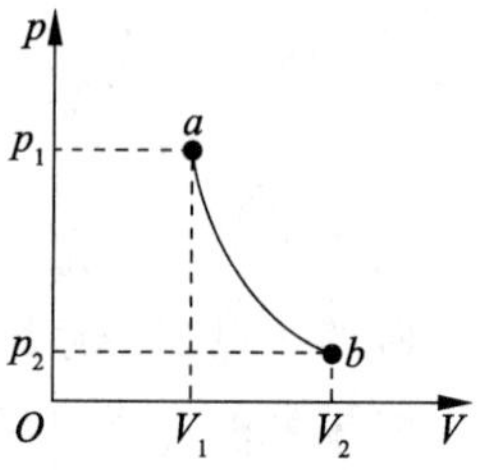

图 16.3.1 绝热过程

忽略不计时，这个过程可以近似看作绝热过程. 如蒸汽机气缸中蒸汽的膨胀过程、压缩机中气体被压缩的过程等，通常看作绝热过程.

由于绝热过程中系统始终与外界没有热量交换，即 $\mathrm{d}Q=0$ 或 $Q=0$. 根据热力学第一定律，绝热过程系统对外做的功 A_Q 等于内能增量的负值，即

$$A_Q=-\Delta E=-(E_2-E_1)=-\frac{m}{M}C_{V,\mathrm{m}}(T_2-T_1) \tag{16.3.1}$$

可见，绝热膨胀，系统对外做功，内能减少，温度降低；绝热压缩，系统对外做负功（或称外界对系统做功），内能增加，温度升高. 根据热容的定义，绝热过程有温度变化，但没有热量交换，因此，绝热过程的热容为零.

利用理想气体状态方程 $pV=\frac{m}{M}RT$ 和比热容比 $\gamma=\frac{C_{p,\mathrm{m}}}{C_{V,\mathrm{m}}}=\frac{C_{V,\mathrm{m}}+R}{C_{V,\mathrm{m}}}$，绝热过程中系统对外做的功可以改写为

$$A_Q=\frac{C_{V,\mathrm{m}}}{R}(p_1V_1-p_2V_2)=\frac{p_1V_1-p_2V_2}{\gamma-1} \tag{16.3.2}$$

2. 绝热线与等温线

对于一定量的理想气体，既可以发生绝热过程，也可以发生等温过程. 假设两种过程曲线在 $p-V$ 图上相交于 a 点，如图 16.3.2 所示，根据曲线斜率的定义，我们可以分别求出绝热线和等温线在交点 a 的斜率.

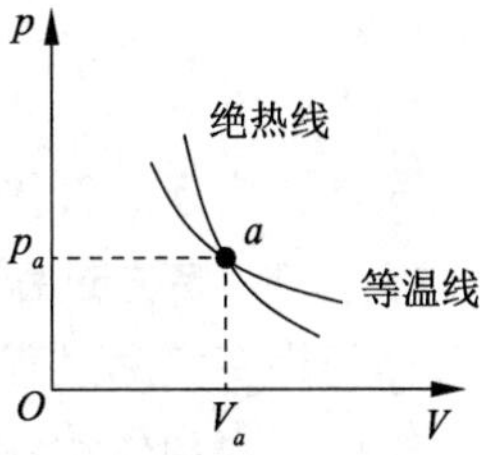

图 16.3.2　绝热线与等温线

绝热方程为 $pV^\gamma=$常量，则绝热线的斜率

$$\left(\frac{\mathrm{d}p}{\mathrm{d}V}\right)_Q=-\gamma\frac{p}{V} \tag{16.3.3}$$

等温方程为 $pV=$常量，则等温线的斜率

$$\left(\frac{\mathrm{d}p}{\mathrm{d}V}\right)_T=-\frac{p}{V} \tag{16.3.4}$$

在交点处，两个过程的压强和体积相同，绝热线与等温线斜率绝对值之比为 γ，由于 $\gamma>1$，所以绝热线斜率绝对值比等温线斜率绝对值大. 即在交点处，绝热线比等温线更陡.

利用绝热方程可以直接根据功的定义计算气体对外做的功. 设系统从状态 1 通过绝热过程变化到状态 2，则状态参量满足 $pV^\gamma=p_1V_1^\gamma=p_2V_2^\gamma$，系统对外做功

$$A=\int_{V_1}^{V_2}p\,\mathrm{d}V=p_1V_1^\gamma\int_{V_1}^{V_2}V^{-\gamma}\mathrm{d}V=p_1V_1^\gamma\frac{1}{1-\gamma}(V_2^{1-\gamma}-V_1^{1-\gamma})=\frac{p_1V_1-p_2V_2}{\gamma-1}$$

结果与式(16.3.2)相同.

3. 绝热方程的推导

在绝热过程中，$\mathrm{d}Q=0$，根据热力学第一定律 $\mathrm{d}E+\mathrm{d}A_Q=\mathrm{d}Q$，即

$$\frac{m}{M}C_{V,\mathrm{m}}\mathrm{d}T+p\,\mathrm{d}V=0$$

对于绝热过程，状态参量 p、V 和 T 都是变量，对理想气体状态方程 $pV=\frac{m}{M}RT$ 两边求微分，得

$$p\mathrm{d}V+V\mathrm{d}p=\frac{m}{M}R\mathrm{d}T$$

以上两式，消去 $\mathrm{d}T$ 后，整理得

$$\frac{C_{V,\mathrm{m}}+R}{C_{V,\mathrm{m}}}p\mathrm{d}V=-V\mathrm{d}p$$

用比热容比 $\gamma=\frac{C_{p,\mathrm{m}}}{C_{V,\mathrm{m}}}=\frac{C_{V,\mathrm{m}}+R}{C_{V,\mathrm{m}}}$ 替换上式，整理得

$$\gamma\frac{\mathrm{d}V}{V}+\frac{\mathrm{d}p}{p}=0$$

上式积分，并整理得

$$pV^{\gamma}=\text{常量} \tag{16.3.5}$$

式(16.3.5)称为泊松方程. 式中常量取决于气体的质量和初始状态. 根据理想气体状态方程分别将泊松方程的 p 或 V 消去，得

$$V^{\gamma-1}T=\text{常量} \tag{16.3.6}$$

$$p^{\gamma-1}T^{-\gamma}=\text{常量} \tag{16.3.7}$$

以上三式都称为理想气体的绝热方程. 注意三个方程中的常量各不相等.

*16.3.2 多方过程

气体的许多实际过程，既不是简单的等值过程，也不是绝热过程. 常用下述方程表示实际过程中压强和体积的关系

$$pV^{n}=\text{常量} \tag{16.3.8}$$

满足上述方程的过程称为多方过程，n 称为多方指数. 理想气体由状态(p_1,V_1,T_1)经多方过程变化到状态(p_2,V_2,T_2)，与绝热过程功的计算类似，多方过程气体对外做的功

$$A=\int_{V_1}^{V_2}p\mathrm{d}V=\frac{p_2V_2-p_1V_1}{1-n} \tag{16.3.9}$$

从过程方程来看，等体过程、等压过程、等温过程和绝热过程都是多方过程的特例. 多方过程方程中取 $n=0$，方程变成压强为常量，即等压过程；取 $n=1$，方程变成压强与体积的积为常量，即等温过程；取 $n=\gamma$，方程变成绝热方程，即绝热过程；将多方过程方程改写为 $(pV^{n})^{\frac{1}{n}}=$常量，即 $p^{\frac{1}{n}}V=$常量，取 $n=\infty$，方程变成体积为常量，即等体过程.

根据热容的定义，可以证明多方过程的摩尔热容

$$C_n=\frac{\mathrm{d}Q_n}{\frac{m}{M}\mathrm{d}T}=C_{V,\mathrm{m}}-\frac{R}{n-1}=\frac{n-\gamma}{(n-1)(\gamma-1)}R \tag{16.3.10}$$

[例 16.3.1] 0.02 kg 的氦气，温度由 290 K 上升到 300 K. 如果在升温过程中，(1) 体积保持不变；(2) 压强保持不变；(3) 与外界没有热量交换. 试分别求气体内能的增量、吸收的热量和对外界所做的功.

解：氦气的 $C_{V,\mathrm{m}}=\frac{3}{2}R$，$C_{p,\mathrm{m}}=\frac{5}{2}R$. 三种过程内能的增量都是

$$\Delta E=\frac{m}{M}C_{V,\mathrm{m}}(T_2-T_1)=\frac{0.02}{0.004}\times\frac{3}{2}\times 8.31\times 10=6.23\times 10^2(\mathrm{J})$$

(1) 等体过程，气体对外界不做功

$$A_V=0$$

吸收的热量数值上等于内能的增量

$$Q_V=\Delta E=6.23\times 10^2(\mathrm{J})$$

(2) 定压过程，吸收的热量

$$Q_p=\frac{m}{M}C_{p,\mathrm{m}}(T_2-T_1)=\frac{0.02}{0.004}\times\frac{5}{2}\times 8.31\times 10=1.04\times 10^3(\mathrm{J})$$

根据热力学第一定律，气体对外界所做的功

$$A_p=Q_p-\Delta E=4.17\times 10^2(\mathrm{J})$$

(3) 绝热过程 $Q=0$，气体对外界所做的功数值上等于内能增量的负值.

$$A=-\Delta E=-6.23\times 10^2(\mathrm{J})$$

负值表示外界对气体做功，即气体实际上被绝热压缩.

16.4　循环过程

16.4.1　循环过程

1. 热机循环与制冷循环

系统经过一系列状态变化以后，又回到初始状态，如此周而复始的变化过程称为热力学循环过程，简称循环. 循环过程的热力学系统常称为工作物质，简称工质. 准静态循环过程在 $p-V$ 图上可以表示成一条闭合曲线，该曲线称为循环过程曲线. 如果循环过程沿闭合曲线顺时针方向变化称为正循环，也称为热机循环；如果循环过程沿闭合曲线逆时针方向变化称为逆循环，也称为制冷循环. 图 16.4.1 所示为某准静态循环过程的 $p-V$ 图，循环过程由四个等值过程组成，其中两个是等体过程，另外两个是等温过程.

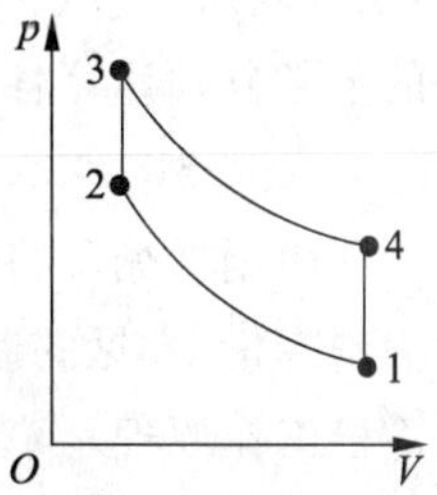

图 16.4.1　循环过程

系统经历一次循环过程状态回复到初态，系统内能不变，$\Delta E=0$，这是循环过程的特征. 循环过程中，有些阶段系统对外界做正功，另一些阶段系统对外界做负功，整个循环过程系统对外做功的代数和称为净功. 根据功的几何意义可知，$p-V$ 图上循环过程对应的闭合曲线所围面积数值上等于该系统经历一次循环的净功.

在循环过程中，有些过程系统从外界吸热，另一些过程系统向外界放热，还有些过程与外界没有热量交换. 与系统交换热量的外界称为热源，温度比系统高的热源称为高温热源，温度比系统低的热源称为低温热源.

2. 热机

利用热机循环将热量持续地转换为功的装置称为热机.常见的热机有蒸汽机、汽轮机和内燃机等.图 16.4.2 所示为热机工作原理示意图,热机工作时,工质从高温热源吸热,吸收的热量一部分转换为功,另一部分传递给低温热源.我们把系统在循环过程中从高温热源吸收热量的总和记作 Q_1,把系统向低温热源放出热量的总和记作 Q_2.在热机循环中,系统吸收热量的总和 Q_1 总是大于放出热量的总和 Q_2,由于内能不变,根据热力学第一定律,系统对外界做的净功 $A=Q_1-Q_2$(这里 Q_1、Q_2 和 A 均为绝对值).评价热机性能的重要指标是效率,在热机循环中,系统对外界做的净功与系统从外界吸收热量的总和的比值称为热机效率,用 η 表示,则

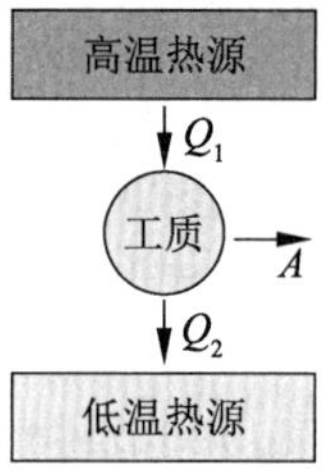

图 16.4.2　热机工作原理示意图

$$\eta=\frac{A}{Q_1}=\frac{Q_1-Q_2}{Q_1}=1-\frac{Q_2}{Q_1} \tag{16.4.1}$$

假设图 16.4.1 所示是某热机循环的 $p-V$ 图,循环的方向应该是顺时针的.等温过程 1→2,系统体积压缩,对外界做负功($A_{12}<0$),向外界放出热量($Q_{12}<0$);等体过程 2→3,系统压强增大,温度升高,从外界吸收热量($Q_{23}>0$),但系统不做功;等温过程 3→4,系统体积膨胀,对外界做正功($A_{34}>0$),从外界吸收热量($Q_{34}>0$);等体过程 4→1,系统压强减小,温度降低,向外界放出热量($Q_{41}<0$),系统不做功.将系统一次循环中吸收热量的总和 $Q_1=Q_{23}+Q_{34}$ 和放出热量的总和 $Q_2=|Q_{41}|+|Q_{12}|$ 代入式(16.4.1)计算该热机循环的效率.在具体计算中,循环过程每个阶段的热量可以用热容的概念进行计算,也可以用热力学第一定律计算.循环过程的净功可以用 Q_1-Q_2 计算,也可以直接用功的定义分别计算各过程的功,再计算各过程功的总和从而求得净功.

3. 制冷机

利用制冷循环将热量持续地由低温热源传给高温热源的装置称为制冷机.常见的制冷机有电冰箱、空调器等.图 16.4.3 所示为制冷机工作原理示意图,制冷机工作时,通过外界对工质做功,从低温热源吸收热量,再把热量放出给高温热源,从而使低温热源的温度更低,起到制冷的作用.制冷机在一次循环中,系统从低温热源吸收热量的总和为 Q_2,向高温热源放出热量的总和为 Q_1,根据热力学第一定律,外界对系统做的净功为 $A=Q_1-Q_2$(这里 Q_1、Q_2 和 A 均为绝对值).评价制冷机性能的重要指标是制冷系数,在制冷循环中,系统从低温热源吸收热量的总和与外界对系统做的净功的比值称为制冷系数,用 w 表示,则

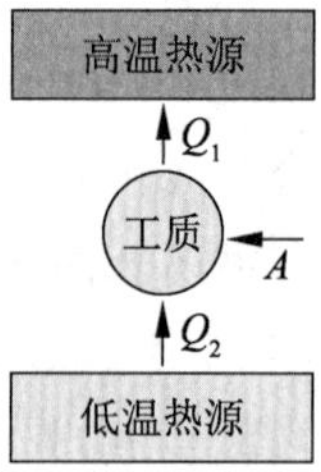

图 16.4.3　制冷机工作原理示意图

$$w=\frac{Q_2}{A}=\frac{Q_2}{Q_1-Q_2} \tag{16.4.2}$$

制冷系数的意义是当外界输入单位功时,能从低温热源吸取的热量.

假设图 16.4.1 所示是制冷机循环的 $p-V$ 图，即循环的方向是逆时针的. 等温过程 4→3，系统体积压缩，对外界做负功($A_{43}<0$)，向外界放出热量($Q_{43}<0$)；等体过程 3→2，系统压强减小，温度降低，向外界放出热量($Q_{32}<0$)，但系统不做功；等温过程 2→1，系统体积膨胀，对外界做正功($A_{21}>0$)，从外界吸收热量($Q_{21}>0$)；等体过程 1→4，系统压强增大，温度升高，从外界吸收热量($Q_{14}>0$)，系统不做功. 将系统一次循环中吸收热量的总和 $Q_2=Q_{21}+Q_{14}$ 和放出热量的总和 $Q_1=|Q_{43}|+|Q_{32}|$ 代入式(16.4.2)计算该制冷机循环的制冷系数.

制冷机不仅可以制冷，也可以用来供热，供热时常称为热泵. 热泵通过外界做功把热量从低温热源传递给高温热源，评价热泵性能的重要指标为性能系数. 热泵循环中，系统放出给高温热源热量的总和与外界对系统做的净功的比值称为性能系数，用 e 表示，则

$$e=\frac{Q_1}{A}=\frac{A+Q_2}{A}=1+w \tag{16.4.3}$$

家用电冰箱是单一的制冷设备. 而家用冷暖型空调器是两用型的制冷设备，夏天空调器用于制冷，冬天空调器用于供热，图 16.4.4 所示是冷暖型空调器制冷和供热的示意图.

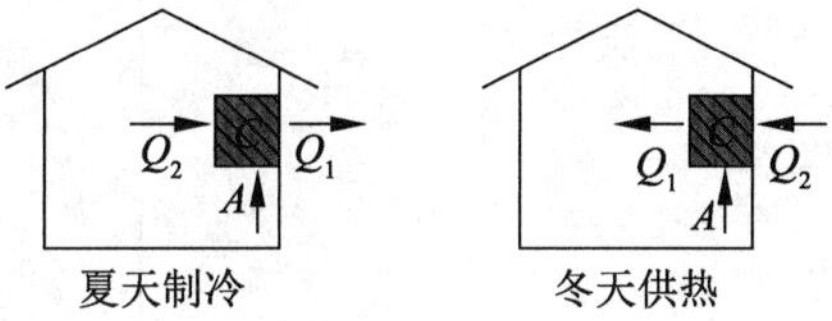

图 16.4.4　空调器制冷、供热示意图

16.4.2　卡诺循环

1. 卡诺循环的定义

由两个等温过程和两个绝热过程组成的循环称为卡诺循环. 图 16.4.5 所示为某卡诺循环的 $p-V$ 图，1→2 和 3→4 是等温过程，其温度分别为 T_1 和 T_2，且 $T_1>T_2$. 两个等温过程从外界吸收的热量分别为

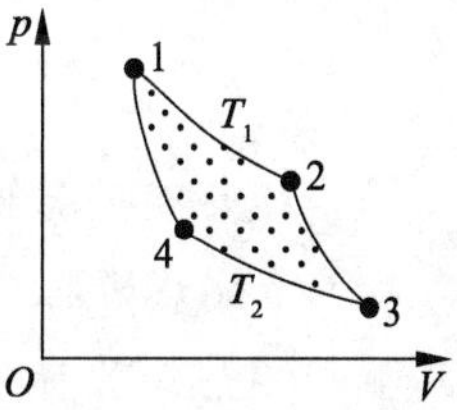

图 16.4.5　卡诺循环

$$Q_{12}=\frac{m}{M}RT_1\ln\frac{V_2}{V_1} \tag{16.4.4}$$

$$Q_{34}=\frac{m}{M}RT_2\ln\frac{V_4}{V_3} \tag{16.4.5}$$

式中，V_1、V_2、V_3 和 V_4 分别表示系统在图中 1、2、3 和 4 各状态的体积.

2→3 和 4→1 是绝热过程，这两个过程关于体积和温度的绝热方程为

$$V_3^{\gamma-1}T_2=V_2^{\gamma-1}T_1$$

$$V_4^{\gamma-1}T_2=V_1^{\gamma-1}T_1$$

以上两式相除消去 T_1 和 T_2，整理得

$$\frac{V_3}{V_4}=\frac{V_2}{V_1}$$

所以

$$\frac{Q_{12}}{Q_{34}}=-\frac{T_1}{T_2}$$

或

$$\frac{Q_{12}}{T_1}+\frac{Q_{34}}{T_2}=0 \tag{16.4.6}$$

2. 卡诺热机

由卡诺循环构成的热机称为卡诺热机.卡诺热机工作于一个高温恒温热源和一个低温恒温热源之间,如图 16.4.6 所示.图 16.4.7 所示为卡诺热机循环的 $p-V$ 图,卡诺热机工作时循环过程在 $p-V$ 图上以顺时针方向运行.循环过程中只有等温过程 1→2 是吸热过程,所以整个循环过程吸收的热量总和 $Q_1=Q_{12}$;循环过程中只有等温过程 3→4 是放热过程,所以 $Q_2=|Q_{34}|$.这样,卡诺热机的效率

$$\eta=\frac{A}{Q_1}=1-\frac{Q_2}{Q_1}=1-\frac{|Q_{34}|}{Q_{12}}$$

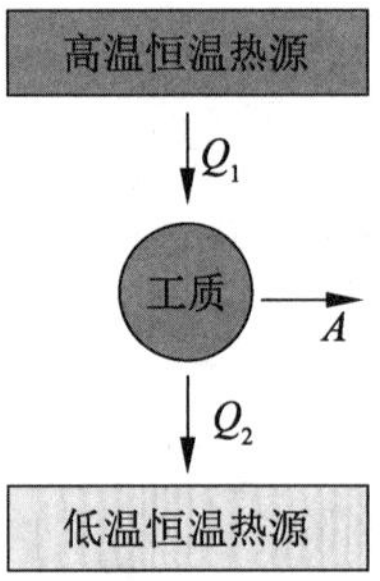

图 16.4.6 卡诺热机工作原理示意图

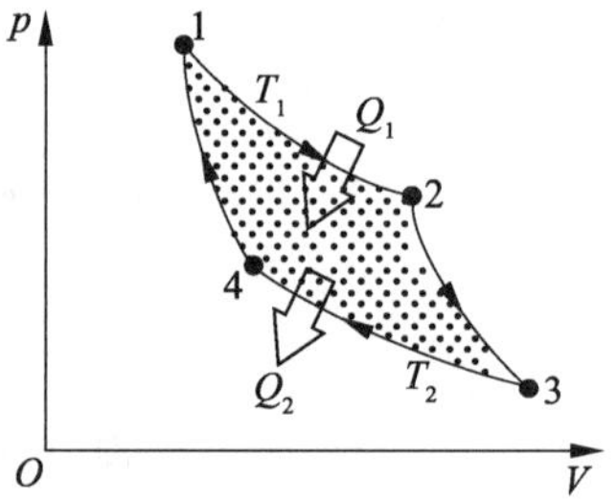

图 16.4.7 卡诺热机循环

利用式(16.4.6),得

$$\eta=1-\frac{T_2}{T_1} \tag{16.4.7}$$

从卡诺热机的分析可以得出以下几个结论:

(1) 卡诺热机必须有两个恒温热源.如图 16.4.6 所示,只有从高温恒温热源吸热并向低温恒温热源放热,才能完成卡诺热机循环,实现热功转换,而不可能把从高温恒温热源吸收的热量全部转换为功来完成循环.

(2) 卡诺热机的效率只与两个恒温热源的温度有关,与工作物质无关.高温恒温热源温度越高、低温恒温热源温度越低,热机效率越高.实际工作时发现,通过降低低温热源的温度来提高效率是不经济的,工程上实际多采用提高高温热源温度的方法来提高热机的效率.

(3) 卡诺热机的效率总是小于 1.因为不可能无限地提高 T_1,也不可能使 T_2 达到零.就一般热电厂热机来说,$T_1\approx 880$ K,$T_2\approx 300$ K,理论效率约为 65%.实际热机由于摩擦、漏气、漏热等因素,效率大约只有 30%.

3. 卡诺制冷机

由卡诺循环构成的制冷机称为卡诺制冷机. 如图 16.4.8 所示，从 $p-V$ 图来看，卡诺制冷机的循环是卡诺热机循环的逆循环，工作时以逆时针方向运行，卡诺制冷机工作原理示意图如图 16.4.9 所示. 循环过程中只有等温过程 4→3 是吸热过程，所以循环过程吸收的热量总和 $Q_2=Q_{43}$；循环过程中只有等温过程 2→1 是放热过程，所以 $Q_1=|Q_{21}|$. 这样，卡诺制冷机的制冷系数

$$w=\frac{Q_2}{A}=\frac{Q_2}{Q_1-Q_2}=\frac{Q_{43}}{|Q_{21}|-Q_{43}}$$

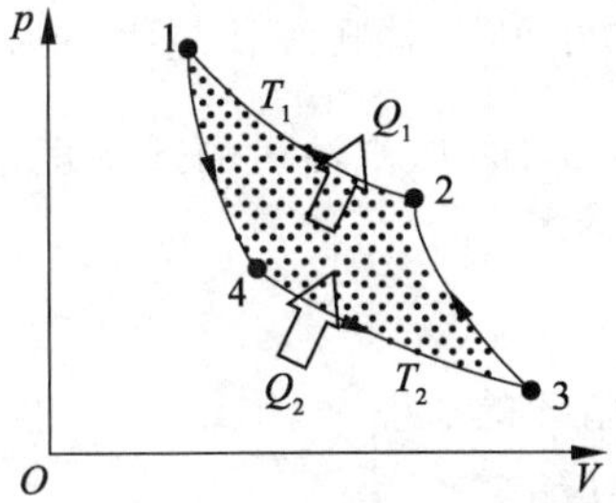

图 16.4.8　卡诺制冷机循环

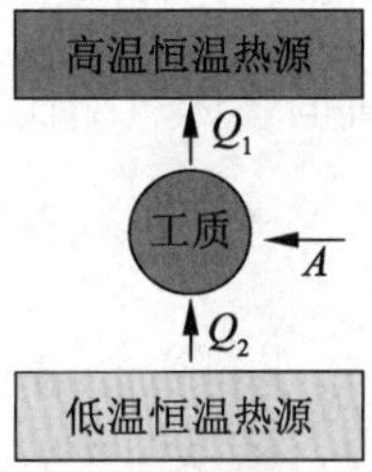

图 16.4.9　卡诺制冷机工作原理示意图

利用式(16.4.6)，得

$$w=\frac{T_2}{T_1-T_2} \tag{16.4.8}$$

卡诺制冷机的制冷系数只与两个热源的温度有关. 两个热源温差越小制冷系数越大，制冷系数通常都大于 1.

16.4.3　实际的热机和制冷机

1. 汽油机

四冲程汽油机工作过程可以近似看作由两个等体过程和两个绝热过程组成的热机循环，称为奥托循环. 图 16.4.10 所示为奥托循环的 $p-V$ 图.

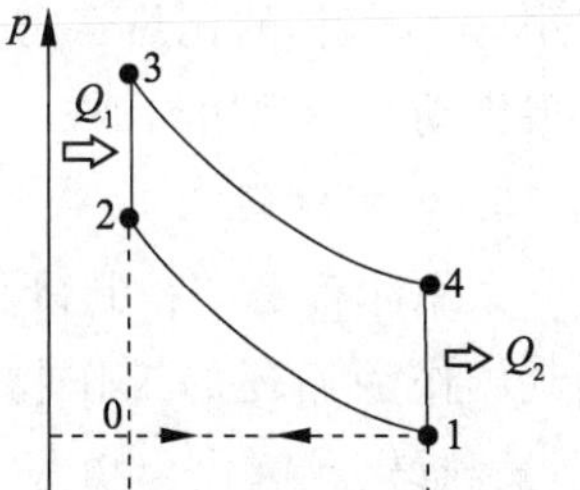

图 16.4.10　奥托循环

(1) 吸气冲程. 开启气缸进气阀，移动活塞，吸入助燃空气和汽油蒸汽，可以看作等压过程，压强为大气压，$p-V$ 图上为水平线段 0→1 部分.

(2) 压缩冲程. 关闭进气阀，移动活塞，压缩混合气体，使其增压升温. 由于压缩过程很快，可以看作绝热压缩过程，$p-V$ 图上为曲线 1→2 部分.

(3) 爆燃、做功冲程. 用火花塞点火，引起燃气爆燃，使其增压升温，由于爆燃时间极短，可以看作等体过程，$p-V$ 图上为竖直线段 2→3 部分；接着气体膨胀推动活塞做功，由于膨胀过程很快，可以看作绝热膨胀过程，$p-V$ 图上为曲线 3→4 部分.

(4) 排气冲程. 开启排气阀，排出废气，气缸内压强突降为大气压，可以看作等体过程，$p-V$ 图上为竖直线段 4→1 部分；接着推动活塞继续排气，直到气缸复位，可以看作

等压过程，$p-V$ 图上为水平线段 1→0 部分.

把四冲程汽油机工作过程简化为 1→2→3→4→1 的循环过程，只有等体过程 2→3 吸热，吸收热量 $Q_1=\frac{m}{M}C_{V,\mathrm{m}}(T_3-T_2)$；只有等体过程 4→1 放热，放出的热量 $Q_2=\frac{m}{M}C_{V,\mathrm{m}}(T_4-T_1)$. 利用绝热过程 1→2 和 3→4 的温度与体积的绝热方程 $V_1^{\gamma-1}T_2=V_2^{\gamma-1}T_1$ 和 $V_1^{\gamma-1}T_3=V_2^{\gamma-1}T_4$，得到奥托循环的效率

$$\eta=1-\frac{Q_2}{Q_1}=1-\frac{T_4-T_1}{T_3-T_2}=1-\left(\frac{V_2}{V_1}\right)^{1-\gamma} \tag{16.4.9}$$

式中，γ 为气体的比热容比；$\frac{V_2}{V_1}$ 为气体压缩比. 由上式可见，气体压缩比越大，奥托循环效率就越高，但汽油机的气体压缩比不能大于 7，一般取 5，所以，汽油机的效率理论上约为 50%，实际约为 25%.

2. 柴油机

柴油机工作过程也可近似看作一种热机循环，循环的 $p-V$ 图如图 16.4.11 所示，称为狄塞耳循环. 狄塞耳循环由两个绝热过程、一个等体过程和一个等压过程组成. 只有等压过程 2→3 吸热，吸收热量 $Q_1=\frac{m}{M}C_{p,\mathrm{m}}(T_3-T_2)$；只有等体过程 4→1 放热，放出的热量 $Q_2=\frac{m}{M}C_{V,\mathrm{m}}(T_4-T_1)$. 所以，循环的效率为

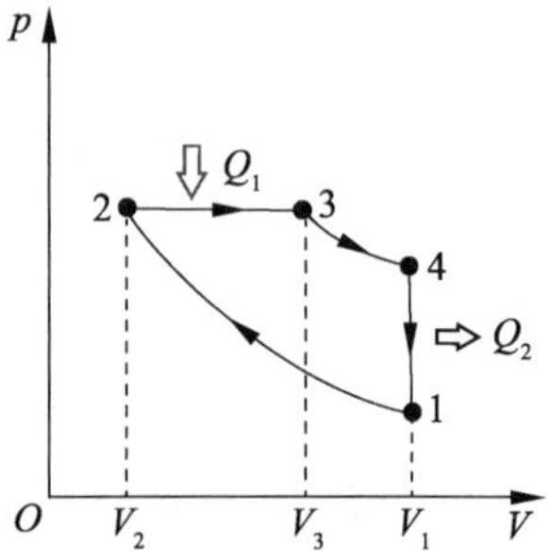

图 16.4.11 狄塞耳循环

$$\eta=1-\frac{Q_2}{Q_1}=1-\frac{1}{\gamma}\frac{T_4-T_1}{T_3-T_2} \tag{16.4.10}$$

式中，γ 为气体的比热容比. 柴油机实际效率约为 40%，由于柴油机比汽油机笨重，所以一般机动车辆都用汽油机，只有拖拉机和船舶才使用柴油机.

3. 家用冰箱

家用冰箱是一种制冷机，它利用容易液化的气体作为循环的工作物质，称为制冷剂，如氨、氟利昂、碳氢化合物等. 图 16.4.12 所示是家用冰箱工作原理图，压缩机将低温低压的制冷剂压缩到约 10 个大气压，同时制冷剂温度升高，高温高压的制冷剂进入冷凝器向外界放出热量(通常说成散热)，制冷剂由气态液化，液态制冷剂通过节流阀(也叫毛细管)后进入蒸发器膨胀，压强减小，液态制冷剂在蒸发器中从外界吸热并汽化，回到低温低压的气态，重新进入压缩机，如此循环. 蒸发器放置在冰箱冷藏室和冷冻室内，外界通过压缩机对制冷剂做功，

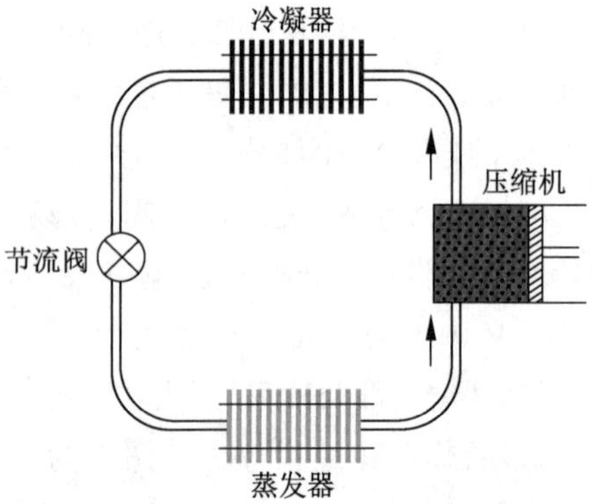

图 16.4.12 家用冰箱工作原理图

制冷剂通过蒸发器从冷藏室和冷冻室吸收热量，再通过冷凝器把热量放出，传给箱体外的空气.

家用空调器制冷原理与家用冰箱相似.夏天制冷时，蒸发器在室内机中，冷凝器在室外机中，蒸发器从室内空气中吸收热量，冷凝器把吸收的热量排放到室外空气中.冬天供热时，制冷剂逆向传输，室外机的冷凝器变为蒸发器，室内机的蒸发器变为冷凝器，室外机的蒸发器从室外空气中吸收热量，室内机的冷凝器将热量排放到室内空气中，实现向室内供热.空调器中的冷凝器和蒸发器有双重功能，所以工程上统称为热交换器，为了便于理解，我们在刚才的叙述中没有用热交换器的名称.

[例 16.4.1]　1 mol 单原子分子理想气体做如图 16.4.13 所示的循环，求循环一次气体从外界吸收热量的总和以及对外做的净功.

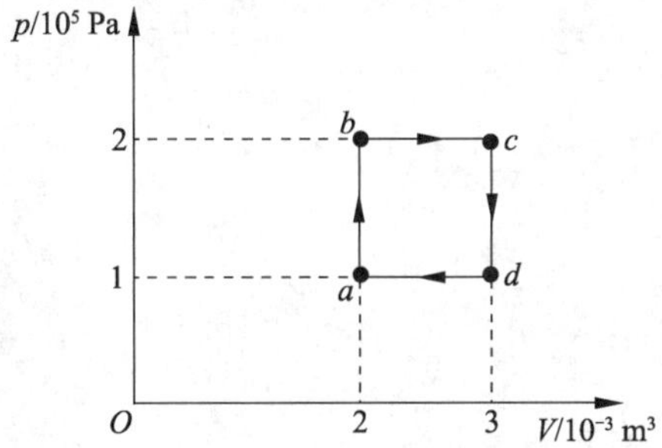

图 16.4.13　例 16.4.1 图

解：循环过程中等体过程 ab 和等压过程 bc 是吸热过程，所以循环一次从外界吸收热量的总和

$$\begin{aligned}Q_1&=C_{V,m}(T_b-T_a)+C_{p,m}(T_c-T_b)\\&=\frac{C_{V,m}}{R}(p_bV_b-p_aV_a)+\frac{C_{p,m}}{R}(p_cV_c-p_bV_b)\\&=\left[\frac{3}{2}(2\times2-1\times2)+\frac{5}{2}(2\times3-2\times2)\right]\times10^5\times10^{-3}\\&=800(\text{J})\end{aligned}$$

循环一次气体对外做的净功数值上等于图中矩形 $abcd$ 的面积，即

$$\begin{aligned}A&=(p_b-p_a)(V_c-V_b)\\&=(2-1)(3-2)\times10^5\times10^{-3}\\&=100(\text{J})\end{aligned}$$

[例 16.4.2]　36 g 水蒸气(视为三原子刚性分子理想气体)经历如图 16.4.14 所示循环过程.其中，ab 和 cd 为等体过程，bc 为等温过程，da 为等压过程.求循环效率.

解：水蒸气的摩尔质量 $M=18\times10^{-3}$kg，能量自由度为 $i=6$.等体过程 ab 和等温过程 bc 是吸热过程，所以一次循环过程吸收热量的总和

$$Q_1=Q_{ab}+Q_{bc}=\Delta E_{ab}+A_{bc}$$

$$=\frac{m}{M}C_{V,\mathrm{m}}(T_b-T_a)+p_bV_b\ln\frac{V_c}{V_b}$$

$$=\frac{C_{V,\mathrm{m}}}{R}(p_bV_b-p_aV_a)+p_bV_b\ln\frac{V_c}{V_b}$$

$$=3\times(6\times25-2\times25)+6\times25\times\ln\frac{50}{25}$$

$$=404(\mathrm{atm\cdot L})=4.09\times10^4(\mathrm{J})$$

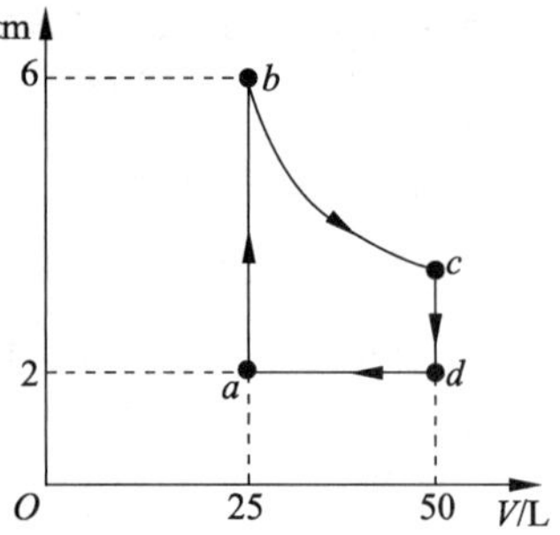

图 16.4.14 例 16.4.2 图

一次循环过程对外做的净功

$$A=A_{bc}+A_{da}$$

$$=p_bV_b\ln\frac{V_c}{V_b}+p_a(V_a-V_d)$$

$$=6\times25\times\ln\frac{50}{25}+2\times(25-50)$$

$$=54.0(\mathrm{atm\cdot L})=5.47\times10^3(\mathrm{J})$$

循环效率

$$\eta=\frac{A}{Q_1}=\frac{54.0}{404}=13.4\%$$

16.5 热力学第二定律

热力学第一定律建立了热量、功和内能相互转化的关系，明确各种形式的能量可以相互转化，转化过程中能量必须保持守恒．自然界发生的一切过程都必须遵守热力学第一定律，但是满足热力学第一定律的过程不一定都可以自动地进行．对于这一问题需要一个独立于热力学第一定律的新的自然规律，即热力学第二定律来解释．

16.5.1 自发过程的方向性

若孤立系统处于平衡态，则这个平衡状态将永远保持下去，直到系统受到外界影响为止．若孤立系统刚受到外界影响而处于非平衡态，则系统从孤立的那时起，将由非平衡态向平衡态过渡．孤立系统这种由非平衡态向平衡态的过渡是自动进行的，不需要任何外界的影响，这种过程称为自发过程．事实表明，自发过程具有方向性．例如：

(1) 冰的融化．如图 16.5.1 所示，冰块放入水中，随着冰块的融化，水温逐渐下降，直到冰水混合物具有相同温度或者冰完全融化成水．这里把冰水混合物作为孤立系统，那么孤立系统由非平衡态向平衡态过渡，这是自发过程．但我们从来没有看到过将冰块放入水中后，水温上升，且冰块越来越大．

(2) 气体绝热自由膨胀．如图 16.5.2 所示，绝热容器中间有一隔板把容器分成两部分，左半部分充满处于平衡态的气体，右半部分为真空，抽掉中间隔板后，左半部分的气体将向右半部分膨胀，直到容器中气体处处均匀一致达到新的平衡态．这里把容器中的气体作为孤立系统，则孤立系统由非平衡态向平衡态过渡，这是自发过程. 但我们从来没有看到过充满容器的气体最后集中到左半部分或右半部分.

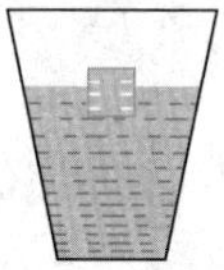

图 16.5.1　冰的融化

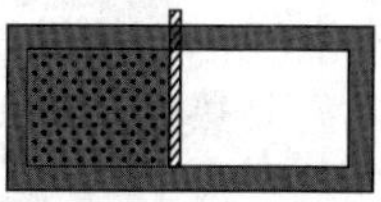

图 16.5.2　气体绝热自由膨胀

打开香水瓶的盖子，瓶中的香水分子会自发地从瓶中挥发并扩散到空气中，但我们从没有看到过，空气中的香水分子会自动地回到香水瓶中去. 转动的物体由于摩擦逐渐停止转动，同时使物体温度升高，但我们从来没有看过物体温度下降时，物体会自行转动起来，并且越转越快. 事实表明，孤立系统的自发过程具有确定的方向.

16.5.2　可逆过程和不可逆过程

假设有一个过程，使系统从状态 A 变化到状态 B. 如果存在另一个过程，不仅使系统从状态 B 重复原过程的每个状态反向变化到状态 A，而且使外界环境回复到原状态，则系统从状态 A 变化到状态 B 的过程称为可逆过程. 否则就是不可逆过程.

事实上，只有理想过程是可逆的. 而不可逆过程在自然界中是普遍存在的，孤立系统的自发过程也都是不可逆的，一切与热现象有关的实际宏观过程也都是不可逆的. 可逆过程是一种理想的极限，只能在理想条件下发生，实际过程只能接近可逆过程，但绝不能真正成为可逆过程. 前面讨论的无摩擦准静态过程是可逆的，它的理想条件是没有摩擦力、黏滞力或其他耗散力做功.

前面讲到自发过程具有方向性，实质上就是说自发过程都是不可逆过程. ① 气体绝热自由膨胀是不可逆的. 在隔板被抽去的瞬间，气体聚集在左半部，这是一种非平衡态，此后气体将自动膨胀充满整个容器，最后达到平衡态. 其逆过程是充满整个容器的气体回到聚集在容器左半部分的状态，这是不可能自动发生的. ② 热传导过程是不可逆的. 热量总是自动地由高温物体传向低温物体，直到两物体温度相同，达到热平衡. 其逆过程是热量从低温物体传向高温物体，使两个物体的温差越来越大，这是不可能自动发生的. 不可逆过程不是不能逆向进行，而是说，当过程逆向进行时，逆过程引起的外界变化不能将正过程引起的外界变化完全消除. 热传导可以使热量自动地由高温物体传给低温物体，也可以用制冷机把热量由低温物体传递给高温物体，也就是说，利用第三个物体可以使高温物体和低温物体都回复到初始状态，但逆过程中制冷机工作时需要外界对系统做功，并引起了第三个物体的变化，即系统尽管已经回到初始状态，但引起了外界环境的变化，所以热传导是不可逆过程. 单摆从某一位置自由释放而摆动，由于系统存在摩擦和阻力，摆动的幅度将逐渐减小，实际上永远也回复不到初始释放的位置，所以单摆摆动是不可逆过程. 显然，若单摆摆动中没有摩擦和阻力，则单摆每一次摆动都会回复到初始状态，所以理想情况下的单摆运动是可逆过程. 大量热力学过程的不可逆性实质上反映出自然界中存在一个物理规律，这个规律就是热力学第二定律.

16.5.3 热力学第二定律

热力学第二定律是在研究热机效率和制冷机的制冷系数时提出来的.热力学第二定律反映了热现象的不可逆性,它有两种表述.

1. 两种表述

不可能从单一热源吸取热量使之完全变为有用功而不引起其他变化,称为热力学第二定律的开尔文表述.

不可能把热量从低温物体传到高温物体而不引起其他变化,称为热力学第二定律的克劳修斯表述.

开尔文表述相当于说,不可能制造出一种循环工作的热机,只从单一热源吸收热量,使之全部变为有用功,而不引起其他物体的任何变化.这是对热机工作的总结.如图16.5.3所示为单一热源的热机工作示意图,开尔文表述明确告诉我们这种热机是不可能制造出来的.开尔文表述否定了制造效率 $\eta=100\%$ 的热机的可能性,我们把效率 $\eta=100\%$ 的热机称为第二类永动机.第二类永动机并没有违反热力学第一定律,但违反了热力学第二定律,开尔文表述也可以改为第二类永动机是不能制造成功的.

克劳修斯表述相当于说,不可能制造出一种循环工作的制冷机,不需要外界做功就可以把热量从低温热源传递给高温热源.这是对制冷机工作的总结.图16.5.4所示为不需要外界做功的制冷机工作示意图,克劳修斯表述明确告诉我们,这种制冷机是不可能制造出来的.

功可以完全变为热(如摩擦生热)而不产生其他影响,开尔文表述告诉我们,该过程是不可逆的.热量可以自发地从高温物体传递给低温物体,克劳修斯表述告诉我们,该过程也是不可逆的.这里所说的单一热源是指温度均匀一致并且恒定不变的系统.如果一个物体温度不均匀,就不能说是单一热源.据报道,有些国家正在研究利用海水上、下层温度不同制造热机进行发电.热力学第二定律有各种表述,表面上看各不相同,但实质上都是等价的.

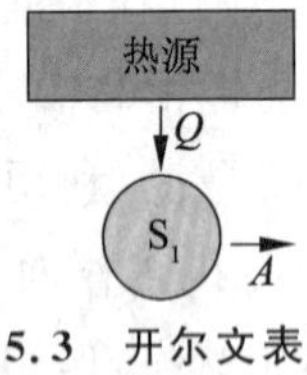

图16.5.3 开尔文表述用图

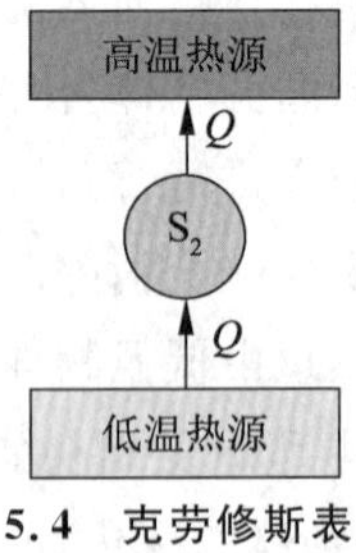

图16.5.4 克劳修斯表述用图

2. 两种表述的等价性

下面用反证法证明热力学第二定律两种表述的等价性.如果克劳修斯表述不成立,则开尔文表述也不成立;如果开尔文表述不成立,则克劳修斯表述也不成立.

假设克劳修斯表述不成立,即存在一台不用外界做功的制冷机 S_1 把热量从低温物体传递到高温物体而不引起其他变化,如图16.5.5(a)左半部分所示.图16.5.5(a)右半部分所示是一台正常工作的热机 S_2，热机 S_2 在一次循环中从高温热源吸取热量 Q_1，并对外做功 A，再把部分热量 Q_2 向低温热源放出. 调节热机或制冷机，使热机循环一次放出的热量数值上等于制冷机循环一次从低温热源吸取的热量. 若将图 16.5.5(a)的左右两部分组成一台复合机，则这台复合机只从单一(高温)热源吸热 Q_1-Q_2，使之完全变为有用功，而不引起其他变化，显然，这一结论与开尔文表述相违背. 所以，如果克劳修斯表述不成立，则开尔文表述也不成立.

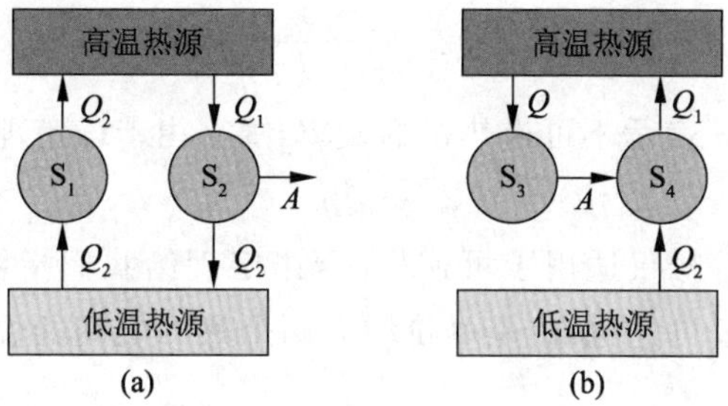

图 16.5.5　证明两种表述等价用图

假设开尔文表述不成立，即存在一台单一热源的热机 S_3 把从热源吸收的热量 Q 全部变为有用功 A，而不引起其他变化，如图 16.5.5(b)左半部分所示. 图 16.5.5(b)右半部分所示是一台正常工作的制冷机 S_4，它利用外界对系统做的功，从低温热源吸热，向高温热源放热. 调节热机或制冷机，使左半部分热机一次循环产生的功正好等于右半部分制冷机一次循环所需的功. 若将图 16.5.5(b)所示的左右两部分组成一台复合机，则 $Q_1=Q_2+A=Q_2+Q$，其总的结果是：这台复合机没有外界对它做功，但它能够从低温热源吸热 Q_2 并全部传递给高温热源而不引起其他变化，这个结论与克劳修斯表述相违背. 所以，如果开尔文表述不成立，则克劳修斯表述也不成立. 这样，我们就证明了热力学第二定律两种表述的等价性.

[例 16.5.1]　试证：$p-V$ 图上两条绝热线不能相交.

解：用反证法证明. 假设有两条绝热线 Ⅰ 和 Ⅱ 相交于 a 点，再画一条等温线 Ⅲ，与两条绝热线相交于点 b 和点 c，如图 16.5.6 所示. $abca$ 组成一个循环，该循环只从单一热源吸收热量，并全部变为有用功，即循环效率 $\eta=100\%$，并且没有引起其他变化. 显然，这是违背热力学第二定律的，因此假设不成立，即两条绝热线不能相交.

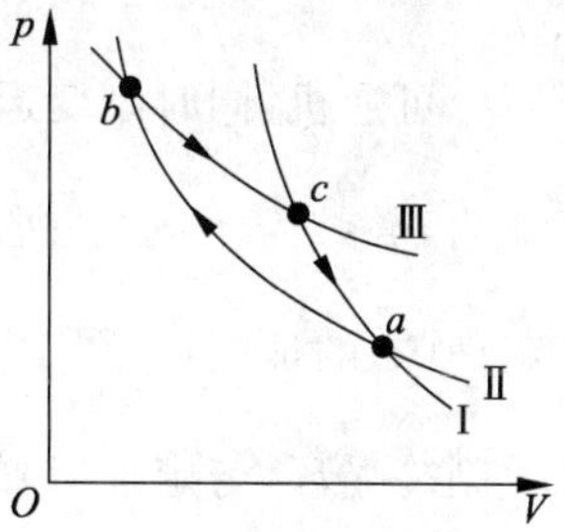

图 16.5.6　证明两条绝热线不能相交

16.5.4　卡诺定理

由可逆过程组成的热机或制冷机称为可逆机，否则就是不可逆机. 卡诺热机和卡诺制冷机属于可逆机. 卡诺在研究卡诺循环时提出了卡诺定理.

1. 卡诺定理的内容

(1) 在相同的高温热源(T_1)和低温热源(T_2)之间工作的可逆热机(即卡诺热机),不论用什么工作物质,其效率都相等.

(2) 在相同的高温热源(T_1)和低温热源(T_2)之间工作的一切不可逆热机,其效率不可能大于可逆热机的效率.

如果我们用 η_c 表示可逆热机(卡诺热机)的效率,那么由卡诺定理(1)得

$$\eta_c = 1 - \frac{T_2}{T_1} \tag{16.5.1}$$

同样,如果我们用 η' 表示不可逆热机的效率,那么由卡诺定理(2)得

$$\eta' \leqslant \eta_c \tag{16.5.2}$$

实际上,上式中的等号仅适用于可逆机.卡诺定理给我们指明了提高热机效率的途径:一是使热机尽量接近可逆机;二是尽量增大两个热源之间的温度差,实际多采用提高高温热源温度的办法.

2. 卡诺定理的证明

定理(1)的证明:如图 16.5.7 所示,有两台可逆机,左边一台做热机循环,右边一台做制冷循环,调节两台可逆机的功相等,则这两台热机的效率分别为

$$\eta_1 = \frac{A}{Q_1}, \eta_2 = \frac{A}{Q_1'}$$

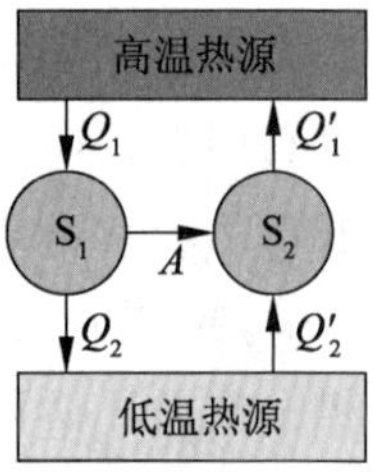

图 16.5.7　卡诺定理的证明

假设 $\eta_1 > \eta_2$,则

$$\frac{A}{Q_1} > \frac{A}{Q_1'}$$

$$Q_1' > Q_1 \text{ 或 } Q_2' > Q_2$$

把这两部机器组成一部复合机,其结果是外界不对复合机做功,而复合机将热量($Q_2' - Q_2$)从低温热源传到高温热源,显然这是违背热力学第二定律的,所以假设 $\eta_1 > \eta_2$ 不成立.

两台可逆机,同时改变运行方向,左边一台做制冷循环,右边一台做热机循环,同样可以证明,$\eta_1 < \eta_2$ 不成立.所以,$\eta_1 = \eta_2 \left(= \eta_c = 1 - \frac{T_2}{T_1}\right)$.

定理(2)的证明:如图 16.5.7 所示,左边一台是不可逆机做热机循环,右边一台是可逆机做制冷循环,与定理(1)的证明相同,$\eta_1 > \eta_2$ 不成立.所以,$\eta_1 \leqslant \eta_2 \left(= \eta_c = 1 - \frac{T_2}{T_1}\right)$.

16.6　熵

热力学第二定律是关于热力学过程方向的规律,孤立系统的热力学过程都是不可逆过程,有确定的方向.为了方便地描述这些不可逆过程的变化方向,特引入一个新的态函

数，称为熵，熵的变化可以把孤立系统的热力学过程的方向表示出来. 熵增加原理就是用来描述孤立系统发生热力学过程的方向的.

16.6.1　熵

1. 熵的引入

当系统处于非平衡态时，系统总要自发地从非平衡态向平衡态过渡；反之，当系统处于平衡态时，系统不会自发地从平衡态向非平衡态过渡. 为解决实际过程的方向问题，引入熵的概念来描述平衡态，根据熵的单向变化性质可判断实际过程的方向.

我们在研究卡诺循环时已经得到式(16.4.6)，把式(16.4.6)中两个等温过程吸收的热量 Q_{12} 和 Q_{34} 改用 Q_1 和 Q_2 表示(这里正值表示吸热，负值表示放热)，则

$$\frac{Q_1}{T_1}+\frac{Q_2}{T_2}=0 \tag{16.6.1}$$

上式中热量与温度的比称为热温比. 式(16.6.1)表明卡诺循环的热温比之和为零.

如图 16.6.1 所示，$1a2b1$ 为任意可逆循环的 $p-V$ 图. 任意的可逆循环可以看作是由一系列狭长的卡诺循环组成的，相邻的两个卡诺循环有部分绝热过程完全重合，除去重合部分剩下的构成锯齿形闭合曲线，狭长的卡诺循环取得越窄，卡诺循环数目越多，锯齿形闭合曲线越接近可逆循环曲线. 由于每个卡诺循环的热温比之和为零，所以这些卡诺循环的热温比总和也为零，那么锯齿形闭合曲线的热温比总和也为零，即

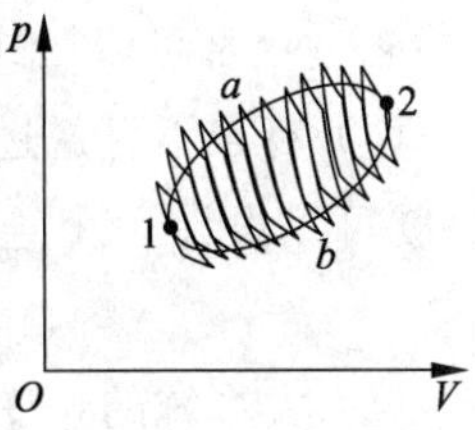

图 16.6.1　熵的引入

$$\sum_i \frac{Q_i}{T_i}=0$$

当每个卡诺循环中等温过程为无穷小时，锯齿形闭合曲线就趋近于可逆循环曲线，上式锯齿形闭合曲线的热温比总和应改写成可逆循环过程热温比的积分，即

$$\oint \frac{\mathrm{d}Q}{T}=0 \tag{16.6.2}$$

如果把可逆循环过程路径分成 $1a2$ 和 $2b1$ 两部分，式(16.6.2)可以写为

$$\oint \frac{\mathrm{d}Q}{T}=\int_{1a2}\frac{\mathrm{d}Q}{T}+\int_{2b1}\frac{\mathrm{d}Q}{T}=0 \tag{16.6.3}$$

因为过程是可逆的，所以

$$\int_{2b1}\frac{\mathrm{d}Q}{T}=-\int_{1b2}\frac{\mathrm{d}Q}{T}$$

上式代入式(16.6.3)，得

$$\int_{1a2}\frac{\mathrm{d}Q}{T}=\int_{1b2}\frac{\mathrm{d}Q}{T} \tag{16.6.4}$$

上式表明，可逆过程热温比 $\frac{\mathrm{d}Q}{T}$ 的积分仅与始、末状态有关，与过程经历的路径无关. 现在我们定义一个系统状态的函数，称为熵，也称为克劳修斯熵，用 S 表示，使式(16.6.4)积

分等于始、末两个平衡态的熵的增量，即

$$S_2 - S_1 = \int_{1(\text{可逆})}^{2} \frac{dQ}{T} \tag{16.6.5}$$

这样定义的熵仅给出了熵差的计算，只有给定了零熵值的状态以后，才能确定其他状态熵的具体数值.实际计算中我们只要计算熵差，所以就不再去定义零熵值的状态了.在国际单位制中，熵的单位是焦耳每开尔文($J \cdot K^{-1}$).

2. 熵变的计算

在计算熵变时要注意以下几点：

(1) 明确熵是系统状态的单值函数，系统只要处于平衡态就有确定的熵值.

(2) 熵变的多少只与始、末状态有关，与状态变化的具体过程无关.用式(16.6.5)计算两个状态的熵变时，可以从初态1开始经过任意可逆过程到达末态2来计算积分.

(3) 只有可逆过程才能用式(16.6.5)计算熵变.准静态过程是可逆过程，所以只要是准静态过程都可以用式(16.6.5)计算熵变.

(4) 对于不可逆过程不能直接用式(16.6.5)计算熵变，但只要始、末状态都是平衡态，就可以设计一个连接始、末状态的便于计算的可逆过程，再用式(16.6.5)来计算熵变.

(5) 大系统的熵变等于组成这个大系统的各个子系统的熵变之和.

[例 16.6.1] 一定量的理想气体从初态(p_1, V_1, T_1)经过一个准静态过程变化到末态(p_2, V_2, T_2)，求系统的熵变.

解：根据热力学第一定律，有

$$dQ = p\,dV + \frac{m}{M}C_{V,m}\,dT$$

准静态过程是可逆过程，所以系统的熵变为

$$\begin{aligned} S_2 - S_1 &= \int_{1(\text{可逆})}^{2} \frac{dQ}{T} \\ &= \int_1^2 \frac{p\,dV}{T} + \int_1^2 \frac{m}{M}C_{V,m}\frac{dT}{T} \\ &= \frac{m}{M}R\int_{V_1}^{V_2}\frac{dV}{V} + \frac{m}{M}C_{V,m}\int_{T_1}^{T_2}\frac{dT}{T} \\ &= \frac{m}{M}R\ln\frac{V_2}{V_1} + \frac{m}{M}C_{V,m}\ln\frac{T_2}{T_1} \end{aligned}$$

讨论

(1) 始、末状态温度相等的理想气体任意过程，系统的熵变为

$$S_2 - S_1 = \frac{m}{M}R\ln\frac{V_2}{V_1} = -\frac{m}{M}R\ln\frac{p_2}{p_1} \tag{16.6.6}$$

由于系统的熵变与过程无关，所以不论系统发生的过程是可逆过程还是不可逆过程，只要始、末状态的温度相等，熵变就是式(16.6.6)计算的结果. 即始、末状态温度相等的任意状态变化过程，体积膨胀熵就增加，体积减小熵就减小.

(2) 始、末状态体积相等的理想气体任意过程，系统的熵变为

$$S_2-S_1=\frac{m}{M}C_{V,\mathrm{m}}\ln\frac{T_2}{T_1}=\frac{m}{M}C_{V,\mathrm{m}}\ln\frac{p_2}{p_1} \tag{16.6.7}$$

(3) 始、末状态压强相等的理想气体任意过程，系统的熵变为

$$S_2-S_1=\frac{m}{M}R\ln\frac{T_2}{T_1}+\frac{m}{M}C_{V,\mathrm{m}}\ln\frac{T_2}{T_1}=\frac{m}{M}C_{p,\mathrm{m}}\ln\frac{T_2}{T_1} \tag{16.6.8}$$

(4) 理想气体准静态绝热过程，直接由 $\mathrm{d}Q=0$ 得到 $\Delta S=0$，即理想气体准静态绝热过程(可逆过程)系统的熵变为零，故绝热过程也叫等熵过程，绝热线也叫等熵线.

[例 16.6.2]　计算理想气体绝热自由膨胀的熵变.

解：如图 16.6.2(a)所示，假设绝热容器中间有两块绝热隔板把容器分成三部分，左边部分充满处于平衡态的理想气体，中间和右边部分均为真空. 先抽掉隔板 A，左边部分的气体将向中间部分膨胀，直到气体重新达到平衡，如图 16.6.2(b)所示. 绝热自由膨胀过程中既没有热量交换，也没有做功，根据热力学第一定律，系统内能应该不变，也就是说绝热自由膨胀的始、末温度相等，假设系统初态的状态参量为(p_1，V_1，T)，则末态的状态参量为(p_2，V_2，T). 特别要注意，尽管绝热自由膨胀始、末状态的温度相等，但它并不是等温过程，因为绝热自由膨胀不是一个平衡过程，它的中间态都是非平衡态，处于中间态时系统没有明确的温度值. 我们知道绝热自由膨胀是不可逆过程，它的熵变不能用式(16.6.5)直接计算. 但绝热自由膨胀过程的始、末状态都是平衡态，而且始、末状态的温度相等，因此我们可以设计一个始、末状态与绝热自由膨胀始、末状态完全相同的可逆等温膨胀过程来计算熵变.

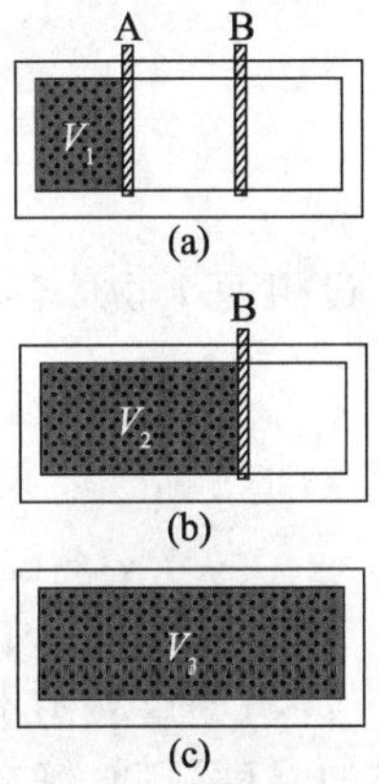

图 16.6.2　绝热自由膨胀

对于可逆等温膨胀过程，内能不变，根据热力学第一定律，系统吸收的热量等于对外做的功，即

$$\mathrm{d}Q=p\,\mathrm{d}V$$

从初态(p_1，V_1，T)到末态(p_2，V_2，T)的可逆等温膨胀过程的熵变

$$S_2-S_1=\int_1^2\frac{\mathrm{d}Q}{T}=\int_{V_1}^{V_2}\frac{p\,\mathrm{d}V}{T}=\int_{V_1}^{V_2}\frac{m}{M}\frac{RT}{V}\frac{\mathrm{d}V}{T}=\frac{m}{M}R\ln\frac{V_2}{V_1}$$

上式就等于系统从初态(p_1，V_1，T)绝热自由膨胀到末态(p_2，V_2，T)的熵变. 因为 $V_2>V_1$，所以气体经过绝热自由膨胀后熵是增加的. 如果再把隔板 B 抽掉，系统再次绝热自由膨胀，同样可以求得其熵变

$$S_3 - S_2 = \int_2^3 \frac{dQ}{T} = \int_{V_2}^{V_3} \frac{p\,dV}{T} = \int_{V_2}^{V_3} \frac{m}{M}\frac{RT}{V}\frac{dV}{T} = \frac{m}{M}R\ln\frac{V_3}{V_2}$$

可见,理想气体绝热自由膨胀后熵总是增加的.两块隔板抽掉前后的总熵变

$$S_3 - S_1 = \int_1^3 \frac{dQ}{T} = \int_{V_1}^{V_3} \frac{p\,dV}{T} = \int_{V_1}^{V_3} \frac{m}{M}\frac{RT}{V}\frac{dV}{T} = \frac{m}{M}R\ln\frac{V_3}{V_1}$$

显然,两块隔板抽掉前后的总熵变等于两次各抽掉一块隔板的熵变之和.

[例 16.6.3] 计算热传导的熵变.

解:为了使计算简化,假设有两个材料相同的固体,比热容 c 为常数,两个物体质量均为 m,它们的温度分别为 T_1 和 T_2,且 $T_2>T_1$.使这两个物体热接触,显然温度高的物体会将热量传递给温度低的物体,最后两个物体状态达到新的平衡.设达到新的平衡时的温度为 T_3,根据热力学第一定律,两个物体的系统满足

$$cm(T_3-T_1)+cm(T_3-T_2)=0$$

得

$$T_3=\frac{1}{2}(T_1+T_2)$$

设想两个物体各自的变化过程都是准静态过程,则这两个物体的熵变分别为

$$\Delta S_1 = \int_{T_1}^{T_3} \frac{dQ}{T} = \int_{T_1}^{T_3} \frac{cm\,dT}{T} = cm\ln\frac{T_3}{T_1} = cm\ln\frac{T_1+T_2}{2T_1} > 0$$

$$\Delta S_2 = \int_{T_2}^{T_3} \frac{dQ}{T} = \int_{T_2}^{T_3} \frac{cm\,dT}{T} = cm\ln\frac{T_3}{T_2} = cm\ln\frac{T_1+T_2}{2T_2} < 0$$

可见,热传导结束后,两个物体达到新的平衡时,低温物体的温度升高,熵增加;高温物体的温度降低,熵减少.两个物体发生热传导前后的总熵变

$$\Delta S=\Delta S_1+\Delta S_2=cm\ln\frac{(T_1+T_2)^2}{4T_1T_2}=cm\ln\frac{(T_1+T_2)^2}{(T_1+T_2)^2-(T_1-T_2)^2}>0$$

可见,两个物体系统发生热传导后的总熵是增加的.

16.6.2 熵增加原理

1. *熵增加原理*

由理想气体绝热自由膨胀和热传导两个例子的熵变计算可以发现,孤立系统状态变化若是自发过程,则系统的熵总是增加的.由前面的讨论我们已经知道这些自发过程都是不可逆过程.根据卡诺定理可以证明,任何不可逆过程的熵总是增加的.

对于工作于高温热源 T_1 和低温热源 T_2 之间的不可逆循环,由卡诺定理得

$$\eta=1-\frac{|Q_2|}{Q_1}=1+\frac{Q_2}{Q_1}<1-\frac{T_2}{T_1}$$

因低温热源吸热,所以 $Q_2<0$,上式整理得

$$\frac{Q_1}{T_1}+\frac{Q_2}{T_2}<0$$

即不可逆循环的热温比之和小于零，将这个结论推广到任意不可逆循环，有

$$\oint \frac{dQ}{T} < 0 \tag{16.6.9}$$

设 $1b2a1$ 是一个不可逆循环，它由不可逆过程 $1b2$ 和可逆过程 $2a1$ 两个过程组成. 为了便于说明问题，该不可逆循环用图 16.6.3 表示，图中曲线 $2a1$ 表示可逆过程的 $p-V$ 图，图中虚线 $1b2$ 表示不可逆过程(该虚线并不表示不可逆过程 $1b2$ 的 $p-V$ 图，实际上不可逆过程是无法用 $p-V$ 图表示的，这里是为了方便叙述才用图中虚线表示的). 根据式(16.6.9)，对于不可逆循环 $1b2a1$ 有

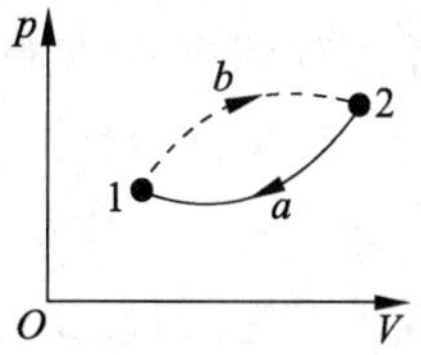

图 16.6.3　不可逆循环

$$\oint \frac{dQ}{T} = \int_{\substack{1b2 \\ (\text{不可逆})}} \frac{dQ}{T} + \int_{\substack{2a1 \\ (\text{可逆})}} \frac{dQ}{T} < 0$$

因为 $2a1$ 是可逆过程，其逆过程 $1a2$ 的熵变

$$\Delta S = \int_{\substack{1a2 \\ (\text{可逆})}} \frac{dQ}{T} = -\int_{\substack{2a1 \\ (\text{可逆})}} \frac{dQ}{T}$$

利用前两式可以得到，从状态 1 变化到状态 2 的熵变与不可逆过程 $1b2$ 热温比的积分的关系式为

$$\Delta S > \int_{\substack{1b2 \\ (\text{不可逆})}} \frac{dQ}{T} \tag{16.6.10}$$

如果不可逆过程 $1b2$ 是绝热过程，$dQ=0$，则该过程的熵变

$$\Delta S > 0$$

由此得出结论：在绝热系统中发生的不可逆过程或孤立系统中发生的自发过程，系统的熵总是增加的，或者说，这些过程总是沿着熵增加的方向进行，这一结论称为熵增加原理.

关于熵和熵增加原理，我们应注意以下几点：

(1) 熵增加原理适用于孤立系统中发生的自发过程或绝热系统中发生的不可逆过程. 对于其他系统的其他过程，熵可以增加也可以减少，只有绝热可逆过程熵才保持不变.

(2) 系统是人为划定的，某个系统可能不是孤立系统，该系统的熵可以增加也可以减少. 但只要把系统的范围扩大到足够大，系统就可以成为孤立系统，从而满足熵增加原理.

(3) 只有处于平衡态的系统才有确定的熵. 我们可以把熵的概念推广到非平衡态，把非平衡系统理解为有许多微小的局部处于平衡的子系统组成，这些子系统的熵的总和就是这个非平衡态系统的熵. 这样对于非平衡过程也可以讨论或计算熵的变化.

(4) 孤立系统处于平衡态时，系统的熵保持不变. 孤立系统处于非平衡态时，系统将从非平衡态向平衡态过渡，系统的熵将不断增加，当系统到达平衡态时，熵达到最大值. 如果系统的平衡再次被破坏，系统又将从非平衡态向平衡态过渡，系统的熵又将不断增

加，直到系统再次到达平衡，系统的熵达到一个新的最大值.

2. 熵增加原理与热力学第二定律的等价性

热力学第二定律是关于热力学过程方向的规律，而熵增加原理描述了实际发生的热力学过程的方向.实际上熵增加原理与热力学第二定律是完全等价的，下面用反证法来说明它们的等价性.

热力学第二定律的克劳修斯表述为不可能把热量从低温物体传到高温物体而不引起其他变化.假设克劳修斯表述不成立，即热量可以从低温物体传到高温物体而不引起其他变化.我们可假设有热量 Q 从温度为 T_2 的低温热源传给温度为 T_1 的高温热源，且没有引起其他变化.这样一来，热传导过程就是可逆的，低温热源和高温热源的熵变分别为

$$\Delta S_2=\int_{2(\text{可逆})}\frac{\mathrm{d}Q}{T_2}=-\frac{|Q|}{T_2}$$

$$\Delta S_1=\int_{1(\text{可逆})}\frac{\mathrm{d}Q}{T_1}=\frac{|Q|}{T_1}$$

因为 $T_1>T_2$，系统(低温热源和高温热源)的总熵变

$$\Delta S=\Delta S_1+\Delta S_2=\frac{|Q|}{T_1}-\frac{|Q|}{T_2}<0$$

由此可见，如果热量可以从低温物体传到高温物体而且不引起其他变化，那么系统的熵将减少，这个结论与熵增加原理相违背.所以，如果克劳修斯表述不成立，则熵增加原理也不成立.反之，若热量可以从高温物体传到低温物体而不引起其他变化，则系统的熵将增加，这与熵增加原理相符.所以，若克劳修斯表述成立，则熵增加原理也成立.这样就证明了熵增加原理与热力学第二定律的克劳修斯表述是完全等价的.

热力学第二定律的开尔文表述为不可能从单一热源吸取热量使之完全变为有用功而不引起其他变化.假设开尔文表述不成立，即可以从单一热源吸取热量使之完全变为有用功而不引起其他变化.我们可以设想一台热机循环一次从单一热源 T 吸取热量 Q 使之完全变为有用功而不引起其他变化.这样一来，功热转换就是可逆的，单一热源的熵变为

$$\Delta S_1=\int_{1(\text{可逆})}\frac{\mathrm{d}Q}{T}=-\frac{|Q|}{T}<0$$

由于热机正好循环一次且熵变为零，所以系统(热机和单一热源)的总熵变为

$$\Delta S=\Delta S_1<0$$

由此可见，若能从单一热源吸取热量使之完全变为有用功而不引起其他变化，则系统的熵将减少，这一结论与熵增加原理相违背.所以，若开尔文表述不成立，则熵增加原理也不成立.同样可以证明，若开尔文表述成立，则熵增加原理也成立.这样就证明了熵增加原理与热力学第二定律的开尔文表述是完全等价的.

以上证明了熵增加原理与热力学第二定律两种表述的等价性，可以说，熵增加原理是热力学第二定律的另一种表述.

16.6.3 热力学第二定律的统计意义

1. 热力学第二定律的统计意义

理想气体在绝热自由膨胀过程中熵是增加的.理想气体绝热自由膨胀的不可逆性,可以用气体动理论来解释.为简单起见,假设绝热容器被绝热隔板等分为两室,开始气体分子处于 A 室,B 室为真空,抽去隔板后,由于分子热运动,分子不是处于 A 室就是处于 B 室.如果仅考虑分子在 A、B 两室的分布,我们可以列出分子的分布表.表 16.6.1 列出了 4 个分子的分布情况,表中 a、b、c、d 分别表示 4 个分子.表 16.6.2 列出了 10 个分子的分布情况.

表 16.6.1 4 个分子在 A、B 两室的分布

宏观态		微观态		微观态数
A 室分子数	B 室分子数	A 室分子	B 室分子	
4	0	a、b、c、d		1
3	1	b、c、d a、c、d a、b、d a、b、c	a b c d	4
2	2	c、d b、d b、c a、d a、c a、b	a、b a、c a、d b、c b、d c、d	6
1	3	a b c d	b、c、d a、c、d a、b、d a、b、c	4
0	4		a、b、c、d	1

表 16.6.2　10 个分子在 A、B 两室的分布

宏观态		微观态数
A 室分子数	B 室分子数	
10	0	1
9	1	10
8	2	45
7	3	120
6	4	210
5	5	252
4	6	210
3	7	120
2	8	45
1	9	10
0	10	1

以上两表中的分子分布没有考虑分子速度的影响，分子的位置也仅考虑了 A、B 两室，显然，这样的分布是很粗糙的，但可以明显地看出一个宏观态通常包含许多个微观态，A、B 两室分子数相等(或最接近相等)的宏观态所包含的微观态数最多.随着分子总数的增加，分子在 A、B 两室数目接近相等的宏观态所包含的微观态数会急剧增加，这个宏观态的微观态数占系统微观态总数的比例也急剧增加，当实际分子数接近 10^{23} 数量级时，这个比例几乎等于百分之百.

假设每个微观态出现的概率是均等的，那么包含微观态数最多的宏观态出现的概率最大，包含微观态数最少的宏观态出现的概率最小.所以，分子全部留在 A 室(或 B 室)的概率最小，按等概率计算，N 个分子留在 A 室的概率仅为$\frac{1}{2^N}$，分子数接近 10^{23} 数量级时，分子全部留在 A 室的概率几乎等于零，以致实际上不会出现分子全部留在 A 室的情况.分子均分在 A、B 两室的宏观态出现的概率最大，分子数接近 10^{23} 数量级时，这个概率几乎等于百分之百，所以理想气体绝热自由膨胀总是向着分子数均分的方向变化，而不会出现分子向 A 室(或 B 室)集中的宏观现象.

综上所述，可以得出结论：在孤立系统中发生的自发过程总是从包含微观态数少的宏观态向包含微观态数多的宏观态转变，或者说，从热力学概率小的宏观态向热力学概率大的宏观态过渡，这就是热力学第二定律的统计意义，也是熵增加原理的实质.

2. *有序和无序*

分子总是在永不停息地做无序运动，这里说的无序是相对于有序而言的，那么什么情况叫有序？什么情况叫无序呢？

首先分析理想气体绝热自由膨胀过程：初态分子集中在 A 室，对应的微观态数目少，

终态分子均分在 A、B 两室，对应的微观态数目多. 初态分子集中在 A 室，相对于终态较有序，终态分子分布在 A、B 两室，分布范围变大了，相对于初态较无序. 所以说，一个系统的微观态数较少(或热力学概率较小)时是有序，微观态数较多(或热力学概率较大)时是无序. 从微观上看，无序比有序混乱. 可见，理想气体绝热自由膨胀过程是分子热运动从有序向无序的过渡.

其次看热传导过程：热量自动地由高温物体传给低温物体，直到两者温度相等. 初态时，高温物体的分子平均动能较大，低温物体的分子平均动能较小，把两个物体作为系统，则系统分子运动相对较有序. 终态时，两个物体的分子平均动能一致了，与初态相比变得相对无序了. 可见，热传导过程也是分子热运动从有序向无序的过渡.

事实表明，在孤立系统发生的自发过程中，分子运动总是从有序向无序过渡，系统的平衡态是同样条件下分子运动最无序的状态. 熵增加原理告诉我们，孤立系统发生的自发过程熵总是增加的. 系统无序性的增加伴随着熵的增加，所以可以说熵是分子热运动无序性的量度.

3. 玻尔兹曼关系

既然熵是分子热运动无序性的量度，那么熵是如何具体度量分子的无序性的呢？我们知道，一个系统宏观态对应的微观态数目越多，该系统越无序. 如果用 W 表示系统包含的微观态数(或理解为宏观状态出现的概率，称为热力学概率或系统的状态概率)，考虑到不可逆过程中，系统的微观态数 W 和熵 S 在同时增加，因此，可以设想两者之间有如下关系：

$$S=k\ln W \tag{16.6.11}$$

式中，k 为玻尔兹曼常数. 式(16.6.11)首先由玻尔兹曼在理论上给出了证明，所以称为玻尔兹曼关系，该式表示的熵也称为玻尔兹曼熵. 玻尔兹曼关系明确地给出了熵的统计意义，系统某一状态的熵值越大，表示系统的微观态数越多，它所对应的宏观态越无序. 也就是说熵是分子热运动无序性或混乱性的量度.

等压膨胀过程，体积增大、温度升高，分子的位置和速率分布范围都增大了，气体分子热运动的混乱程度增加，因而熵增加；反之，等压压缩过程熵减少. 等温膨胀过程，体积增大，分子的位置分布范围增大了，气体分子热运动的混乱程度增加，所以熵增加；反之，等温压缩过程熵减少. 准静态绝热膨胀过程，体积增大，分子的位置分布范围增大使气体分子热运动的混乱程度增加，但温度降低，分子的速率分布范围减小使气体分子热运动的混乱程度减小，结果正好使得熵保持不变；准静态绝热压缩过程熵也不变.

[例 16.6.4]　用玻尔兹曼关系计算理想气体等温膨胀过程的熵变.

解：对指定的某一个分子，该分子出现在体积 V 范围内的概率 W_1 与该体积 V 成正比

$$W_1=cV$$

式中，c 为比例系数. 对指定的 N 个分子，它们同时在 V 范围内出现的概率 W 等于各单

个分子出现概率 W_1 的乘积，也就是在 V 范围内由 N 个分子所组成的宏观状态的概率

$$W=\underbrace{W_1\cdot W_1\cdot\cdots\cdot W_1}_{N个}=W_1^N=(cV)^N$$

根据玻尔兹曼关系，该系统的熵

$$S=k\ln W=kN\ln(cV)$$

等温膨胀前后，系统熵的增量

$$\Delta S=kN\ln(cV_2)-kN\ln(cV_1)=kN\ln\frac{V_2}{V_1}=\frac{R}{N_A}\frac{m}{M}N_A\ln\frac{V_2}{V_1}=\frac{m}{M}R\ln\frac{V_2}{V_1}$$

上式表明，等温膨胀过程玻尔兹曼熵的增量与克劳修斯熵的增量[式(16.6.6)]相同.

16.6.4 能量退化与热寂说

实际热源的热容是有限的，当热机工作时，高温热源放热，温度必然下降，而低温热源吸热，温度必然上升. 从卡诺热机的效率公式来看，由于两个热源的温差逐渐减小，因此热机效率也逐渐下降. 如果把两个热源和热机组成的整体作为系统看，那么系统的熵在增加. 熵和能量都是系统的函数，从热力学意义上看，熵与能量的关系是这样的：能量是量度运动转化能力的物理量，能量越大，运动转化的能力越大；熵是量度能量转换效率的物理量，熵越大，能量转换的效率就越低，也就是说系统的能量有越来越多的部分不能转换，或不再可供利用. 孤立系统的熵增加意味着系统的能量虽然在数量上是守恒的，但品质却越来越差，越来越不中用，可以用来做功的比例越来越小. 所以熵表示系统内部能量的“退化”或“贬值”，或者说熵是能量不可利用程度的量度. 熵增加意味着系统能量中不可利用部分在增大，这称为能量退化.

能量不仅有形式上的不同，而且有品质的差别. 机械能和电磁能是可以完全转化的(即可以被全部利用)，我们说这些能量品质较优. 而内能是不能全部转化的(即不可以被全部利用)，我们说这类能量品质较劣. 功可以完全变为内能，从热运动来说，是从有序到无序的转变，我们也可以说有序能量可以全部转变为无序能量. 内能不能全部转变为功，我们也可以说无序能量不可以全部转变为有序能量. 所以，我们将机械能和电磁能等称为有序能量，而将内能称为无序能量.

19 世纪，一些物理学家把热力学第二定律推广到整个宇宙，把整个宇宙看作一个孤立系统，认为宇宙的熵将不断增大，直到到达最大值，此时一切宏观的变化都将停止，宇宙将进入“一个永恒的死寂状态”，这就是热寂说. 然而现实世界并没有处于热寂状态. 也有人认为，热力学第二定律不能推广到整个宇宙，因为宇宙是无限的，它不能看作孤立系统. 由于人们对宇宙的认识非常有限，所以热力学第二定律能否推广到整个宇宙有待进一步研究.

1922 年，苏联物理学家弗里德曼在爱因斯坦引力场方程的理论研究中发现，存在一个临界密度，若宇宙的平均密度小于临界密度，则宇宙是开放的、无限的，会一直膨胀下去，否则膨胀到一定时刻会转为收缩. 1929 年，美国天文学家哈勃的研究表明，星系越远，

光谱线的红移越大，该现象可以用星系的退行运动引起的多普勒效应来解释，从而推断出宇宙正在整体膨胀的结论. 一个膨胀的宇宙，其每一瞬时可能达到的熵的最大值随着宇宙的膨胀而不断增大. 宇宙膨胀足够快时，宇宙熵值的增长落后于熵的最大值的增长，结果两者的差距越来越大. 因此，宇宙的熵虽然在不断增大，但是它离平衡态却愈来愈远，热寂说所描述的热寂状态也不可能出现.

思考题

16-1　分析下列两种说法是否正确：

(1) 物体的温度愈高，则热量愈多.

(2) 物体的温度愈高，则内能愈大.

16-2　气体由一定的初状态绝热压缩至一定体积，一次缓慢地压缩，另一次快速压缩，如果其他条件都相同，问温度变化是否相同？

16-3　试从物理本质上说明理想气体在绝热膨胀过程中内能、温度与压强将怎样变化.

16-4　有人说："在绝热过程中，系统所做的功只取决于始、末状态，而与过程无关."这句话对吗？为什么？

16-5　为什么说卡诺循环是最简单的循环过程？任意可逆循环需要多少个不同温度的热源？

习题

16-1　有 8 g 氧气，体积为 $0.41\times10^{-3}\ \mathrm{m}^3$，温度为 300 K. 氧气分别经历绝热过程和等温过程膨胀到体积为 $4.1\times10^{-3}\ \mathrm{m}^3$. 求两个过程气体对外做的功.

16-2　1 mol 刚性多原子分子理想气体，温度为 300 K，经过一绝热过程，压强增加到原来的 16 倍. 求气体内能的增量和气体对外所做的功.

16-3　刚性双原子分子理想气体在等压膨胀过程中对外做的功为 2 J，求气体吸收的热量.

16-4　1 mol 双原子分子理想气体从状态 $a(p_1, V_1)$ 沿如图所示 $p-V$ 图中的直线变化到状态 $b(p_2, V_2)$，求气体内能的增量、对外界所做的功和吸收的热量.

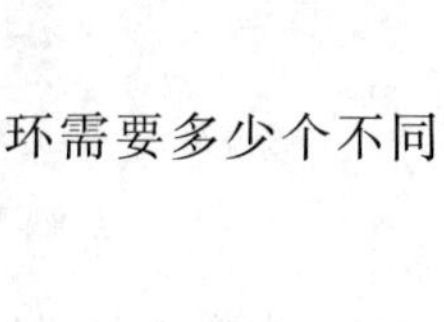

习题 16-4 图

16-5　一定量的理想气体，若体积和压强按 $p=\dfrac{a}{V^2}$ 的规律变化，其中 a 为已知常量. 求气体从体积 V_1 膨胀到 V_2 所做的功和膨胀前后温度之比.

16－6　2 mol 氦气，温度为 27 ℃. 将氦气等压膨胀直至体积加倍，然后绝热膨胀回复到初温. 求整个过程中氦气吸收的热量、内能的增量和对外所做的功，并在 $p-V$ 图上大致画出气体的状态变化过程.

16－7　3 mol 理想气体，温度为 273 K，先经等温过程体积膨胀到原来的 5 倍，然后等体加热，使其末态的压强刚好等于初始压强，整个过程吸收的热量为 $Q=8\times10^4$ J. 求这种气体的摩尔定容热容 $C_{V,m}$，并画出此过程的 $p-V$ 图.

16－8　如图所示，绝热的容器中间被一隔板等分为两部分，左边贮有 1 mol 标准状态的氦气，右边为真空. 现将隔板移走，待气体平衡后，再缓慢向左推动活塞，把气体压缩到原来的体积. 求氦气的温度变化.

16－9　一定量的理想气体，经历如图所示的循环过程，其中 ab 和 cd 是等压过程，bc 和 da 是绝热过程，已知 $T_b=400$ K，$T_c=300$ K. 求此循环的效率.

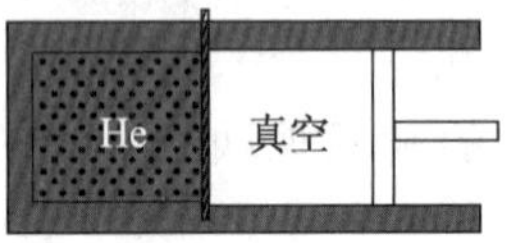

习题 16-8 图

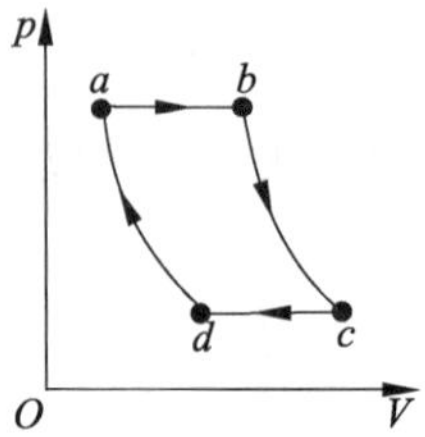

习题 16-9 图

16－10　一定量的氧气，做如图所示的循环过程，其中 ab 为等温过程，bc 为等体过程，ca 为绝热过程. 已知点 a 的状态参量为 p_a、V_a、T_a，b 点的体积 $V_b=3V_a$. 求循环的效率.

16－11　如图所示，一定量的理想气体，从初态 a（体积为 V_1）出发，经等压膨胀到达状态 b（体积变为 V_2），再经绝热膨胀过程到达状态 c，最后经等温压缩过程回到始态 a. 求此循环的效率.

16－12　1 mol 单原子分子理想气体的循环过程的 $T-V$ 图如图所示，其中点 c 的温度为 $T_c=600$ K. 求循环的效率.

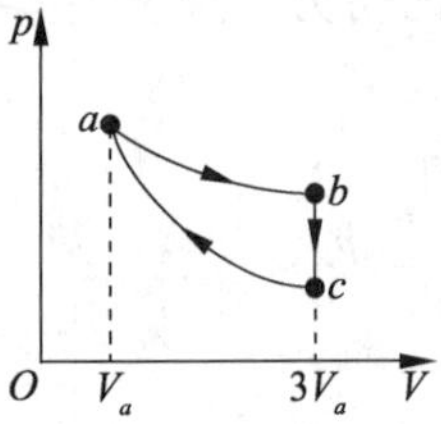

习题 16-10 图

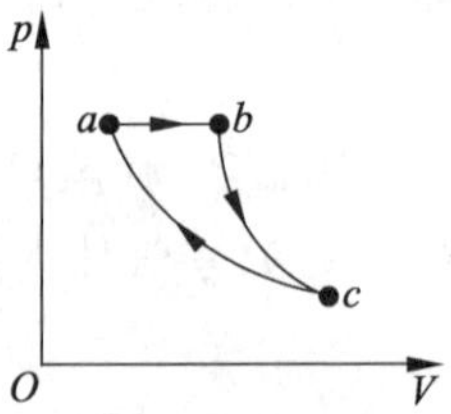

习题 16-11 图

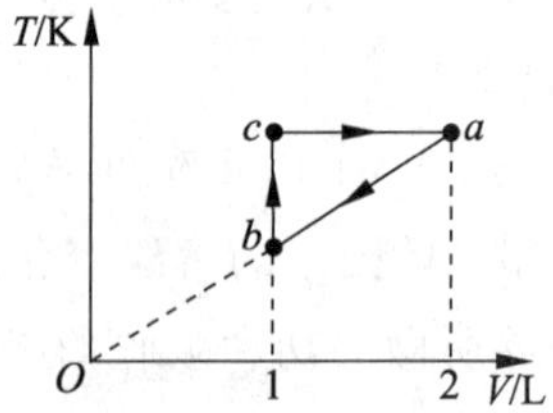

习题 16-12 图

16－13　1 mol 理想气体做如图所示的制冷循环，其中 ab、cd 都是等温过程，温度分别为 T_1 和 T_2. bc、da 都是等压过程，压强分别为 p_2 和 p_1. 证明一次循环过程中外界对系统做的净功为

$$A=R(T_1-T_2)\ln\frac{p_2}{p_1}$$

16 - 14　1 mol 氦气做如图所示的可逆循环，其中 ab 和 cd 是绝热过程，bc 和 da 为等体过程，已知 $V_1=16.4$ L，$V_2=32.8$ L，$p_a=1$ atm，$p_b=3.18$ atm，$p_c=4$ atm，$p_d=1.26$ atm. 求氦气在 a、b、c、d 各态的温度和一次循环所做的净功.

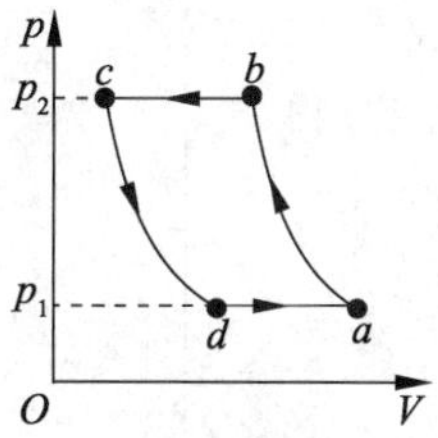

习题 16-13 图

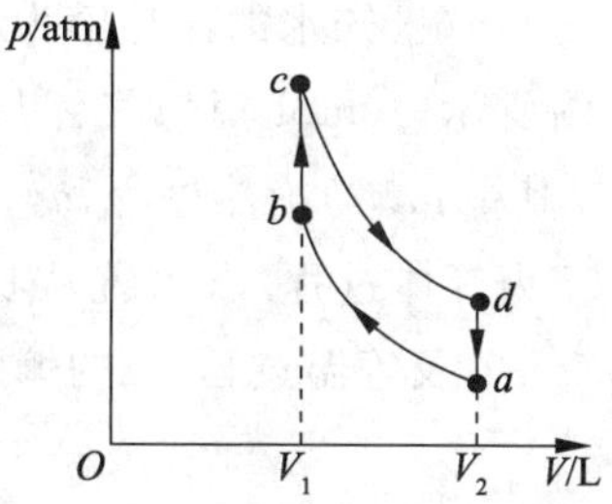

习题 16-14 图

16 - 15　1 mol 理想气体在 400 K 的高温热源与 300 K 的低温热源之间做卡诺循环，在 400 K 的等温线上起始体积为 0.01 m^3，终止体积为 0.05 m^3，求此气体在一个循环中从高温热源吸收的热量、气体传给低温热源的热量和气体所做的净功.

16 - 16　双原子刚性分子理想气体做卡诺循环，如果在绝热膨胀时末态的压强 p_2 是初态压强 p_1 的一半，计算循环的效率.

16 - 17　卡诺热机高温热源的温度为 400 K、低温热源温度为 300 K，每次循环对外做的净功为 8000 J. 维持低温热源的温度不变，提高高温热源温度，使每次循环对外做的净功为 10000 J. 如果两个卡诺循环工作在相同的两条绝热线之间，试求：第二个循环的热机效率和高温热源的温度.

16 - 18　一台卡诺制冷机，从温度为 −10 ℃的冷藏室吸取热量，向温度为 20 ℃的环境物体放出热量. 设该制冷机所耗功率为 15 kW，问它每分钟从冷藏室吸取多少热量？

16 - 19　1 mol 单原子分子理想气体，在恒定压强下经一准静态过程从 0 ℃加热到 100 ℃，求气体的熵的增量.

16 - 20　1 mol 单原子分子理想气体，等温压缩（准静态过程）到原来体积的一半. 求气体的熵的增量.

16 - 21　质量为 8.0 g 的氧气（视为刚性双原子分子理想气体），初态时，温度为 27 ℃，体积为 5 L；终态时，温度为 127 ℃，体积为 10 L. 求氧气的熵的增量.

16 - 22　2.5 kg 的冰在三相点（$T=273.16$ K）融化为水，已知冰的熔解热 $L=3.35\times10^5\ \mathrm{J\cdot kg^{-1}}$. 求此过程中熵的增量.

16 - 23　1 mol 理想气体绝热地向真空自由膨胀，体积膨胀到原来的 2 倍，求该气体熵的增量.

16 - 24　热容为 C_1、温度为 T_1 的固体与热容为 C_2、温度为 T_2 的液体共置于一个绝热容器内.（固体和液体都没有发生相变）

(1) 求平衡建立后,系统最终的温度;

(2) 求系统总的熵变;

(3) 证明系统总熵是增加的.

16-25 质量 $m_1=1.0$ kg、温度 $T_1=280$ K 的冷水,与质量 $m_2=2.0$ kg、温度 $T_2=360$ K 的热水通过热接触而达到热平衡. 试分别计算冷水的熵变 ΔS_1、热水的熵变 ΔS_2 以及二者的总熵变 ΔS(已知水的比热容为 $c=4.18\times10^3\ \mathrm{J\cdot kg^{-1}\cdot K^{-1}}$).

16-26 如图所示,1 mol 理想气体从状态 a 变化到状态 c,且 $V_c=2V_a$. 其中 ad 为绝热过程,ac 为等温过程,ab 和 dc 为等压过程,bc 为等体过程. 求系统从状态 a 变化到状态 c 分别沿途径 abc、adc 及等温过程 ac 的熵的增量.

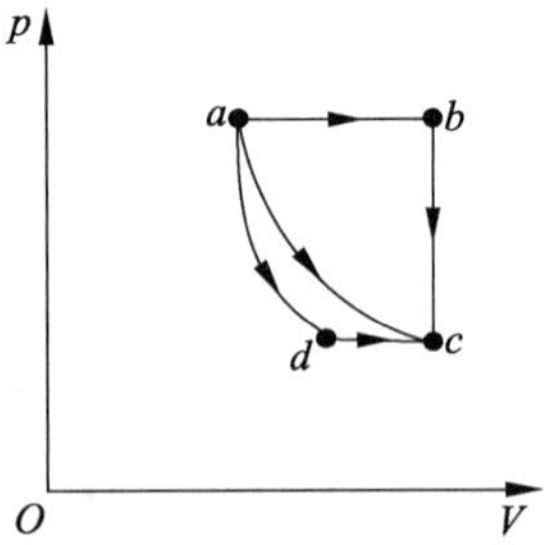

习题 16-26 图

产教融合案例三:热成像技术

热成像技术是一种利用红外探测器获取目标物体的红外辐射信息,并将其转换为可视图像的技术.它是一种非接触式的检测技术,可以在无损的情况下对目标物体进行温度测量和成像.其基本原理是利用自然界一切温度高于绝对零度(−273 ℃)的物体时时刻刻都在不停进行电磁辐射.这种辐射的本质是热辐射,其大小主要由这个物体的温度和材料本身的性质决定.通常把电磁辐射按波长或频率的不同划分为许多波段,总称为电磁波谱,如图1所示.红外波段位于电磁波谱中可见光和微波之间,波长范围为0.76～1000 μm.当物体受到热刺激时,其分子会振动并产生红外辐射.热成像系统通过接收并处理这些红外辐射,可以获得目标物体的温度分布图像.

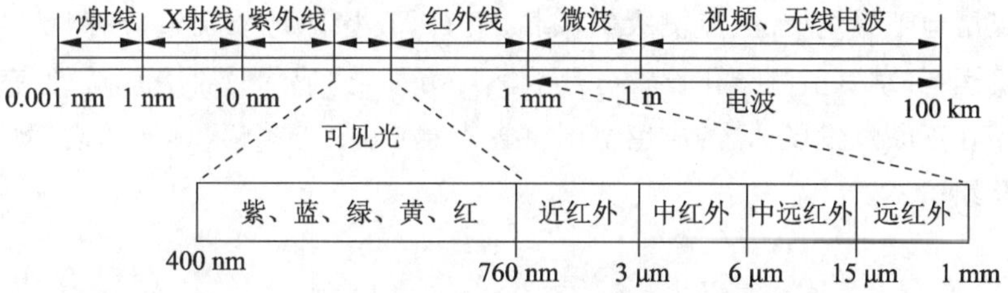

图1　电磁波谱结构图

各种红外热像仪的组成大致相同,基本都由光学系统、红外探测器、视频放大器(后续电路)以及显示器组成,如图2所示.

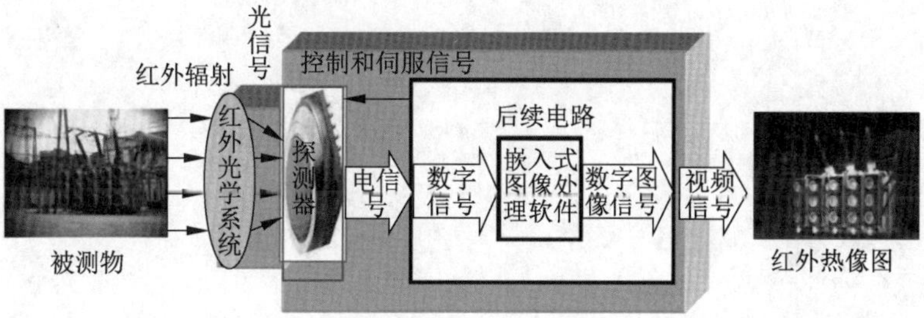

图2　热成像仪原理图

其中,红外探测器是热成像系统的核心部件,它能够接收红外辐射并将其转换为电信号.目前常用的红外探测器有热电偶、热敏电阻、红外线二极管等.通过红外探测器获取目标物体的红外波段的图像后,需要将其转换为可见光波段的图像,以便直接用眼睛观察.红外探测器通常使用高分辨率的电荷耦合器件(CCD)进行图像采集,并通过图像处理算法对红外热图像进行增强,其主要目的是增强图像中感兴趣的区域或者信息,同时削弱或消除图像中不需要的信息,这样更有利于人眼观察以及方便进行智能运算,以提高图像的质量和准确性.图像中某一部分灰度值越高,也就越亮,对应场景中某一部分的辐射强度越大.图3所示是带有热成像仪的监控摄像画面,人的体温较高,所以比较明亮.

图3　带有热成像仪的监控摄像画面

近年来,热成像技术在许多领域都取得了显著的应用成果.我国曾用热成像仪探测西北地区煤层地下燃烧情况、监测火灾灾情.此外,在探测地质构造、勘测矿产资源以及检测电动机运行故障、监测石化设备过热故障等方面,热成像仪都有广泛的应用.红外热成像技术还在不断地发展,它的应用范围将越来越广.限于篇幅,具体的应用情况这里就不做详细介绍了.

第四部分

振动与波

第 17 章　机械振动

振动是自然界中最普遍的一种运动形式. 物体在平衡位置附近做往复的周期性运动,称为机械振动. 这种运动形式广泛存在于宏观世界和微观世界领域. 例如,钟摆的运动、心脏的跳动、活塞的往复运动、琴弦的振动、高温下分子的振动等,都是机械振动. 电流、电压、电场强度和磁场强度围绕某一平衡值周期性变化,称为电磁振动或电磁振荡. 一般地说,任何一个物理量的值不断地经过极大值和极小值而变化的现象,均称为振动. 虽然各种振动的具体物理机制可能不同,但是作为振动这种运动的形式,它们具有共同的特征.

17.1　简谐振动

简谐振动是最简单、最基本的振动. 因为很多实际的振动可以近似地看成简谐振动;同时可以证明任何复杂的振动均可认为是若干个简谐振动的叠加. 因此,掌握简谐振动的特征和规律是非常重要的.

质点在某一位置所受的合力等于零,则此位置称作振动的平衡位置. 从运动学角度看,物体运动时,如果离开平衡位置的位移(或角位移)随时间按余弦函数(或正弦函数)的规律变化,这种运动称为简谐振动,简称谐振动;从动力学角度看,质点在线性回复力作用下围绕平衡位置所做的往复运动就是简谐振动.

什么是线性回复力? 若作用力总与质点相对于平衡位置的位移成正比,且方向指向平衡位置,则此作用力称为线性回复力. 以平衡位置为坐标原点,以 x 表示质点相对于坐标原点的位移,则线性回复力 F 可记作:$F=-kx$,k 是的正的常量. 线性回复力有两个特征:

① 力 F 是质点位移 x 的一次函数,即 F 与 x 成正比关系.

② 式中负号表示力 F 的方向总是与位移 x 的方向相反,方向指向平衡位置.

17.1.1　弹簧振子模型

下面我们以弹簧振子为例,研究简谐振动的运动规律. 一个轻质弹簧(质量可以忽略不计)的左端固定,右端与质量为 m 的物体相连组成的系统,称为弹簧振子,如图 17.1.1(a)所示. 它是将系统的质量集中在物体上、弹性集中在弹簧上的一个理想模型. 现将该系统放置在光滑的水平面上. 忽略物体所受的阻力,将物体从弹簧自由伸展时的 O 点移动一较小位移至A点，如图17.1.1(b)所示，然后释放，可以观察到物体做变加速运动，由A点通过O点到达B点，如图17.1.1(c)、(d)所示. 继而又经过O点回到A点处，这种物体围绕平衡位置做来回往复运动，形成振动. 以弹簧的平衡位置为坐标原点，建立如图所示坐标系. 物体在位置O处，弹簧没有形变，物体在水平方向不受力，而在竖直方向，支持力与重力大小相等，方向相反而平衡. 当物体位于A点处时，物体受到方向向左、指向平衡位置的弹性力$\boldsymbol{F}$的作用，如图17.1.1(b)所示. 该力驱使物体加速运动，返回平衡位置. 随着弹簧的缩短，弹性力不断地减小，但由于弹性力与物体运动方向相同，所以速率仍不断增加，当物体到达平衡位置时，速度达到最大而$F=0$，如图17.1.1(c)所示. 此刻由于惯性，物体继续向左运动，弹簧被压缩，物体将受到指向平衡位置(向右)的弹性力$\boldsymbol{F}$的作用，因为$\boldsymbol{F}$的方向与物体运动方向相反，并且$\boldsymbol{F}$的值逐渐增大，所以物体做减速运动，当物体到达位置B时速度减小到零，弹性力达到最大，如图17.1.1(d)所示. 接着物体又在指向平衡位置的力$\boldsymbol{F}$的作用下向右做加速运动，当它回到平衡位置时，速度又达到最大值，弹性力变为零，此后物体由于惯性向右继续运动，当它回到A点处时，速度又变为零，弹性力又变到最大，这时物体完成了一次完全振动. 以后，物体将重复上述过程，即在平衡位置O的附近来回往复运动. 综上所述，物体之所以振动，一是靠弹性力的作用，二是靠物体的惯性. 这是弹簧振子做振动的动力学原因.

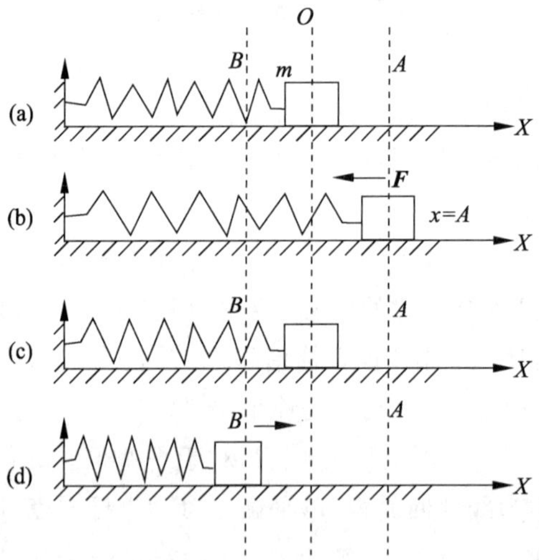

图 17.1.1　弹簧振子

17.1.2　弹簧振子简谐振动的运动方程

根据胡克定律，在弹簧的弹性限度内，物体离开平衡位置的位移为x，它所受到的弹性力为

$$F=-kx$$

式中，k是弹簧的劲度系数，为正的常量；"－"表示力的方向与位移的方向相反. 当$x>0$时，$F<0$，弹性力向左；当$x<0$时，$F>0$，弹性力向右. 由此可见，弹性力总是指向平衡位置，这时弹性力是线性回复力.

根据牛顿第二定律 $F=ma$，有

$$F=ma=m\frac{\mathrm{d}^2x}{\mathrm{d}t^2}=-kx$$

即

$$\frac{\mathrm{d}^2x}{\mathrm{d}t^2}=-\frac{k}{m}x$$

令 $\frac{k}{m}=\omega^2$，则有

$$\frac{\mathrm{d}^2x}{\mathrm{d}t^2}+\omega^2x=0$$

这就是简谐振动的微分方程，其解为

$$x=A\cos(\omega t+\varphi) \tag{17.1.1}$$

式(17.1.1)称为振动表达式(又称振动的运动方程)，式中，A 和 φ 是由初始条件决定的待定常量.

综上所述，简谐振动有如下三个判断依据：

(1) 物体做简谐振动时，它所受的合外力与位移恒成正比且反向.

(2) 物体做简谐振动时，它的加速度与位移恒成正比且反向.

(3) 物体做简谐振动时，它的位移是时间 t 的余弦函数(或正弦函数).

根据速度和加速度的定义，将式(17.1.1)对时间求一阶和二阶导数，可得物体振动时的速度和加速度，分别表示为

$$v=\frac{\mathrm{d}x}{\mathrm{d}t}=-\omega A\sin(\omega t+\varphi) \tag{17.1.2}$$

$$a=\frac{\mathrm{d}^2x}{\mathrm{d}t^2}=-\omega^2A\cos(\omega t+\varphi) \tag{17.1.3}$$

其中，速度的最大值 $$v_{\max}=\omega A$$

加速度的最大值 $$a_{\max}=\omega^2A$$

17.1.3　描述简谐振动的物理量

振动表达式(17.1.1)、速度表达式(17.1.2)和加速度表达式(17.1.3)中，ω 和 φ 称为振动三要素，它们是描述简谐振动的重要物理量.

1. 振幅

因为正弦、余弦函数的绝对值小于等于 1，所以物体的振动范围在 $-A$ 和 $+A$ 之间，简谐振动的物体离开平衡位置的最大位移的绝对值 A 称为振幅，它确定了振动物体的运动范围，同时反映了振动系统的能量.

2. 周期和频率

简谐振动的特征是运动状态具有周期性. 物体做一次完全振动所需要的时间称为简谐振动的周期，用 T 表示，SI 制单位为秒(s). 在简谐振动方程中，经过 T 秒的时间，物体的运动状态完全重复一次，即

$$x=A\cos(\omega t+\varphi)=A\cos[\omega(t+T)+\varphi]=A\cos(\omega t+\varphi+2\pi)$$

显然,时间 T 就是物体的振动周期,且

$$T=\frac{2\pi}{\omega} \tag{17.1.4}$$

周期的倒数称为振动的频率,即单位时间内物体所做完全振动的次数,用 ν 表示,SI 制单位为赫兹,记为 Hz. ν 与 T 的关系式表示为

$$\nu=\frac{1}{T}=\frac{\omega}{2\pi} \tag{17.1.5}$$

在 2π 秒的时间内物体所做完全振动的次数称为圆频率,即

$$\omega=\frac{2\pi}{T}$$

对于弹簧振子

$$\omega=\sqrt{\frac{k}{m}} \tag{17.1.6}$$

所以弹簧振子的周期和频率为

$$T=2\pi\sqrt{\frac{m}{k}}$$

$$\nu=\frac{1}{T}=\frac{1}{2\pi}\sqrt{\frac{k}{m}}$$

可以看出,ω、T 和 ν 都是由振动系统自身的力学性质决定的,所以 ω 称为固有角频率,T 称为固有周期,ν 称为固有频率.

3. 相位、初相位

在振动表达式(17.1.1)、速度表达式(17.1.2)和加速度表达式(17.1.3)中,当振幅 A 和圆频率 ω 确定之后,物体在任一时刻的位移、速度和加速度的值可由 $(\omega t+\varphi)$ 确定. 也就是说,$(\omega t+\varphi)$ 能够确定物体在任一时刻的运动状态,$(\omega t+\varphi)$ 称为简谐振动的相位(或者位相). 可见,相位是描述简谐振动状态的重要物理量.

如图 17.1.1 所示的弹簧振子,当相位 $(\omega t_1+\varphi)=\frac{\pi}{2}$ 时,$x=0$,$v=-\omega A$,这时物体在平衡位置,并以速率 ωA 向左运动;而当相位 $(\omega t_2+\varphi)=\frac{3\pi}{2}$ 时,$x=0$,$v=\omega A$,这时物体也在平衡位置,但以速率 ωA 向右运动. 可见,在 t_1 和 t_2 两个时刻,简谐振动的相位是不同的,它们的运动状态也不同. 在一个周期内,各个时刻的相位给出了相应时刻物体的运动概貌.

常量 φ 是 $t=0$ 时的相位,称为初相位(或者初位相),简称初相. 它是决定起始时刻振动物体运动状态的物理量. 例如,若 $\varphi=0$,则在 $t=0$ 时,可以得出 $x_0=A$ 及 $v_0=0$,这表示在计时起点,物体位于正最大位移处,速率为零.

若有两个简谐振动 $x_1=A_1\cos(\omega t+\varphi_1)$ 和 $x_2=A_2\cos(\omega t+\varphi_2)$,它们的相位分别为 $\omega t+\varphi_1$ 和 $\omega t+\varphi_2$,则两简谐振动相位的差 $(\varphi_1-\varphi_2)$ 称作相位差. 若相位差为 2π 的整数倍,则两振动的步调相同,称这两个简谐振动同相. 若两简谐振动的相位差为 π 的奇数

倍，当第一个简谐振动达到正最大位移处时，另一个简谐振动在负最大位移处，则称这两个简谐振动反相. 一般情况下，若 $0<(\varphi_1-\varphi_2)<\pi$，则称 φ_1 超前 φ_2；若 $\pi<(\varphi_1-\varphi_2)<2\pi$，则称 φ_1 落后 φ_2.

17.1.4　由初始条件确定振幅 A、初相位 φ

将初始条件 $t=0$ 时物体的初位移 $x=x_0$、初速度 $v=v_0$ 代入式(17.1.1)和式(17.1.2)得

$$\begin{cases} x_0=A\cos\varphi \\ v_0=-\omega A\sin\varphi \end{cases} \tag{17.1.7}$$

由此两式可求得两个积分常量：

$$\begin{cases} A=\sqrt{x_0^2+\dfrac{v_0^2}{\omega^2}} \\ \tan\varphi=-\dfrac{v_0}{\omega x_0} \end{cases} \tag{17.1.8}$$

在这里特别要注意的是，第二分式中要求得 φ，在 $0\sim2\pi$ 范围内会有两个 φ 值，那么究竟取哪个，还要结合式(17.1.7)两分式中任意一式看，从而最终决定 φ 的值.

17.1.5　简谐振动的能量

在弹簧振子振动过程中弹簧被拉长或被压缩，具有弹性势能；同时质点具有速度，所以它又具有动能. 在 t 时刻，质量为 m 的振子离开平衡位置的位移为 x，速度为 v，则相应的动能及弹性势能分别为

$$E_k=\frac{1}{2}mv^2=\frac{1}{2}m\omega^2A^2\sin^2(\omega t+\varphi)$$

$$E_p=\frac{1}{2}kx^2=\frac{1}{2}m\omega^2A^2\cos^2(\omega t+\varphi)$$

显然，振动系统的动能和势能都随时间 t 做周期性变化，二者的相位差为 $\frac{\pi}{2}$，即势能达到最大值时，动能为最小；而势能达到最小值时，动能为最大. 在 t 时刻，系统总的能量(机械能)为

$$E=E_k+E_p=\frac{1}{2}m\omega^2A^2=\frac{1}{2}mv_{max}^2=\frac{1}{2}kA^2 \tag{17.1.9}$$

上式表明，振子在振动过程中，振动系统的动能和势能相互转换，但它的总能量恒定不变. 因此，对于一定的振动系统而言，振幅越大，振动越强烈，振动的能量就越大. 因为简谐振动系统的机械能是恒定的，所以简谐振动也称为等幅振动.

[例 17.1.1]　不能伸缩的细线(称摆线)下端悬挂质量为 m 的小球. 摆线在竖直位置时，小球处于平衡状态. 将小球拉离平衡位置后再释放，小球就围绕平衡位置做来回往复的运动，形成振动. 该振动系统称为单摆，如图 17.1.2 所示. 试证明其为简谐振动，并求其振动周期及运动方程.

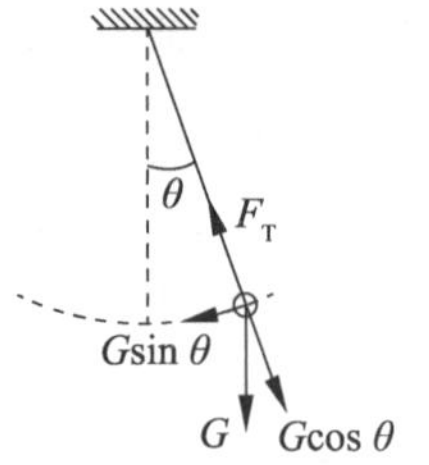

图 17.1.2　例 17.1.1 图

解: 当摆线与竖直线成 θ 角时，小球受到细线的拉力 F_T 和重力 $G=mg$(忽略空气的阻力)的作用. 小球的运动轨迹为圆弧. 如果 θ 很小($\theta<5°$)，小球受到重力 G 和线的拉力 F_T 两个不共线力的作用，重力的切向分量为 $mg\sin\theta$，它决定重物沿圆周的切向运动. 设摆线长为 l，小球的切向加速度为 $a_t=l\dfrac{d^2\theta}{dt^2}$，角位移 θ 从竖直位置算起，并规定沿逆时针方向为正，则重力的切向分力 $mg\sin\theta$ 与 θ 符号相反，根据牛顿运动定律得

$$-mg\sin\theta=ml\frac{d^2\theta}{dt^2}$$

当 θ 很小时，$\sin\theta\approx\theta$，所以

$$\frac{d^2\theta}{dt^2}=-\frac{g}{l}\theta=-\omega^2\theta$$

式中，$\omega^2=\dfrac{g}{l}$. 因此，在摆角很小时，单摆在平衡位置附近做简谐振动，其周期为

$$T=\frac{2\pi}{\omega}=2\pi\sqrt{\frac{l}{g}}$$

振动的运动方程为

$$\theta=\theta_m\cos(\omega t+\varphi)$$

式中，θ_m 是最大角位移.

单摆的振动周期完全取决于振动系统本身的性质，即取决于重力加速度 g 和摆长 l，而与摆球的质量无关. 在摆角很小的情况下，单摆的周期又与振幅无关，所以单摆可用于计时. 单摆为测量重力加速度 g 提供了一种简便方法.

[例 17.1.2]　一水平放置的弹簧振子，振动物体质量为 0.25 kg，弹簧的劲度系数 $k=25\ \mathrm{N\cdot m^{-1}}$.

(1) 求振动的周期 T 和角频率 ω；

(2) 以平衡位置为坐标原点，如果振幅 $A=15$ cm，$t=0$ 时物体位于 $x=7.5$ cm 处，且物体沿 x 轴反向运动，求振动的表达式；

(3) 求振动速度的表达式；

(4) 求振动的总能量.

解: (1) $\omega=\sqrt{\dfrac{k}{m}}=\sqrt{\dfrac{25}{0.25}}=10\ (\mathrm{s^{-1}})$，$T=\dfrac{2\pi}{\omega}=\dfrac{2\pi}{10}=0.63\ (\mathrm{s})$

(2) 设振动的表达式为　　$x=A\cos(\omega t+\varphi)$

其中 $A=15\ \mathrm{cm}=15\times10^{-2}\ \mathrm{m}$. 振动速度的表达式为

$$v=\frac{dx}{dt}=-\omega A\sin(\omega t+\varphi)$$

在 $t=0$ 时，
$$\begin{cases}x_0=A\cos\varphi=15\cos\varphi=7.5\times10^{-2}\ \text{m}\\ v_0=-\omega A\sin\varphi<0\end{cases}$$

所以
$$\varphi=\frac{\pi}{3}$$

所以
$$x=15\times10^{-2}\cos(10t+\frac{\pi}{3})(\text{SI 制})$$

(3) 振动速度的表达式为

$$v=\frac{\mathrm{d}x}{\mathrm{d}t}=-1.5\sin(10t+\frac{\pi}{3})(\text{SI 制})$$

(4) 振动的总能量

$$E=\frac{1}{2}kA^2=\frac{1}{2}\times25\times0.15^2=0.28(\text{J})$$

17.2　简谐振动的振幅矢量图示法　相位差

17.2.1　简谐振动的振幅矢量图示法

简谐振动的位移与时间的关系可以用几何方法来表示. 为了直观地理解简谐振动表达式中 A、ω 和 φ 三个物理量的意义，并为后面讨论简谐振动的合成提供简捷的方法，下面介绍简谐振动的振幅(或旋转)矢量图示法.

如图 17.2.1 所示，在 X 轴上任取一点 O 作一矢量 $\boldsymbol{A}$，其大小正好等于简谐振动的振幅，$t=0$ 时 $\boldsymbol{A}$ 与 X 轴正方向之间的夹角作为初相 φ，令 $\boldsymbol{A}$ 沿逆时针方向以与简谐振动角频率相同的角速度 ω 匀速旋转，矢量 $\boldsymbol{A}$ 称为振幅矢量或旋转矢量. 在任意时刻 t，$\boldsymbol{A}$ 与 X 轴的夹角为 $(\omega t+\varphi)$，表示简谐振动在 t 时刻的相位. 于是，矢量 $\boldsymbol{A}$ 在 X 轴上的投影为 $x=A\cos(\omega t+\varphi)$，这正反映了矢量 $\boldsymbol{A}$ 的终端在 X 轴上的投影点 P 的运动是简谐振动. 在矢量 $\boldsymbol{A}$ 的转动过程中，M 点做匀速圆周运动，通常把这个圆称为参考圆. 矢量 $\boldsymbol{A}$ 转动一周所需的时间就是简谐振动的周期. 振幅矢量 $\boldsymbol{A}$ 旋转一周，其端点在 X 轴上的投影 P 正好来回一次，转一周对应的中心角为 2π，投影点来回运动经历的时间为 T(一个周期)，显然 $\omega=\frac{2\pi}{T}$. 所以，对投影点而言，ω 是振动的角频率，而对振动矢量 $\boldsymbol{A}$ 的端点而言，ω 是圆周运动的角速度.

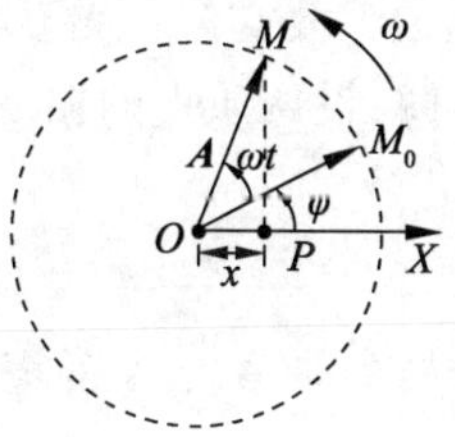

图 17.2.1　振幅矢量图示法

用振幅矢量法还可以确定速度 v 与加速度 a. 从图中可以看出，$\boldsymbol{A}$ 在 X 轴上的投影为

$$x=A\cos(\omega t+\varphi)$$

而 $\boldsymbol{A}$ 的端点的线速度($v_m=\omega A$)在 X 轴上的投影为

$$v=-\omega A\sin(\omega t+\varphi)$$

$\boldsymbol{A}$ 的端点的法向加速度($a_m=\omega^2 A$)在 X 轴上的投影为

$$a=-\omega^2 A\cos(\omega t+\varphi)$$

17.2.2 相位差

利用振幅矢量图,可以很容易地表示两个简谐振动的相位差.两个简谐振动运动状态的差异,通常用同一时刻它们的相位差来表示.设 a、b 两个质点沿相同的方向,以相同的频率做简谐振动,振动方程为

$$\begin{cases}x_1=A_1\cos(\omega t+\varphi_1)\\x_2=A_2\cos(\omega t+\varphi_2)\end{cases}$$

由于它们的初相不同,同一时刻的相位差为

$$\Delta\varphi=(\omega t+\varphi_2)-(\omega t+\varphi_1)=\varphi_2-\varphi_1$$

即同方向、同频率的两个简谐振动的相位差为它们的初相差.某一时刻,它们的相位差为 $\Delta\varphi=\varphi_2-\varphi_1=0$ 时,称两个振动的相位相同;当 $\Delta\varphi=\varphi_2-\varphi_1=\pi$ 时,称两个振动的相位相反.用振幅矢量法表示出来,它们的相位差就是两个振幅矢量之间的夹角.

[例 17.2.1] 如图 17.2.2 所示的两个同方向、同频率的简谐振动,它们的振幅相等.当质点 1 在 $x=A/2$ 处向左运动时,另一质点 2 在 $x=-A/2$ 处向左运动,试用振幅矢量法求两质点的相位差.

解:设两质点的振动方程分别为

$$\begin{cases}x_1=A\cos(\omega t+\varphi_1)\\x_2=A\cos(\omega t+\varphi_2)\end{cases}$$

两旋转矢量 $\boldsymbol{A}_1$、$\boldsymbol{A}_2$ 的模都等于 A,它们与 OX 轴的夹角分别等于 $\omega t+\varphi_1$ 和 $\omega t+\varphi_2$,于是两矢端在 X 轴上投影的运动就表示两质点的简谐振动.对质点 1,由图可得 $\cos(\omega t+\varphi_1)=\dfrac{1}{2}$,对应的($\omega t+\varphi_1$)的值为 $\dfrac{\pi}{3}$ 或 $\dfrac{5\pi}{3}$,但因质点 1 在 $x=\dfrac{A}{2}$ 处向左运动,即 v 为负值.所以 $\omega t+\varphi_1=\dfrac{\pi}{3}$.对质点 2,有 $\cos(\omega t+\varphi_2)=-\dfrac{1}{2}$,

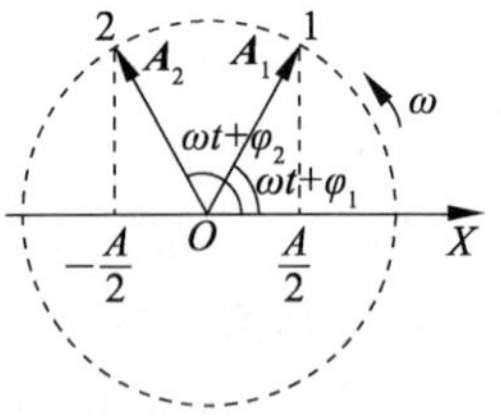

图 17.2.2 例 17.2.1 图

对应的($\omega t+\varphi_2$)值为 $\dfrac{2\pi}{3}$ 或 $\dfrac{4\pi}{3}$,但因质点 2 在 $x=-\dfrac{A}{2}$ 处向左运动,即 v 为负值,所以 $\omega t+\varphi_2=\dfrac{2\pi}{3}$.

它们的相位差为 $\Delta\varphi=(\omega t+\varphi_2)-(\omega t+\varphi_1)=\dfrac{2\pi}{3}-\dfrac{\pi}{3}=\dfrac{\pi}{3}$,即后一振动比前一振动的相位超前 $\dfrac{\pi}{3}$,或前者比后者的相位落后 $\dfrac{\pi}{3}$.

17.3 阻尼振动 受迫振动 共振

17.3.1 阻尼振动

简谐振动是一种忽略阻力的理想运动，但在实际情形下阻力总是存在的. 系统在振动过程中将不断克服阻力做功而减少自身的能量，振动的振幅随之不断减小. 我们把这种振动的能量(或振幅)随时间逐渐减少(或减小)的振动，称为阻尼振动.

在阻尼振动中，振动系统的能量损耗的原因通常有两种：一种是由于介质对振动物体的摩擦阻力使振动系统的能量逐渐转变为热运动的能量，称作摩擦阻尼；另一种是由于振动物体引起邻近质点的振动，使系统的能量逐渐向四周辐射出去，转变为波动的能量，称作辐射阻尼. 例如，当音叉振动时，不仅因摩擦而消耗能量，而且因辐射声波而减少能量. 音叉振动的能量逐渐减少，最终停止.

实验指出，在黏性介质中运动，当物体运动速度不大时，物体受到的阻力与其运动的速率成正比，即

$$F_{\mathrm{f}}=-\gamma v=-\gamma \frac{\mathrm{d}x}{\mathrm{d}t}$$

式中，γ 称为阻力系数，它的大小由物体的形状、大小和介质的性质决定.

对弹簧振子，在弹性力 $F=-kx$ 及阻力 $F_{\mathrm{f}}=-\gamma v$ 的作用下，根据牛顿第二定律有

$$ma=-kx-\gamma v$$

$$m\frac{\mathrm{d}^2x}{\mathrm{d}t^2}+\gamma\frac{\mathrm{d}x}{\mathrm{d}t}+kx=0$$

令 $\dfrac{k}{m}=\omega_0^2$，$\dfrac{\gamma}{m}=2\beta$，这里，ω_0 为无阻尼时振子的固有角频率，β 称为阻尼因子，代入上式，得

$$\frac{\mathrm{d}^2x}{\mathrm{d}t^2}+2\beta\frac{\mathrm{d}x}{\mathrm{d}t}+\omega_0^2x=0$$

当阻力系数较小，即 $\beta<\omega_0$ 时，系统做阻尼运动，这时方程的解为

$$x=A_0\mathrm{e}^{-\beta t}\cos(\omega' t+\varphi_0')$$

式中

$$\omega'=\sqrt{\omega_0^2-\beta^2}$$

上式说明，阻尼振动的位移和时间的关系为两项的乘积，其中，$\cos(\omega' t+\varphi_0')$ 反映了振子在弹性力和阻力作用下的周期运动，而 $A_0\mathrm{e}^{-\beta t}$ 则反映了阻尼对振幅的影响.

图 17.3.1 所示为阻尼振动的位移-时间曲线.

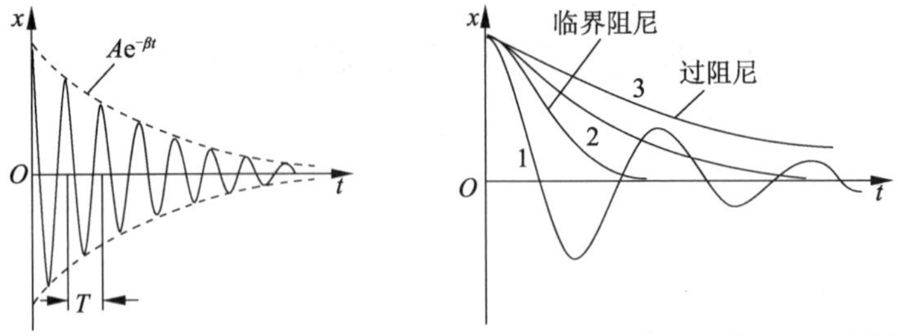

(a) 阻尼振动的位移-时间曲线　(b) 不同阻尼下的阻尼振动和阻尼过大时的阻尼振动

图 17.3.1　阻尼振动位移-时间曲线

从图中可以看出：

(1) 阻尼振动的能量在不断减少，因为随着 t 的增大，振幅逐渐趋向于零.

(2) 阻尼振动的振幅在一个极大值出现之后，相隔一固定时间就出现一个较小的极大值，这一段时间称为阻尼振动的周期.

(3) 振幅衰减的快慢与阻尼有关. 当阻尼过大时，即 $\beta>\omega_0$ 时，甚至在尚未完成第一次振动之前，能量就消耗完毕了，振动系统以非周期性的方式返回平衡位置，如图 17.3.1(b)中曲线 3 所示，这种阻尼称为过阻尼；如果物体到达平衡位置时的速度恰好为零，即 $\beta=\omega_0$，这种阻尼称为临界阻尼.

在生产实际中，可以根据不同的要求，用不同的方法来控制阻尼的大小. 例如，各类机器，为了减振、防振，都要加大振动时的摩擦阻尼；再如各种乐器，总希望它辐射足够大的声能，这就要加大它的辐射阻尼，各种弦乐器上的空气箱就能起到这种作用. 有时还需要利用临界阻尼，如为了使人们能较快地和较准确地利用灵敏电流计等精密仪表进行测量并读数，常使电流计的偏转系统在临界阻尼状态下工作.

17.3.2　受迫振动

在实际的振动系统中，阻尼总是客观存在的. 要使振动持续不断地进行，必须对系统施加一个周期性外力. 系统在周期性外力持续作用下所发生的振动，称为受迫振动. 如扬声器中纸盒的振动、机器运转时所引起的基座的振动，都是受迫振动.

为简单起见，假设驱动力有如下形式：

$$F=F_0\cos\omega t$$

物体在弹性力、阻力和驱动力的作用下，运动方程为

$$m\frac{d^2x}{dt^2}=-kx-\gamma\frac{dx}{dt}+F_0\cos\omega t$$

令 $\frac{k}{m}=\omega_0^2$，$\frac{\gamma}{m}=2\beta$，则有

$$\frac{d^2x}{dt^2}+2\beta\frac{dx}{dt}+\omega_0^2x=\frac{F_0}{m}\cos\omega t$$

上述微分方程的解为

$$x=A_0e^{-\beta t}\cos(\sqrt{\omega_0^2-\beta^2}\,t+\varphi_0')+A\cos(\omega t+\varphi_0)$$

即受迫振动是由阻尼振动 $A_0 e^{-\beta t}\cos(\sqrt{\omega_0^2-\beta^2}\,t+\varphi_0')$ 和简谐振动 $A\cos(\omega t+\varphi_0)$ 合成的.

实际上,在外界驱动力作用下的受迫振动是相当复杂的,系统在经历一个复杂的过程后,在周期性外力作用下逐渐达到稳定状态,也即式 $A_0 e^{-\beta t}\cos(\sqrt{\omega_0^2-\beta^2}\,t+\varphi_0')$ 趋于零,受迫振动达到稳定不变,运动方程为

$$x=A\cos(\omega t+\varphi_0)$$

式中,振动的角频率就是外界驱动力的角频率,而振幅 A、初相位 φ_0 与振动系统的性质有关,也与驱动力的频率有关.

$$A=\frac{F_0}{m\sqrt{(\omega_0^2-\omega^2)^2+4\beta^2\omega^2}}$$

$$\tan\varphi_0=-\frac{2\beta\omega}{\omega_0^2-\omega^2}$$

17.3.3　共振

稳定状态下,受迫振动有一个重要特点:振幅 A 的大小与驱动力的角频率 ω 有很大的关系.

图 17.3.2 所示是对应于不同 β 值的 $A-\omega$ 曲线,即在不同的阻尼下,振幅 A 随驱动力的角频率 ω 变化的关系曲线. 图中,ω_0 是振动系统的固有角频率. 由图可见,当驱动力的角频率与系统的固有角频率相差较大时,受迫振动的振幅比较小,而当 ω 与 ω_0 相接近时,振幅 A 逐渐增大. 在 ω 为一定值时,受迫振动的振幅达到极大值的现象称为共振. 共振时的角频率称为共振角频率,由极值的数学条件可知,令 $\frac{dA}{d\omega}=0$,就可以得到共振角频率

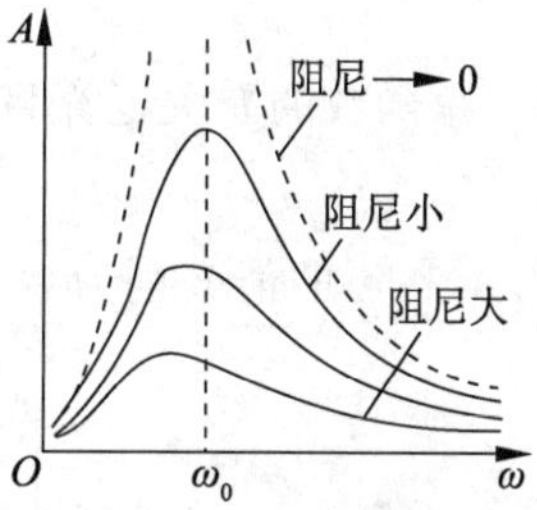

图 17.3.2　不同 β 值的 $A-\omega$ 曲线

$$\omega_r=\sqrt{\omega_0^2-2\beta^2}$$

因此,系统的共振频率是由固有频率 ω_0 和阻尼系数 β 决定的,将上式代入 $A=\frac{F_0}{m\sqrt{(\omega_0^2-\omega^2)^2+4\beta^2\omega^2}}$ 可得共振的振幅

$$A_r=\frac{F_0}{2m\beta\sqrt{\omega_0^2-\beta^2}}$$

由以上两式可知,阻尼系数越小,共振角频率 ω_r 越接近于系统的固有角频率 ω_0,同时共振的振幅 A_r 也越大. 若阻尼系数趋近于零,则 ω_r 趋近于 ω_0,振幅将趋于无穷大.

共振现象有许多应用,不少声学仪器就是利用共振原理设计的. 超声波发生器运用共振原理从能源中获得最多能量,从而激起周围介质的强烈振动;混凝土振捣器、选矿用的共振筛等,也都是共振现象的具体应用. 但是,共振也会带来危害. 例如,当火车通过桥梁时,车轮在桥梁接头处的撞击力是周期性的,若其频率与桥梁的固有频率接近,则会引起桥梁的激烈振动而使桥梁遭到破坏;空气流动有时也会给建筑物以周期性外力的作

用,一旦它的频率接近建筑物的固有频率,建筑物就有被颠覆的危险.因此,在工程设计中必须注意可能出现的共振问题,并设法避免.

17.4 振动的合成

在实际生产生活中,经常会遇到一个质点同时参与两个或两个以上振动的情形.例如,两列声波同时传到某点时,该点处的空气质点就参与两个振动.根据运动的叠加原理,这时质点所做的运动应是两个振动的合成.

17.4.1 同方向、同频率简谐振动的合成

若有两个同方向的简谐振动(振动方向设为 x 方向),它们的角频率都是 ω,振幅分别为 A_1 和 A_2,初相位分别为 φ_1 和 φ_2,则它们的运动方程分别为

$$\begin{cases} x_1 = A_1\cos(\omega t+\varphi_1) \\ x_2 = A_2\cos(\omega t+\varphi_2) \end{cases}$$

它们的合位移 x 仍在同一直线上,且为上述两个位移的和,即

$$x = x_1 + x_2 = A_1\cos(\omega t+\varphi_1) + A_2\cos(\omega t+\varphi_2)$$

应用三角函数的有关运算将上式合并,可以化成

$$x = A\cos(\omega t+\varphi)$$

式中,A 和 φ 的值分别为

$$\begin{cases} A = \sqrt{A_1^2 + A_2^2 + 2A_1A_2\cos(\varphi_2-\varphi_1)} \\ \tan\varphi = \dfrac{A_1\sin\varphi_1 + A_2\sin\varphi_2}{A_1\cos\varphi_1 + A_2\cos\varphi_2} \end{cases} \tag{17.4.1}$$

这说明合振动仍是简谐振动,其振动方向和频率都与原来的两个分振动相同.

上述结果也可以用振幅矢量法求出.如图 17.4.1 所示,$t=0$ 时,振幅矢量 $\boldsymbol{A}_1$ 和 $\boldsymbol{A}_2$ 与 X 轴的夹角分别为 φ_1 和 φ_2.由于 $\boldsymbol{A}_1$ 和 $\boldsymbol{A}_2$ 以相同的角速度 ω 沿逆时针方向转动,它们之间的夹角 $\varphi_2-\varphi_1$ 保持恒定,所以在旋转过程中,矢量合成的平行四边形的形状保持不变,因而合矢量 $\boldsymbol{A}$ 的长度保持不变,并以同一角速度 ω 匀速旋转,合矢量 $\boldsymbol{A}$ 就是相应的合振动的振幅矢量.利用几何关系,很容易求出图中合振动的振幅 A 和初相 φ.

现在来讨论振动合成的结果.从式(17.4.1)可以看出,合振动振幅的大小除了和分振动的振幅有关,还取决于两个分振动的初相位差 $\Delta\varphi=\varphi_2-\varphi_1$.

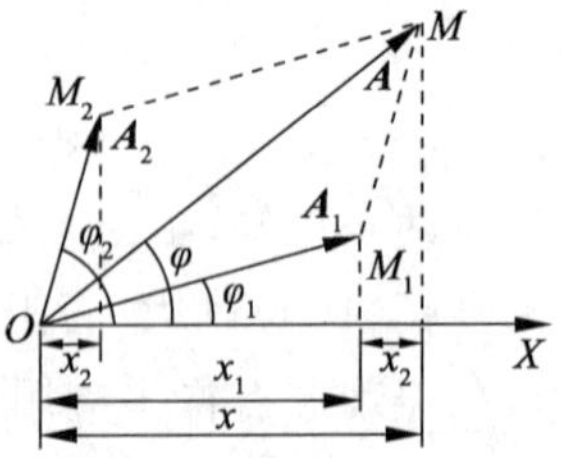

图 17.4.1 振幅矢量法求合振动

(1) 当 $\Delta\varphi=\varphi_2-\varphi_1=2k\pi(k=0,\pm1,\pm2,\cdots)$ 时,$\cos(\varphi_2-\varphi_1)=1$,于是合振动的振幅为

$$A = A_1 + A_2$$

即合振动的振幅等于两个分振动的振幅之和,这是合振动振幅可能达到的最大值.

(2) 当 $\Delta\varphi=\varphi_2-\varphi_1=(2k+1)\pi(k=0,\pm1,\pm2,\cdots)$时，$\cos(\varphi_2-\varphi_1)=-1$，于是有

$$A=|A_1-A_2|$$

即合振动的振幅等于两个分振动的振幅之差，这是合振动振幅可能达到的最小值.

在一般情况下，即 $\Delta\varphi=\varphi_2-\varphi_1$ 是其他任意值时，合振动的振幅在 $|A_1-A_2|$ 与 A_1+A_2 之间. 上述结果说明，两振动的相位差对合振动起着重要作用.

[例 17.4.1]　两个同方向、同频率的简谐振动，它们的振动表达式分别为

$$\begin{cases}x_1=0.30\cos\left(10t+\dfrac{3}{4}\pi\right)\\ x_2=0.40\cos\left(10t+\dfrac{1}{4}\pi\right)\end{cases}\text{(SI 制)}$$

(1) 求它们合振动的表达式.

(2) 另有一个简谐振动，它的振动表达式为 $x_3=0.20\cos(10t+\varphi_0)$.

问：φ_0 为何值时，x_1+x_3 的合振幅最大，并求出合振幅；φ_0 为何值时，x_2+x_3 的合振幅最小，并求出合振幅.

解：(1) 根据已知条件，由式(17.4.1)得

$$A=\sqrt{A_1^2+A_2^2+2A_1A_2\cos(\varphi_2-\varphi_1)}=0.50(\text{m})$$

$$\tan\varphi=\frac{A_1\sin\varphi_1+A_2\sin\varphi_2}{A_1\cos\varphi_1+A_2\cos\varphi_2}=\frac{0.30\times\sin\dfrac{3\pi}{4}+0.40\times\sin\dfrac{\pi}{4}}{0.30\times\cos\dfrac{3\pi}{4}+0.40\times\cos\dfrac{\pi}{4}}$$

所以

$$\varphi=\frac{\pi}{4}+\arctan\frac{3}{4}=81.9^\circ$$

合振动的表达式

$$\begin{aligned}x&=x_1+x_2\\&=A\cos(\omega t+\varphi)\\&=0.50\cos\left(10t+\frac{\pi}{4}+\arctan\frac{3}{4}\right)(\text{m})\end{aligned}$$

(2) 当 $\varphi_0-\varphi_1=0$ 即 $\varphi_0=\varphi_1=\dfrac{3\pi}{4}$时，$x=x_1+x_3$ 的合振幅最大，合振幅 $A=A_1+A_3=0.50$ m.

当 $\varphi_0-\varphi_2=\pi$ 即 $\varphi_0=\varphi_2+\pi=\dfrac{5\pi}{4}$时，$x=x_2+x_3$ 的合振幅最小，合振幅 $A=A_2-A_3=0.20$ m.

17.4.2　同方向、不同频率简谐振动的合成　拍现象

当两个简谐振动的振动方向相同，而频率不同时(两分振动频率 ω_1 和 ω_2 相差不大，即 $\omega_2+\omega_1\gg|\omega_2-\omega_1|$)，则在振幅矢量法中，$\boldsymbol{A}_1$ 和 $\boldsymbol{A}_2$ 的转动速度也就不一样. 这样，$\boldsymbol{A}_1$ 和 $\boldsymbol{A}_2$ 之间的相位差将随着时间而改变. 因而，合矢量 $\boldsymbol{A}$ 的长度和角速度都将随着时间而改变.

设两个简谐振动(为了简便起见,令两振动的初相位均为 φ_0,振幅均为 A)的振动方程为

$$\begin{cases} x_1 = A\cos(\omega_1 t + \varphi_0) \\ x_2 = A\cos(\omega_2 t + \varphi_0) \end{cases}$$

根据运动的叠加原理,两者的合振动为

$$x = x_1 + x_2 = A\cos(\omega_1 t + \varphi_0) + A\cos(\omega_2 t + \varphi_0)$$

由三角函数关系,可得

$$x = 2A\cos\left(\frac{\omega_2 - \omega_1}{2}t\right)\cos\left(\frac{\omega_2 + \omega_1}{2}t + \varphi_0\right)$$

当 ω_1 和 ω_2 接近时,即 $\omega_2 - \omega_1$ 远小于 ω_1 或 ω_2. 因为 $\omega_2 - \omega_1$ 极小,所以 $\cos\left(\frac{\omega_2 - \omega_1}{2}t\right)$ 随时间缓慢变化. 合振动可以看作角频率为 $\frac{\omega_1 + \omega_2}{2} \approx \omega_1 \approx \omega_2$、振幅为 $\left|2A\cos\left(\frac{\omega_2 - \omega_1}{2}t\right)\right|$ 的简谐振动. 由于振幅是周期性缓慢变化的,所以振动出现时强时弱的拍现象(如图 17.4.2 所示).

由于余弦函数的绝对值以 π 为周期,所以有

$$\left|2A\cos\left(\frac{\omega_2 - \omega_1}{2}t\right)\right| = \left|2A\cos\left(2\pi\frac{\nu_2 - \nu_1}{2}t\right)\right| = \left|2A\cos\left(2\pi\frac{\nu_2 - \nu_1}{2}t + \pi\right)\right|$$

$$= \left|2A\cos 2\pi\frac{\nu_2 - \nu_1}{2}\left(t + \frac{1}{\nu_2 - \nu_1}\right)\right|$$

可见,合振幅变化的周期 $T = \frac{1}{\nu_2 - \nu_1}$. 合振幅变化的频率,即拍频

$$\nu = \nu_2 - \nu_1 \tag{17.4.2}$$

拍现象也可以通过简谐振动的振幅矢量法得到说明. 设 $\boldsymbol{A}_2$ 比 $\boldsymbol{A}_1$ 转得快,单位时间内 $\boldsymbol{A}_2$ 比 $\boldsymbol{A}_1$ 多转 $\nu_2 - \nu_1$ 圈,即在单位时间内,两个矢量恰好"相重"(在相同方向)和"相背"(在相反方向)的次数都是 $\nu_2 - \nu_1$ 次,也就是合振动将加强或减弱 $\nu_2 - \nu_1$ 次,这样就形成了合振幅时而加强时而减弱的拍现象,拍频为 $\nu_2 - \nu_1$.

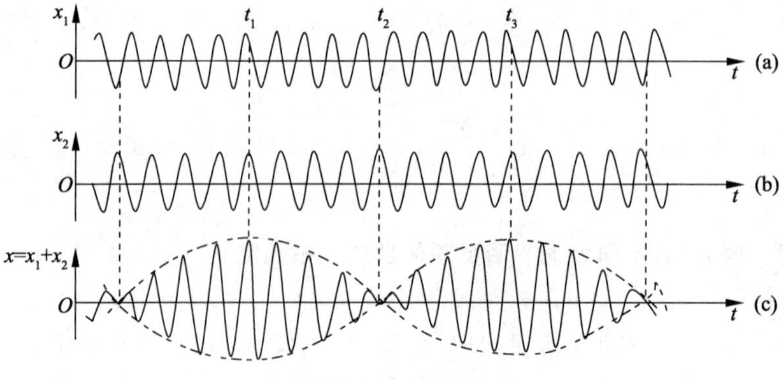

图 17.4.2 拍现象

拍现象在技术上有很多重要的应用. 拍现象可用来测量频率：如果已知一个高频振动频率，使它和另一频率相近的未知振动叠加，测量合振动的拍频，就可以求出未知振动的频率. 拍现象也常用于汽车速度监视器、地面卫星跟踪等. 此外，在各种电子学测量仪器中，也常常用到拍现象.

17.4.3　垂直振动的合成

当一质点同时参与两个不同方向的振动时，质点的位移是这两个振动的位移的矢量和. 在一般情况下，质点将在平面上做曲线运动. 质点的运动轨迹可有各种形状. 运动轨迹的形状由两个振动的周期、振幅和相位差决定.

设两个相互垂直的、同频率的简谐振动分别在 x 轴和 y 轴上，振动表达式为

$$\begin{cases} x=A_1\cos(\omega t+\varphi_1) \\ y=A_2\cos(\omega t+\varphi_2) \end{cases}$$

将以上两式中的 t 消去，就得到运动轨迹的直角坐标方程：

$$\frac{x^2}{A_1^2}+\frac{y^2}{A_2^2}-2\frac{xy}{A_1A_2}\cos(\varphi_2-\varphi_1)=\sin^2(\varphi_2-\varphi_1)$$

这是一个椭圆方程，它的形状由两个分振动的振幅及相位差决定. 下面分析几种特殊情况.

(1) 当 $\varphi_2-\varphi_1=0$，即两振动同相 $\varphi_2=\varphi_1=\varphi_0$ 时，轨道的直角坐标方程变为

$$\left(\frac{x}{A_1}-\frac{y}{A_2}\right)^2=0$$

即
$$\frac{x}{A_1}=\frac{y}{A_2}$$

此时合振动的轨迹是一条通过坐标原点的直线，其斜率等于$\frac{A_2}{A_1}$. 在任一时刻 t，质点离开平衡位置的位移

$$s=\sqrt{x^2+y^2}=\sqrt{A_1^2+A_2^2}\cos(\omega t+\varphi_0)$$

所以合振动也是简谐振动，周期等于原来的周期，振幅为 $A=\sqrt{A_1^2+A_2^2}$，如图 17.4.3(a) 所示.

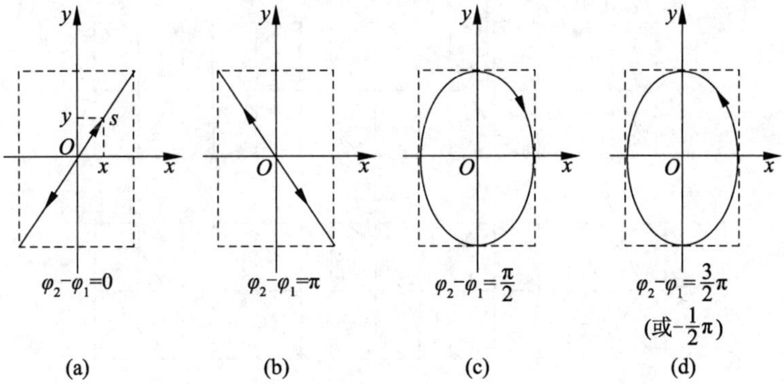

图 17.4.3　垂直振动的合成

(2) 当 $\varphi_2-\varphi_1=\frac{\pi}{2}$ 时,轨道的直角坐标方程变为

$$\frac{x^2}{A_1^2}+\frac{y^2}{A_2^2}=1$$

合振动的轨迹为一正椭圆,当 $A_1=A_2$ 时,上式变为圆方程.可以证明(略),质点的运动方向为顺时针转向,如图 17.4.3(c)所示.

(3) 当 $\varphi_2-\varphi_1=\pi$ 时,即两个振动反相,轨道的直角坐标方程变为

$$\frac{x}{A_1}=-\frac{y}{A_2}$$

表明质点做斜率为 $-\frac{A_2}{A_1}$ 的直线运动,做同频率的简谐振动,其振幅也等于 $\sqrt{A_1^2+A_2^2}$,如图 17.4.3(b)所示.

(4) 当 $\varphi_2-\varphi_1=\frac{3\pi}{2}$ 时,质点运动的轨迹也为一椭圆,但运动方向为逆时针方向,如图 17.4.3(d)所示.

当两个等幅的振动相位差为 $\pm\frac{\pi}{2}$ 时,椭圆将变成圆,如图 17.4.4 所示.

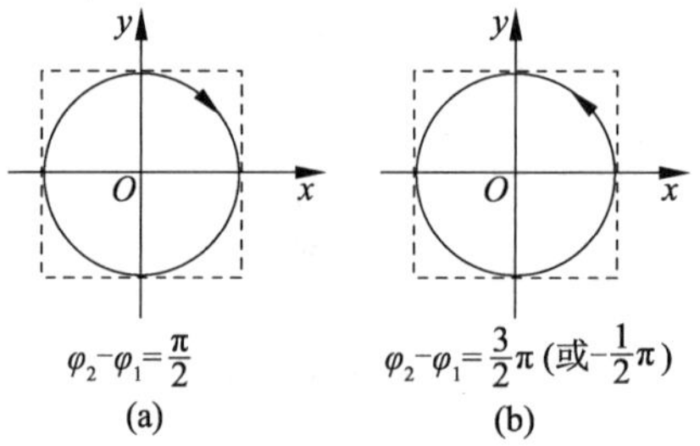

图 17.4.4　椭圆变成圆

综上所述,两个相互垂直的同频率简谐振动的合成,运动轨迹一般为椭圆;反之,任何一个直线简谐振动、椭圆运动或圆周运动,总可以分解为两个相互垂直的同频率的简谐振动,如图 17.4.5 所示.

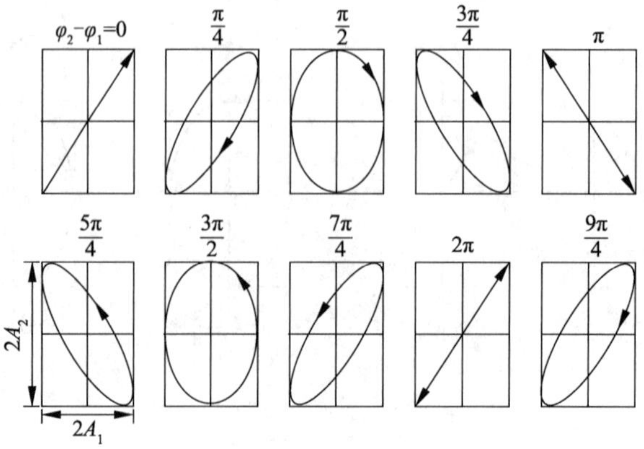

图 17.4.5　垂直振动合成的一般情况

最后，我们来讨论一下两个相互垂直但具有不同频率的简谐振动的合成. 一般来讲，其轨迹比较复杂，但是，如果两个振动的频率有简单的整数比值关系，也可以得到稳定的封闭的合成运动轨迹，这些曲线称作李萨如图形. 图 17.4.6 表示了两个相互垂直、具有不同频率比(1∶1,2∶1,3∶1 和 3∶2)的简谐振动合成的几个简单例子.

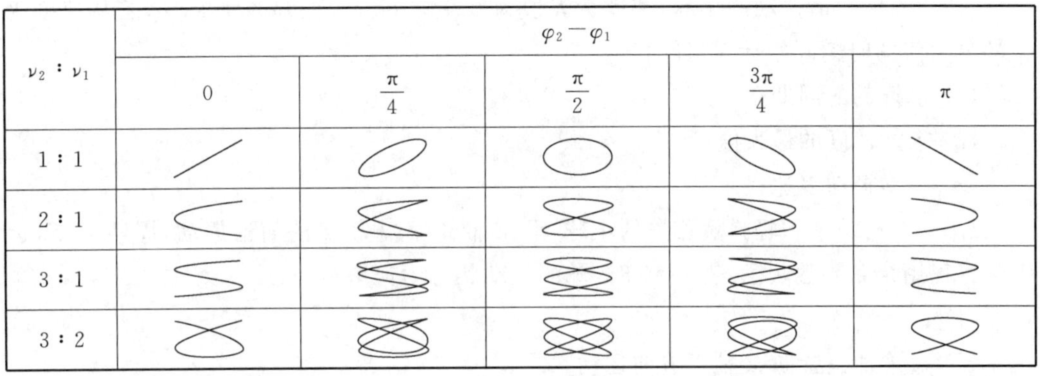

图 17.4.6　李萨如图形

思考题

17－1　判断一个物体是否做简谐振动有哪些方法?

17－2　两个完全相同的弹簧振子，一个水平放置在光滑桌面上，另一个竖直悬挂，它们的振动周期是否相同? 它们的平衡位置是否相同?

17－3　有频率不同的两个简谐振动，初相位相等，能否说明这两个简谐振动是同相的?

17－4　如果把一个弹簧振子和一个单摆拿到月球上去，它们的振动周期将如何改变?

17－5　在简谐振动中，$t=0$ 是质点开始运动的时刻，还是开始观察的时刻?

17－6　为什么简谐振动中的动能和弹性势能之和总保持不变?

17－7　什么是拍现象? 产生拍现象的条件是什么? 如果两振动的振幅不等，即 $A_1 \neq A_2$，是否也存在拍现象?

17－8　两个相互垂直的同频率简谐振动的合运动是否还是简谐振动?

习题

17－1　一小球与轻弹簧组成的系统，按

$$x=0.05\cos\left(8\pi t+\frac{\pi}{3}\right)$$

的规律振动，式中 t 以 s 为单位，x 以 m 为单位. 试求：

(1) 振动的角频率、周期、振幅、初相、速度和加速度的最大值；

(2) $t=1$ s，2 s，10 s 等时刻的相位；

(3) 分别画出位移、速度、加速度与时间的关系曲线.

17-2　做简谐振动的小球，速度最大值为 $v_m=3$ cm/s，振幅 $A=2$ cm，若从速度为正的最大值的时刻开始计算时间：

(1) 求振动的周期；

(2) 求加速度的最大值；

(3) 写出振动表达式.

17-3　有一个和轻弹簧相连的小球，沿 x 轴做振幅为 A 的简谐振动，周期为 T，运动学方程用余弦函数表示. 若 $t=0$ 时，球的运动状态为：

(1) $x_0=-A$；

(2) 过平衡位置向 x 轴正方向运动；

(3) 过 $x=\frac{A}{2}$ 处向 x 轴负方向运动；

(4) 过 $x=\frac{A}{\sqrt{2}}$ 处向 x 轴正方向运动；

试用振幅矢量法确定相应的初相位的值，并写出振动表达式.

17-4　一个弹簧振子做简谐振动，振幅 $A=0.2$ m，如弹簧的劲度系数 $k=2.0\ \mathrm{N\cdot m^{-1}}$，所系物体的质量 $m=0.50$ kg，试问：

(1) 当系统动能是势能的 3 倍时，物体的位移是多少？

(2) 物体从正的最大位移处运动到动能等于势能的 3 倍处所需的最短时间是多少？

17-5　一个质点同时参与两个在同一直线上的简谐振动，它们的振动表达式为(SI 制)

$$\begin{cases} x_1=0.04\cos\left(2t+\dfrac{\pi}{6}\right) \\ x_2=0.03\cos\left(10t-\dfrac{5}{6}\pi\right) \end{cases}$$

试求其合振动的表达式.

17-6　一架钢琴的"中音 C"有些不准. 为了校准，取一标准的 256 Hz 音叉一起弹响，在 1 min 内有 24 拍. 试求待校准钢琴此键音的频率.

第 18 章　机械波

波动或波是振动在空间的传播，通常把激发波动的振动系统称为波源. 机械波是机械振动在介质中的传播，如声波、水波等. 电磁波是电磁振荡在空间的传播，光就是一种电磁波. 波动所特有的普遍性质是叠加性，可以发生干涉和衍射现象. 波动不仅存在于宏观世界，也存在于微观世界.

本章只讨论机械波，但其基本概念和基本规律对各种波都适用.

18.1　机械波的产生与传播

18.1.1　机械波产生的条件

将绳子的一端固定并使其伸展，用手拿着另一端上下抖动，于是在振动的一端先后形成凸起和凹下的状态，这些凸、凹相间的状态就会沿着绳子以一定的速度向前传播，在绳子上形成凸、凹相间的波形. 绳子上凸起最高处称为波峰；凹下最低处称为波谷. 手牵着绳子处就是波源，绳子是传播振动的媒介物质，称为介质.

由此可见，产生机械波的条件有二：

(1) 波源，即机械振动发源处的物体；

(2) 介质，传播机械振动的媒介物质.

设在弹性介质中，均匀地分布着大量的具有一定质量的质点，各个相邻质点之间以弹性力相互联系. 如果介质中有一个质点 A 由于外界扰动而离开平衡位置，A 周围的质点就会对 A 施以弹性力的作用使它返回平衡位置. 回到平衡位置的质点 A 由于惯性继续运动下去而形成振动；与此同时，根据牛顿第三定律，A 对周围质点必施以反作用力，促使它们离开平衡位置，而与这些质点相邻的其他质点将迫使它们回到各自的平衡位置，这些相邻的质点也受到一个反作用力，从而离开平衡位置，…… 如此下去，由近及远地将质点 A 的振动状态沿介质向外传播，形成波动. 我们把弹性介质依靠弹性力的作用来传播机械振动而形成的波，称为弹性波.

波动只是振动状态的传播，介质中各个质点并不随波前进，各质点只以周期性变化的振动速度在各自的平衡位置附近振动. 振动状态的传播速度称为波速. 应该注意区别波速与质点的振动速度，不要把两者混淆起来. 质点的振动方向和波动的传播方向并不一定相同.

18.1.2 横波和纵波

1. 横波

如果在波动过程中，介质中各点的振动方向与波的传播方向相互垂直，这样的波称为横波.

图 18.1.1 表示在具有剪切弹性的固体中横波的形成. 我们将介质沿波传播的方向分成许多小体元，并加以编号. 当 $t=0$ 时，各体元均处于平衡位置，随后体元 0 受到周期性策动力的扰动开始向上运动，使得旁边的体元 1、2、3 发生剪切形变，各体元接触面上作用着剪切应力，在剪切应力的作用下，各体元相继离开平衡位置. 到 $t=\frac{T}{4}$ 时（T 表示波源的振动周期），体元 0 达到正最大位移处，并使体元 1、2、3 也相继发生剪切形变，在弹性力的作用下，依次离开平衡位置. 到 $t=\frac{T}{2}$ 时，体元 4 达到正最大位移处，体元 0 回到平衡位置，振动传到体元 8. 以后，剪切形变涉及体元 9、10、11，它们依次离开平衡位置朝上方运动. 到 $t=\frac{3T}{4}$ 时，体元 4 回到平衡位置，体元 8 达到正最大位移处，而体元 0 在外力作用下达到负最大位移处. 又过 $\frac{T}{4}$，体元 0 完成一个周期的振动.

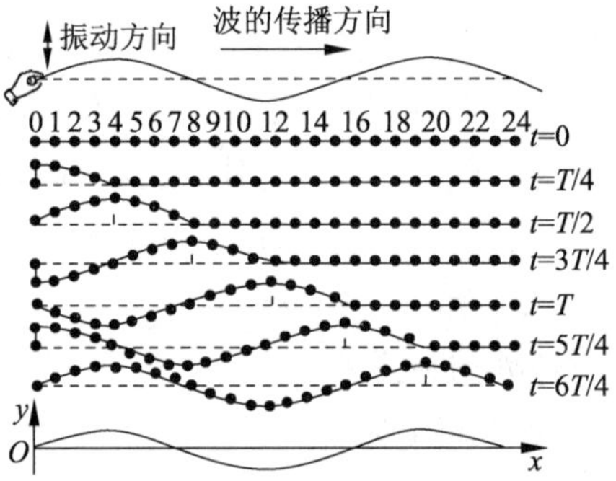

图 18.1.1 横波的形成

若波源连续振动下去，不断地补充能量，则在介质中便会连续进行振动状态的传递. 由上可见，由于介质内部发生剪切形变，并产生使体元恢复原状的剪切弹性力，一个体元的振动才能牵动附近体元运动，离开平衡位置的体元也才能够在剪切弹性力的作用下回到平衡位置. 由于液体和气体不具有剪切弹性，又不能产生张力，所以不能传播横波.

由以上分析可知：

(1) 在波的传播过程中，波形沿着波的传播方向由左向右运动，但各个质点只是在各自的平衡位置附近做往复运动，它们不会随波动过程传播到远处. 因此，在波动过程中，被传播的只是振动的状态，而不是振动的质点.

(2) 沿波动的传播方向，后一质点的振动总是比它邻近的前一个质点的振动在时间上晚一点，或者说在相位上落后一些. 相位的超前、落后是波动的一个重要特征，波动也是相位传递的过程.

(3) 横波表现为波峰、波谷沿波的传播方向的移动.

2. 纵波

如果介质中各体元振动的方向和波传播的方向平行,这种波称为纵波.空气中的声波就是典型的纵波.如图 18.1.2 所示,将一根相当长的弹簧水平地放置着,在其左端沿水平方向把弹簧左右推拉使该端做左右振动,就可以看到该端的左右振动形态沿着长弹簧的各个环节从该端向右方传播,使长弹簧的各部分呈现疏密相间、由左向右移动的纵波波形.

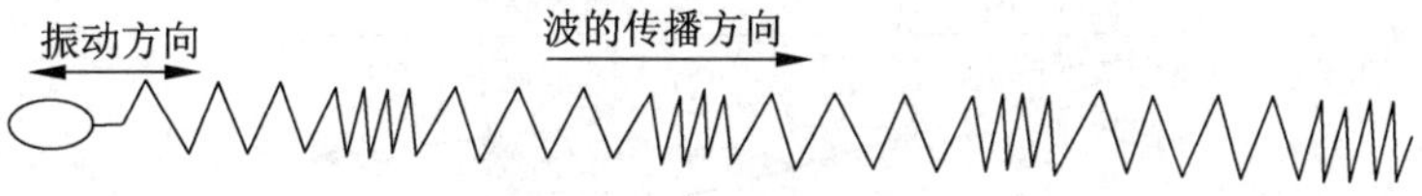

图 18.1.2　纵波的形成

有一些波既不是纯粹的横波,也不是纯粹的纵波,水面波就是一个典型例子.在水面上,当波通过时,水的质点的运动既有上下运动,也有前后运动,每个质点有一椭圆形轨迹(浅水波)或圆形轨迹(深水波),如图 18.1.3 所示.

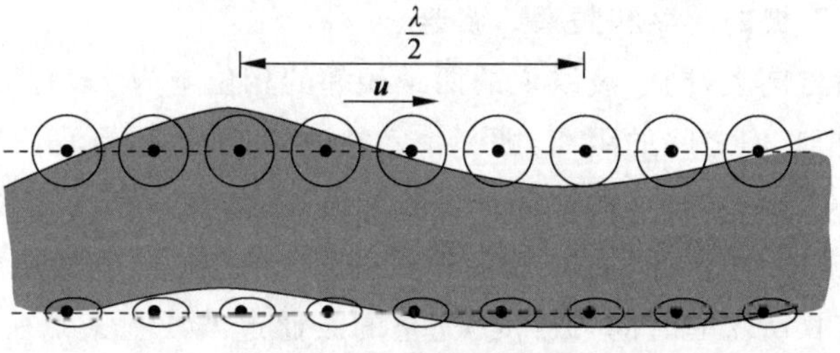

图 18.1.3　水面波

18.1.3　波线和波阵面

波线和波阵面是为了形象化地描述波在介质中的传播情形而引入的概念,这是对波动的一种几何描述.

(1) 当波源在介质中振动时,振动状态将向各个方向传播.振动的传播方向就是波的传播方向,若用一些带箭头的线(箭头指向传播方向)来表示波的传播方向,则这些带箭头的线称为波线(或波射线).

(2) 在波动过程中,振动相位相同的点连成的面称为波阵面或波面,有时又把波面中最前面的那个波面称为波前.

由于波阵面上各点的相位相同,所以波阵面是同相面.我们把波阵面是平面的波动称为平面波,如图 18.1.4 所示;将波阵面是球面的波动称为球面波,如图 18.1.5 所示(图中只画出了球面波的一部分,波线从中心沿径向向外).

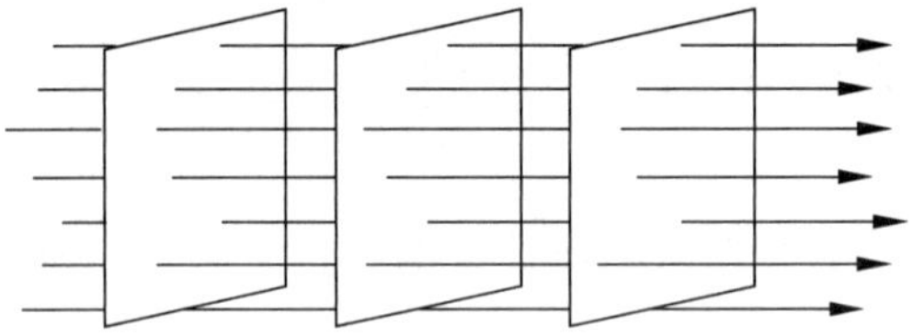

图 18.1.4　平面波

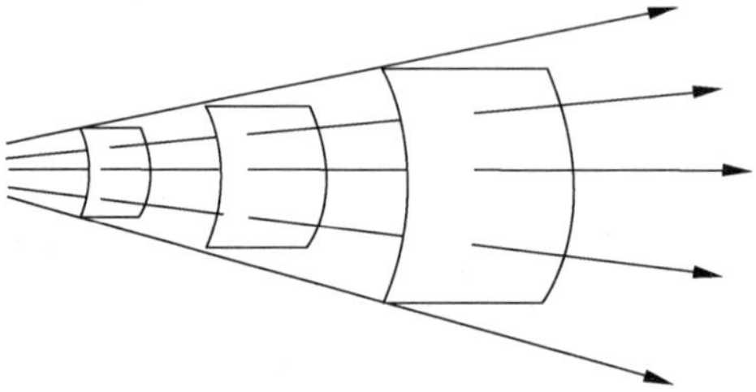

图 18.1.5　球面波

在各向同性介质中，波线垂直于波阵面；而在各向异性介质中，波线不垂直于波阵面.

18.1.4　波长　波的周期和频率　波速

在沿波的传播方向上，同一波线上的两个相邻的相位差为 2π 的质点，振动的步调恰好是一致的，我们把它们之间的距离，即一个完整波的长度，称为波长，用 λ 表示. 在横波的情况下，波长 λ 等于两相邻波峰之间或两相邻波谷之间的距离；而在纵波情形下，波长 λ 等于两相邻密集部分的中心之间或两相邻稀疏部分的中心之间的距离.

波传过一个波长所需的时间，或一个完整的波通过波线上某点所需的时间，称为波的周期，用 T 表示. 由图 18.1.1 可知，波的周期就是波源的振动周期. 周期的倒数是波的频率，用 ν 表示. 波的频率是在单位时间内波动前进距离中的完整波长的数目，或单位时间内通过波线上某点的完整波的数目，单位为赫兹，记为 Hz. 同样，波的频率就是波源的振动频率.

在波动过程中，某一振动状态在单位时间内所传播的距离称为波速，用 u 表示. 波速的大小取决于介质的性质，在不同的介质中，波速是不同的.

在一个周期内，波前进一个波长的距离，即波速

$$u=\frac{\lambda}{T}\text{（或者 } u=\lambda\nu\text{）} \tag{18.1.1}$$

可以证明，固体内横波和纵波的传播速度 u 分别为

$$u=\sqrt{\frac{G}{\rho}}\text{（横波）}$$

$$u=\sqrt{\frac{Y}{\rho}}\text{（纵波）}$$

式中，G、Y 和 ρ 分别为固体的切变模量、杨氏模量和密度.

在液体和气体内，纵波的传播速度为

$$u=\sqrt{\frac{B}{\rho}}\text{（纵波）}$$

式中，B 为容变弹性模量.

柔软绳索或弦线中横波的传播速度为

$$u=\sqrt{\frac{F}{\rho\nu}}$$

式中，F 为绳索或弦线中的张力；$\rho\nu$ 为绳索或弦线单位长度的质量.

以上各式说明，机械波的速度取决于介质的性质，而与波源无关.

[例 18.1.1]　频率为 3000 Hz 的声波，以 1560 $\mathrm{m\cdot s^{-1}}$ 的传播速度沿一波线传播，经过波线上的 A 点后，再经 13 cm 传至 B 点.

求：(1) B 点的振动比 A 点落后的时间；

(2) 波在 A、B 两点振动的相位差；

(3) 设波源做简谐振动，振幅为 1 mm，判断波源振动速度的幅值是否与波的传播速度相等.

解：(1) B 点的振动比 A 点落后的时间为

$$\Delta t=\frac{\Delta x}{u}=\frac{0.13}{1560}=\frac{1}{12000}(\mathrm{s})$$

(2) 波在 A、B 两点振动的相位差

$$\Delta\varphi=2\pi\frac{\Delta x}{\lambda}$$

而

$$\lambda=uT=\frac{u}{\nu}=\frac{1560}{3000}=0.52(\mathrm{m})$$

所以

$$\Delta\varphi=\frac{\pi}{2}$$

(3) 振动速度的幅值

$$v_{\mathrm{m}}=A\omega=A\frac{2\pi}{T}=A2\pi\nu=1\times10^{-3}\times2\pi\times3000=18.8(\mathrm{m\cdot s^{-1}})$$

振动速度是交变的，其幅值为 18.8 m/s，远小于波的传播速度.

[例 18.1.2]　设某一时刻的横波波形曲线如图 18.1.6(图中标有 A、B、C、D、E 点的实线)所示，水平箭头表示该波的传播方向. 试判断图中质点 A、B、C、D、E 在该时刻的运动方向，并画出经过 $\frac{T}{4}$ 后的波形曲线.

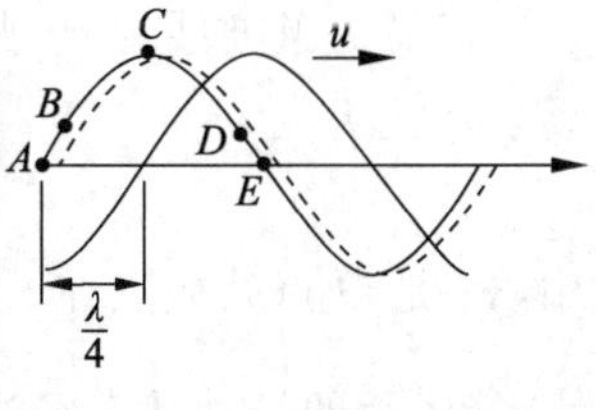

图 18.1.6　例 18.1.2 图

解：C 点运动到正最大位移处，所以它的速度为 0.

因为横波表现为波峰、波谷沿波的传播方向的移动，所以可以画出经过 Δt 时间后的波形曲线，如图中虚线所示，所以 A、B 向下运动，D、E 向上运动.

经过 $\frac{T}{4}$ 后，波形曲线向波的传播方向移动了 $\frac{\lambda}{4}$，如图中另一实线所示.

18.2 波动表达式

前面分析了波的形成过程，下面描述行进中的波动（行波）所遵循的规律，即用数学函数形式描述波线上每一个振动的介质质点的位移随时间变化的规律，这样的函数形式，称为行波的波动表达式.

一般来说，波动传播时，各质点的振动是很复杂的. 有一种最简单而又最基本的波，这种波的波源的振动是简谐振动，当这种波的传播达到稳定时，介质中各质点的振动也是简谐振动，其振动的频率和波源的频率相同，振幅与波源有关. 这种由简谐振动的传播构成的波，称为简谐波. 若它的波阵面是平面，则称为平面简谐波，相应的波动表达式为平面简谐波的波动表达式.

18.2.1 平面简谐波的波动表达式

在平面波传播的过程中，介质中体元均按余弦（或正弦）规律运动，称为平面简谐波（如图 18.2.1 所示），它是最基本、最简单的波动. 在平面简谐波传播的介质中，虽然各个体元都按余弦（或正弦）规律运动，但是由于波是运动状态的传播，所以同一时刻各个体元的运动状态却不尽相同. 只有定量地描述出每个体元的运动状态，才算解决了平面简谐波的运动学问题.

设有一平面简谐波沿 x 轴正方向传播，波速为 u，如图 18.2.2 所示.

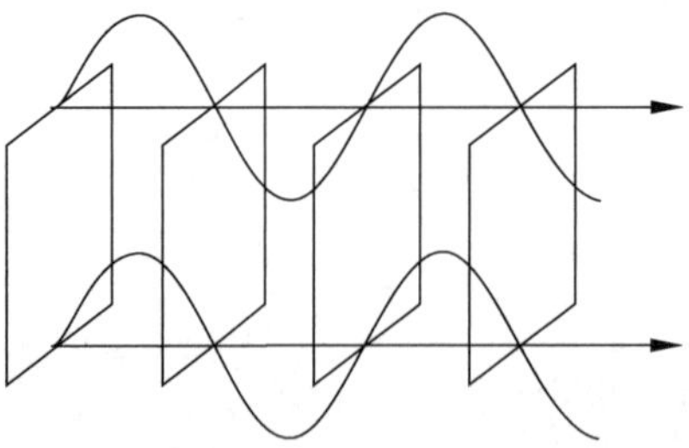

图 18.2.1 平面简谐波

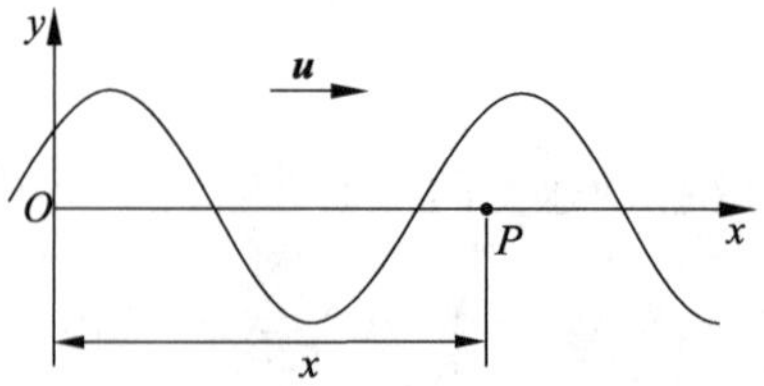

图 18.2.2 沿 x 轴正方向传播的平面简谐波

取任意一条波线为 x 轴，并取 O 作为 x 轴的原点. 假定 O 点处（即 $x=0$ 处）质点的振动表达式为

$$y_o(t)=A\cos(\omega t+\varphi)$$

式中，y_o 是 O 点处质点在 t 时刻离开平衡位置的位移. 因为波是振动状态的传播，所以 $x=0$ 处体元的振动状态经过时间 $\Delta t=\frac{x}{u}$ 传到位于 x 处的体元 P 点. 在 t 时刻，位于 x 处的体元的振动状态应当与 $\left(t-\frac{x}{u}\right)$ 时刻 $x=0$ 处体元的振动状态一样. 这样，x 处体元

的运动学方程可表示为

$$y(x,t)=A\cos\left[\omega\left(t-\frac{x}{u}\right)+\varphi\right] \tag{18.2.1}$$

上式表示的是波线上任一点(与原点相距 x)处的质点任一时刻的位移,这就是我们所需要的沿 x 方向前进的平面简谐波的波动表达式.

利用关系式 $\omega=\frac{2\pi}{T}=2\pi\nu$ 和 $uT=\lambda$,可以将平面简谐波的表达式改写成多种形式

$$y(x,t)=A\cos\left[2\pi\left(\frac{t}{T}-\frac{x}{\lambda}\right)+\varphi\right]$$

$$y(x,t)=A\cos\left[2\pi\left(\nu t-\frac{x}{\lambda}\right)+\varphi\right]$$

$$y(x,t)=A\cos(\omega t-kx+\varphi)$$

式中,$k=\frac{2\pi}{\lambda}$,称为角波数,表示单位长度上波的相位变化,它的数值等于 2π 长度内所包含的完整波的个数.

根据同样的道理,若波传播方向为 x 轴负方向,则 $\Delta t=\frac{-x}{u}$,可以得到

$$y(x,t)=A\cos\left[\omega\left(t+\frac{x}{u}\right)+\varphi\right] \tag{18.2.2}$$

式(18.2.1) 和式(18.2.2)刻画出在传播平面简谐波的媒质中任意体元的运动规律,称为平面简谐波的波动表达式. 前者表示波向 x 轴正方向传播,后者表示波向 x 轴负方向传播.

18.2.2　平面简谐波的波动表达式的物理意义

为了弄清楚平面简谐波的波动表达式的物理意义,下面做进一步的分析.

(1) 当 x 一定时(即波线上的某一点,如 $x=x_1$),y 仅为时间 t 的函数. 此时波动表达式表示距原点 O 为 x_1 处的质点在不同时刻的位移,即该质点做简谐振动的情况,也即波动表达式成为 x_1 点处质点的振动表达式(见图 18.2.3).

$$y(x_1,t)=A\cos\left[\omega\left(t-\frac{x_1}{u}\right)+\varphi\right]=A\cos\left(\omega t+\varphi-\frac{\omega x_1}{u}\right)$$

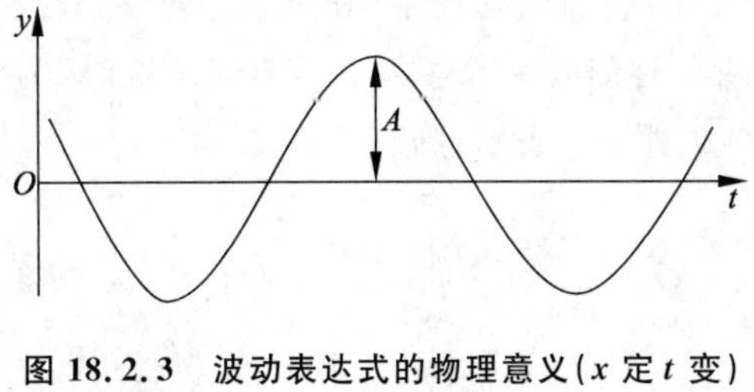

图 18.2.3　波动表达式的物理意义(x 定 t 变)

在同一时刻距离波源 O 分别为 x_1 和 x_2 的两质点的相位是不同的,由上式可得两质点的相位分别为

$$\varphi_1=\omega\left(t-\frac{x_1}{u}\right)+\varphi$$

$$\varphi_2=\omega\left(t-\frac{x_2}{u}\right)+\varphi$$

其相位差为

$$\Delta\varphi=\varphi_1-\varphi_2=\omega\,\frac{x_2-x_1}{u}=2\pi\,\frac{x_2-x_1}{Tu}=2\pi\,\frac{x_2-x_1}{\lambda}=2\pi\,\frac{\Delta x}{\lambda}$$

上式就是例 18.1.1(2)中用的公式.

(2) 当 t 一定时(即某一瞬时),x 轴上所有质点的位移 y 仅为 x 的函数.此时,波动表达式表示给定时刻各质点的位移分布情况(见图 18.2.4).

$$y(x,t_1)=A\cos\left[\omega\left(t_1-\frac{x}{u}\right)+\varphi\right]=y(x)$$

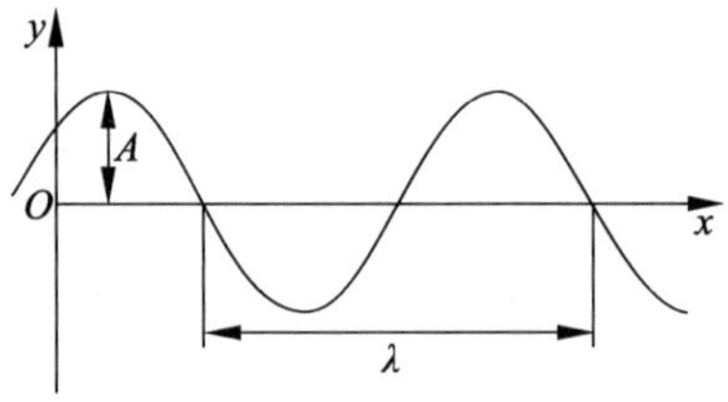

图 18.2.4 波动表达式的物理意义(t 定 x 变)

图 18.2.4 称为波形图,其对应的方程就是波形方程.

如在某一时刻 t_1 得到一幅波形图,而在另一时刻($t_1+\Delta t$)得到另一幅波形图,分别如图 18.2.5 中的实线和虚线所示.当 $t=t_1$ 时,按照波动表达式,组成波形的各个质点的位移应为

$$y(x,t_1)=A\cos\left[\omega\left(t_1-\frac{x}{u}\right)+\varphi\right] \tag{1}$$

式中,t_1 为给定值,x 为变值.当 $t=t_1+\Delta t$ 时,按照波动表达式,组成波形的各个质点的位移为

$$y(x,t_1+\Delta t)=A\cos\left[\omega\left(t_1+\Delta t-\frac{x}{u}\right)+\varphi\right] \tag{2}$$

一般来说,式(1)和式(2)表明的是在不同时刻 t_1 和($t_1+\Delta t$)时,x 处的质点的位移不同.可是,当我们在这两个时刻分别考察两个不同的位置时,为清楚起见,把式(1)中的 x 用 $x_{(1)}$ 表示,式(2)中的 x 用 $x_{(2)}$ 表示,则有

$$y_{(t_1)}=A\cos\left[\omega\left(t_1-\frac{x_{(1)}}{u}\right)+\varphi\right] \tag{1'}$$

$$y_{(t_1+\Delta t)}=A\cos\left[\omega\left(t_1+\Delta t-\frac{x_{(2)}}{u}\right)+\varphi\right] \tag{2'}$$

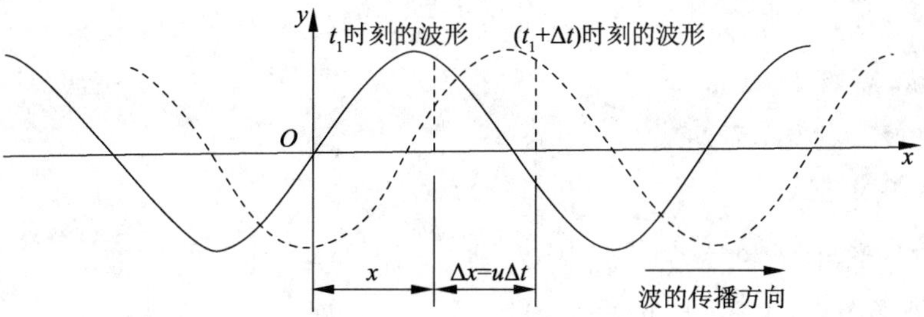

图 18.2.5　波形的移动

不难发现，如果在式(2′)中取 $x_{(2)}=x_{(1)}+u\Delta t$ 处质点的位移，它正好等于在 t_1 时刻位于 $x_{(1)}$ 处质点的位移. 亦即在 Δt 时间内整个波形向波的传播方向移动了一段距离 $\Delta x=u\Delta t$，而波速 u 就是整个波形向前传播的速度. 这正是前面说到的横波表现为波峰、波谷沿波的传播方向的移动. 由于振动状态是由相位决定的，因此，波也是振动相位的传播，波速亦称为相速度.

(3) 当 t 和 x 都变化时，波动表达式表示波线上所有质点在各个时刻的位移情况.

[例 18.2.1]　已知简谐振动的周期 $T=0.5$ s，波长为 $\lambda=1$ m，振幅 $A=0.1$ m，初相 φ 为 2 rad，求：

(1) 波动表达式；

(2) 距波源为$\dfrac{\lambda}{2}$处的质点的振动表达式；

(3) 距波源 $x_1=0.40$ m 和 $x_2=0.60$ m 处两质点的相位差.

解：(1) 将 $\omega=\dfrac{2\pi}{T}=4\pi(\text{rad}\cdot\text{s}^{-1})$，$u=\dfrac{\lambda}{T}=\dfrac{1}{0.5}=2(\text{m}\cdot\text{s}^{-1})$，$A=0.1$ m，$\varphi=2$ rad 代入波动表达式(18.2.1)，得

$$y=0.1\cos\left[4\pi\left(t-\frac{x}{2}\right)+2\right]\ (\text{m})$$

(2) 将 $x=\dfrac{\lambda}{2}=0.5$ 代入上式，得该点的振动表达式为

$$y_{x=0.5}=0.1\cos(4\pi t-\pi+2)(\text{m})$$

(3) 把 $x_1=0.40$ m 和 $x_2=0.60$ m 代入

$$\Delta\varphi=2\pi\,\frac{x_2-x_1}{\lambda}=2\pi\,\frac{\Delta x}{\lambda}$$

得

$$\Delta\varphi=\frac{2\pi}{\lambda}(0.60-0.40)=0.40\pi(\text{rad})$$

[例 18.2.2] 平面简谐波沿 x 轴正向传播，已知 $t_1=0$ 和 $t_2=0.5$ s时的波形如图18.2.6所示，周期 $T>0.5$ s.求：

(1) P 处质点振动表达式；

(2) 波的表达式；

(3) O 处质点振动表达式并画出振动曲线.

解：由波形图得，$A=0.3$ m，$\lambda=2.0$ m，有

$$u=\frac{\Delta x}{\Delta t}=\frac{0.5}{0.5}=1.0(\mathrm{m}\cdot\mathrm{s}^{-1})$$

$$T=\frac{\lambda}{u}=\frac{2.0}{1.0}=2.0(\mathrm{s})$$

$$\omega=\frac{2\pi}{T}=\frac{2\pi}{2.0}=\pi(\mathrm{rad}\cdot\mathrm{s}^{-1})$$

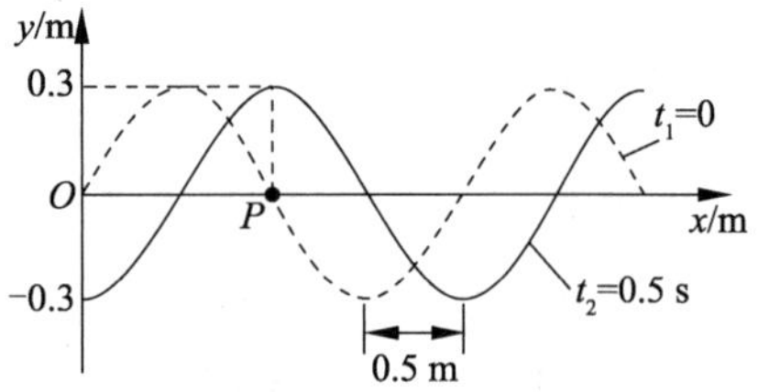

图 18.2.6 例 18.2.2 图

(1) 根据题图，$x_P=1.0$ m，P 处质点振动初相为 $\varphi_P=-\frac{\pi}{2}$.

P 处质点振动表达式为

$$y_P=0.3\cos\left(\pi t-\frac{\pi}{2}\right)$$

(2) 设 O 处质点振动的初相为 φ_o，则

$$\Delta\varphi=\varphi_o-\varphi_P=2\pi\frac{\Delta x}{\lambda}=2\pi\times\frac{1}{2}=\pi$$

所以

$$\varphi_o=\frac{\pi}{2}$$

O 处质点振动表达式为

$$y_o=0.3\cos\left(\pi t+\frac{\pi}{2}\right)$$

波的表达式为

$$y=0.3\cos\left[\pi\left(t-\frac{x}{u}\right)+\frac{\pi}{2}\right]=0.3\cos\left[\pi(t-x)+\frac{\pi}{2}\right]$$

(3) O 处质点振动表达式为

$$y_o=0.3\cos\left(\pi t+\frac{\pi}{2}\right)$$

O 处质点的振动曲线如图18.2.7所示.

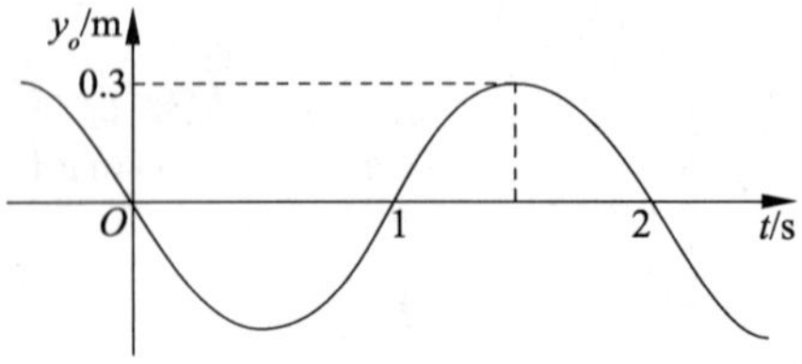

图 18.2.7 O 处质点的振动曲线

18.3 波的能量 波的强度

在波动中，波源的振动通过弹性介质由近及远地一层接着一层地传播出去，使介质中各质点依次在各自的平衡位置附近振动，因而介质中质点具有动能，同时介质因发生形变而具有势能. 所以，波动过程也是能量传递的过程.

18.3.1 波的能量

设有一平面简谐波，在密度为 ρ 的介质中以速度 u 沿着 x 轴正方向传播，波动表达式为

$$y=A\cos\omega\left(t-\frac{x}{u}\right)$$

在坐标 x 处取一体积元 $\mathrm{d}V$，相应介质的质量为 $\mathrm{d}m=\rho\mathrm{d}V$，由于 $\mathrm{d}V$ 任意小，因此 $\mathrm{d}m$ 可视为质点，称为质量元. 当波动传到该处时，其振动速度为

$$v=\frac{\partial y}{\partial t}=-\omega A\sin\omega\left(t-\frac{x}{u}\right)$$

振动动能为

$$\mathrm{d}E_{\mathrm{k}}=\frac{1}{2}(\mathrm{d}m)v^{2}=\frac{1}{2}\rho\mathrm{d}V\omega^{2}A^{2}\sin^{2}\omega\left(t-\frac{x}{u}\right)$$

同时，体积元因形变而具有弹性势能. 可以证明

$$\mathrm{d}E_{\mathrm{p}}=\mathrm{d}E_{\mathrm{k}} \tag{18.3.1}$$

所以此弹性势能也为

$$\mathrm{d}E_{p}=\frac{1}{2}\rho\mathrm{d}V\omega^{2}A^{2}\sin^{2}\omega\left(t-\frac{x}{u}\right)$$

体积元的总能量为其动能和势能之和，即 $\mathrm{d}E=\mathrm{d}E_{\mathrm{k}}+\mathrm{d}E_{\mathrm{p}}$，所以

$$\mathrm{d}E=\rho\mathrm{d}V\omega^{2}A^{2}\sin^{2}\omega\left(t-\frac{x}{u}\right)$$

波动的能量和简谐振动的能量有显著的不同. 在简谐振动系统中，动能和势能有 $\frac{\pi}{2}$ 的相位差，即动能达到最大时，势能为零；势能达到最大时，动能为零. 因此，简谐振动系统的总机械能守恒. 而在波动中，动能和势能的变化是同相位的，它们同时达到最大值，又同时达到最小值. 对任意体积元来说，它的机械能是不守恒的，而是随着时间做周期性变化，变化的范围在 0 与 $\rho\mathrm{d}V\omega^{2}A^{2}$ 之间，对于某一给定时刻，体积元的总能量又随坐标 x 做周期性变化. 当波沿 x 轴向前传播时，任一体积元中的总能量的变化随着波向前传播同时发生，每个体积元都在不断地吸收或释放出能量，从而使能量随波以速度 u 向前传播. 随着波动的行进，能量从介质的这一部分传到另一部分，所以，波动也是能量传递的一种方式.

18.3.2　能量密度

在介质中单位体积内波的能量称为能量密度，记为 w，即

$$w=\frac{\mathrm{d}E}{\mathrm{d}V}=\rho\omega^2A^2\sin^2\omega\left(t-\frac{x}{u}\right)$$

能量密度表示介质中能量分布的情况. 由上式可以得到，在确定时刻介质中能量随各体元平衡位置 x 的分布，或对于介质中某确定体元其能量随时间 t 的变化.

平均能量密度是在一个周期内能量密度的平均值，因为正弦函数的平方在一个周期内的平均值为 $\frac{1}{2}$，故

$$\overline{w}=\frac{1}{2}\rho\omega^2A^2$$

即对于一定介质，各点能量密度对时间的平均值和频率平方及振幅平方成正比.

18.3.3　能流和波的强度

由于能量是随着波动的行进在介质中传播的，所以引入能流的概念来描述能量的传播. 单位时间内通过介质中某一面积的能量，称为通过该面积的能流. 一个周期内能流的平均值，称为平均能流.

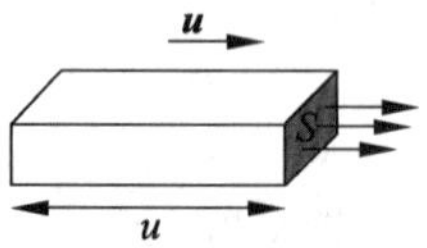

图 18.3.1　平均能流

若在介质中取一个垂直于波的传播方向(即速度 $\boldsymbol{u}$ 的方向)的面积 S，如图 18.3.1 所示，则在单位时间内通过 S 面(图中阴影部分)的平均能流，应等于体积 uS 中的平均能量. 这是因为能量以速度 $\boldsymbol{u}$ 传播，单位时间内与 S 面相距为 u 的位置处振动质点的能量恰好通过 S 面. 因此通过 S 面的平均能流 $\overline{P}$ 为

$$\overline{P}=\overline{w}uS$$

通过与波传播方向垂直的单位面积上的平均能流，称为波的强度(或能流密度)，以 I 表示为

$$I=\frac{\overline{P}}{S}=\overline{w}u=\frac{1}{2}\rho\omega^2A^2u \tag{18.3.2}$$

在国际单位制中，能流密度的单位为瓦特/米^2，记为 $\mathrm{W\cdot m^{-2}}$.

在均匀介质中，介质的密度 ρ 和波速 u 都是确定的，因此，对于给定振动频率的波源所发出的波，其波的强度正比于振幅的平方. 波的强度不仅有大小，而且有方向，它的方向即为波的传播方向.

波的强度越大，单位时间内通过垂直于波传播方向的单位面积的能量越多，波就越强，所以波的强度是波的强弱的一种量度.

[例 18.3.1]　人耳可以听见的最低声强为 $10^{-12}\ \mathrm{W\cdot m^{-2}}$. 试求声波在传播过程中空气分子振动的最小振幅. 设空气的密度为 $\rho=1.29\times10^{-3}\ \mathrm{kg\cdot m^{-3}}$，声音在空气中的传播速度 $u=340\ \mathrm{m\cdot s^{-1}}$.

解：由式(18.3.2)可得

$$A=\frac{1}{\omega}\sqrt{\frac{2I}{\rho u}}=\frac{1}{2\pi\nu}\sqrt{\frac{2I}{\rho u}}$$

将对人耳比较灵敏的频率 $\nu=1000$ Hz 代入，得

$$A=3.4\times10^{-11}(\mathrm{m})$$

这是一个非常小的位移. 我们知道氢原子的半径近似为 10^{-10} m，而人耳接受到的声波其空气分子最小平均振幅仅是氢原子半径的 1/3.

18.4　惠更斯原理与波的衍射

18.4.1　惠更斯原理

在波动中，波源的振动是通过介质中的质点依次振动传播出去的，因此每个质点都可以看作新的波源. 例如，在图 18.4.1(a)中，水面波传播时，遇到一障碍物 AB，当障碍物 AB 上有一小孔，小孔的孔径 a 与波长 λ 相差不多时，就可以看到穿过小孔的波阵面是圆形的，与原来波阵面的形状无关. 这就说明小孔可以看作新的波源. 在总结这类现象的基础上，荷兰物理学家惠更斯于 1678 年首次提出：介质中波动传播到的各点都可以看作发射子波的波源，而在其后的任意时刻，这些子波的包络面就是新的波前. 这就是惠更斯原理.

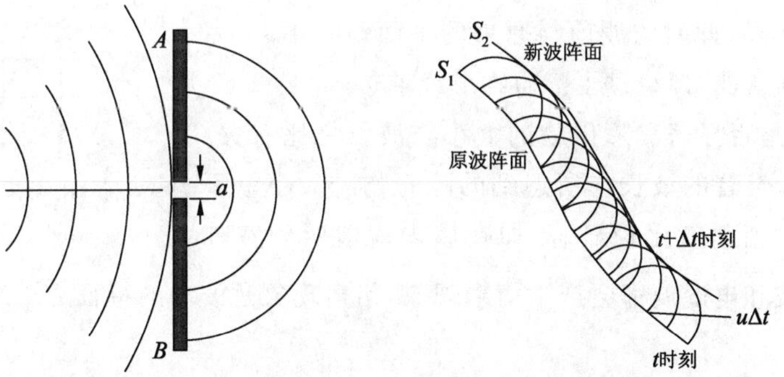

(a) 小孔产生的新波源　　(b) 任意波阵面的新波阵面

图 18.4.1　惠更斯原理

如图 18.4.1(b)所示，设 S_1 为某一时刻 t 的波阵面，根据惠更斯原理，S_1 上的每一点发出的球面子波，经 Δt 时间后形成半径为 $u\Delta t$ 的球面，在波的前进方向上，这些子波的包络面 S_2 就成为 $t+\Delta t$ 时刻的新波阵面. 惠更斯原理对任何波动过程都是适用的，不论是机械波还是电磁波，只要知道某一时刻的波阵面，就可以根据这一原理用几何方法求得下一时刻的波阵面，因而在很广泛的范围内解决了波的传播问题. 用惠更斯原理描绘出球面波和平面波的传播，如图 18.4.2 所示.

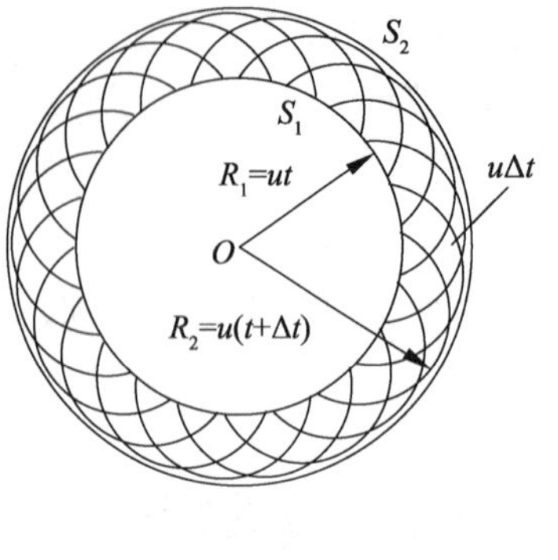

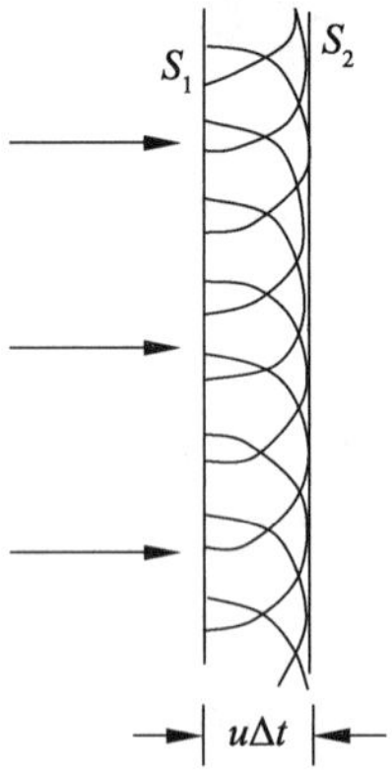

图 18.4.2　球面波和平面波的传播

18.4.2　波的衍射

根据惠更斯原理,还可以简捷地用作图法说明波在传播中发生的衍射、散射、反射和折射等现象.

波在传播过程中遇到障碍物时,能够绕过障碍物继续前进,这种现象称为波的衍射.

下面用惠更斯原理来说明波的衍射现象.如图 18.4.3 所示,平面波到达一宽度 d 与波长 λ 相近的缝时,缝上各点可以看作子波的波源.作出这些子波的包络面,就得出新的波前.很明显,此时的波前与原来的平面略有不同,靠近边缘处,波前弯曲,即绕过了障碍物继续前进.

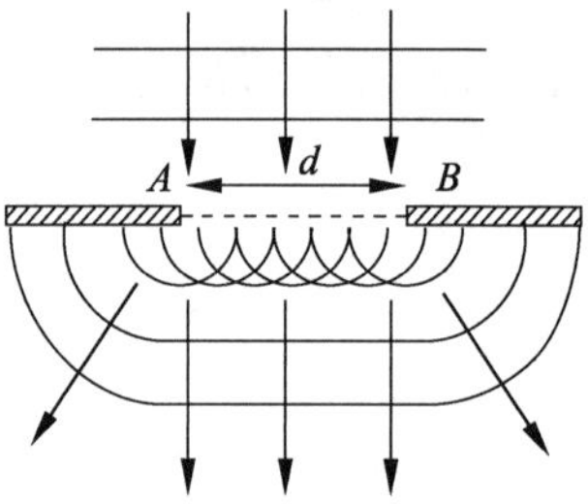

图 18.4.3　波的衍射

衍射现象是否显著和障碍物的大小与波长之比有关.在声学中,由于声音的波长与所遇到的障碍物的大小差不多,因此声音的衍射就比较显著,如在屋内就能听到室外的声音.机械波和电磁波都会产生衍射现象,衍射现象是波动的特征之一.

18.5　波的干涉

18.5.1　波的叠加原理

波的叠加原理有两层含义.其一,波的传播具有独立性.在介质中,经常会遇到几个波源产生的波在传播时相遇的情况.几列波相遇时,每一列波都能保持自己原有的特性(频率、波长、振动方向等)传播,就像在各自的路径中并没有遇到其他波一样,这称为波传播的独立性.例如,在管弦乐队合奏或几个人同时讲话时,我们仍可以分辨出各种声音.其二,波具有叠加性.在波相遇的区域内,任一点处质点的振动为各列波单独在该点引起的振动的合振动,即在任一时刻,该点处质点的振动位移是各列波在该点所引起的位移的矢量和,这一规律称为波的叠加原理.

18.5.2　波的干涉

一般来说，振幅、频率、相位等都不相同的几列波在某点叠加时，情况是比较复杂的.在这里我们只讨论最简单但又最重要的情形，即两个频率相同、振动方向相同、相位相同或相位差恒定的波源所发出的波的叠加.满足这些条件的两列波在它们重叠的范围内，介质中的每一个质点所参与的两个分振动都有恒定的相位差，但这一相位差是逐点不同的.因而在介质中将产生在某些地方振动始终加强，而在另一些地方振动始终减弱的现象，这种现象称为波的干涉现象.满足上述相干条件而能产生干涉现象的波称为相干波.发射相干波的波源，称为相干波源.

如图 18.5.1 所示，设有位于 S_1 点和 S_2 点的两个相干波源，它们的振动表达式分别为

$$y_{10}=A_{10}\cos(\omega t+\varphi_1)$$

$$y_{20}=A_{20}\cos(\omega t+\varphi_2)$$

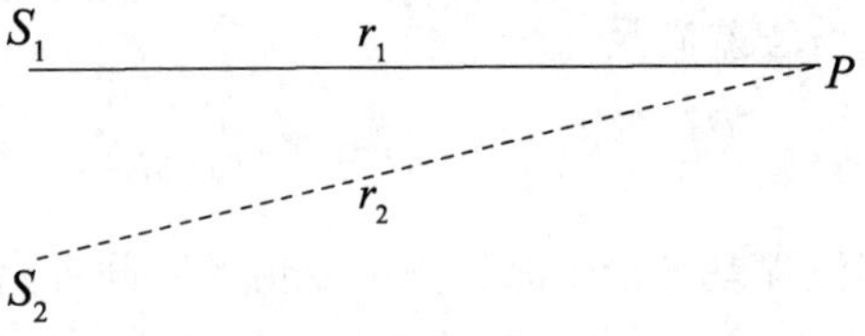

图 18.5.1　波的干波

从这两个波源发出的两列波若在空间 P 点相遇，则 P 点的振动可以根据叠加原理来计算.设 P 点离开 S_1 和 S_2 的距离分别为 r_1 和 r_2，两列波到达 P 点的振幅分别为 A_1 和 A_2，在 P 点两列波引起的分振动表达式分别为

$$y_1=A_1\cos\left[\omega\left(t-\frac{r_1}{u}\right)+\varphi_1\right]$$

$$y_2=A_2\cos\left[\omega\left(t-\frac{r_2}{u}\right)+\varphi_2\right]$$

P 点的合振动为

$$y=y_1+y_2=A\cos(\omega t+\varphi)$$

很显然，P 点的合振动仍然是简谐振动.

合振动的振幅为

$$A=\sqrt{A_1^2+A_2^2+2A_1A_2\cos\left(\varphi_2-\varphi_1-2\pi\frac{r_2-r_1}{\lambda}\right)}$$

两列相干波在空间任一相遇点有固定的相位差

$$\Delta\varphi=\varphi_2-\varphi_1-2\pi\frac{r_2-r_1}{\lambda} \tag{18.5.1}$$

所以，任一点的合振动的振幅为一确定值，其值随空间位置的改变而改变.

空间各点若相位差满足

$$\Delta\varphi=\varphi_2-\varphi_1-2\pi\frac{r_2-r_1}{\lambda}=2k\pi\ (k=0,\pm1,\pm2,\cdots) \tag{18.5.2}$$

其合振动的振幅达到最大值，其值为 $A=A_1+A_2$，称为干涉加强.

空间各点若相位差满足

$$\Delta\varphi=\varphi_2-\varphi_1-2\pi\frac{r_2-r_1}{\lambda}=(2k+1)\pi\ (k=0,\pm1,\pm2,\cdots) \tag{18.5.3}$$

其合振动的振幅达到最小值，其值为 $A=|A_1-A_2|$，称为干涉减弱.

这样，干涉的结果使空间某些点的振动始终加强，而另一些点的振动始终减弱，其他点振幅介于两者之间.

如果两相干波源的初相相同，即 $\varphi_1=\varphi_2$，并取 δ 为两相干波源各自到点 P 的波程差，即 $\delta=r_2-r_1$.

那么，当波程差满足

$$\delta=r_2-r_1=k\lambda \ (k=0,\pm1,\pm2,\cdots) \tag{18.5.4}$$

即波程差等于零或为波长整数倍的空间各点，合振幅最大.

当波程差满足

$$\delta=r_2-r_1=(2k+1)\frac{\lambda}{2} \ (k=0,\pm1,\pm2,\cdots) \tag{18.5.5}$$

即波程差等于半波长的奇数倍的空间各点，合振幅最小.

由上述讨论可知，两相干波源在空间任一点相遇时，是干涉加强还是减弱，除了两波源的初相位这一影响因素之外，还取决于该点至两相干波源的波程差.

必须注意的是，若两波源不是相干波源，则不会出现干涉现象.

［例 18.5.1］ 如图 18.5.2 所示，两波源 D 和 B 具有相同的振动方向和振幅（振幅为 A），D 比 B 超前相位 π，它们发出的两列平面简谐波相向而行. 波速 $u=400\ \mathrm{m\cdot s^{-1}}$，频率 $\nu=100$ Hz. 已知 B 在坐标原点 O 处，$BD=30$ m. 试求：

（1）两波源的振动表达式；

（2）两列波的波动表达式；

（3）在 B、D 之间连线上因干涉而静止的各点的位置.

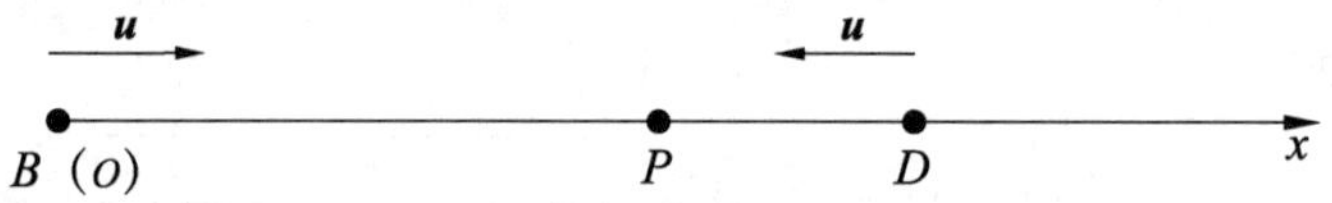

图 18.5.2　例 18.5.1 图

解：（1）设 $t=0$ 时，波源 B 的初相 $\varphi_B=0$，波源 D 的初相 $\varphi_D=\pi$，则 B、D 两波源的振动表达式分别为

$$y_B=A\cos(\omega t+\varphi_B)=A\cos(200\pi t)$$

$$y_D=A\cos(\omega t+\varphi_D)=A\cos(200\pi t+\pi)$$

（2）在 B、D 之间任取一点 P，设 $BP=x$，则两列波的波动表达式分别为

$$y'_B=A\cos 200\pi\left(t-\frac{x}{400}\right)$$

$$y'_D=A\cos\left[200\pi\left(t-\frac{30-x}{400}\right)+\pi\right]$$

(3) 相干静止点的条件应为相位差等于 π 的奇数倍，即

$$\left[200\pi\left(t-\frac{30-x}{400}\right)+\pi\right]-200\pi\left(t-\frac{x}{400}\right)=(2k+1)\pi$$

解得

$$x=2k+15(k=0,\pm1,\pm2,\cdots,\pm7)$$

即在 $x=1,2,3,\cdots,29$ m 等位置相干静止.

18.5.3 驻波

驻波是干涉的特例，振幅相同而传播方向相反的两列简谐相干波叠加得到的振动称为驻波. 设一列波沿 x 轴正方向传播，另一列波沿 x 轴的负方向传播，如图 18.5.3 所示.

为简便起见，选取共同的坐标原点和记时点，使它们的波动表达式表示如下：

$$y_1=A\cos\omega\left(t-\frac{x}{u}\right)$$

$$y_2=A\cos\omega\left(t+\frac{x}{u}\right)$$

在两波相遇处各体元的合位移为

$$\begin{aligned} y &= y_1+y_2 \\ &= A\cos\omega\left(t-\frac{x}{u}\right)+A\cos\omega\left(t+\frac{x}{u}\right) \\ &= \left(2A\cos\frac{\omega}{u}x\right)\cos\omega t \\ &= \left(2A\cos\frac{2\pi}{\lambda}x\right)\cos\omega t \end{aligned}$$

这便是此情况下的驻波表达式. 式中，因子 $\cos\omega t$ 表明体元按余弦规律振动，前面因子的绝对值 $\left|2A\cos\frac{2\pi}{\lambda}x\right|$ 表明各体元的振幅不同且随 x 做周期性的变化. 对于

$$x=0,\pm\frac{\lambda}{2},\pm\lambda,\pm\frac{3\lambda}{2},\cdots,\pm\frac{k}{2}\lambda\quad(k=0,1,2,\cdots)$$

的各体元，其振幅等于 $\left|2A\cos\frac{2\pi}{\lambda}x\right|=2A$，即振幅最大，称为驻波的波腹，在图 18.5.3 中位置用“+”表示.

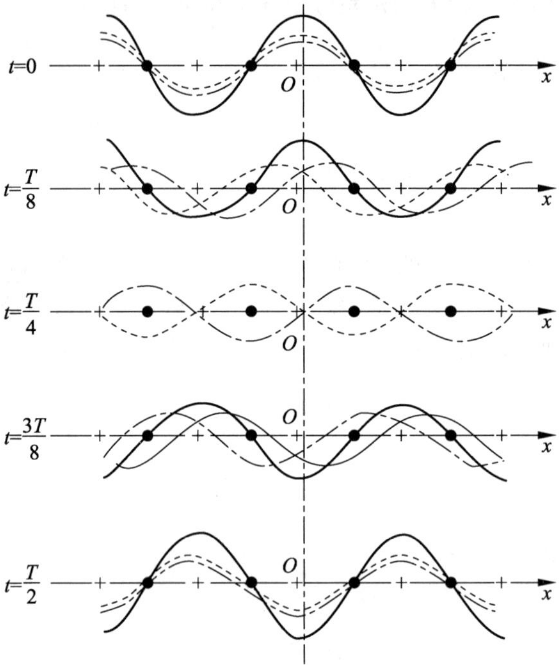

图 18.5.3　驻波

对于

$$x=\pm\frac{\lambda}{4},\pm\frac{3\lambda}{4},\pm\frac{5\lambda}{4},\cdots,\pm(2k+1)\frac{\lambda}{4}\quad(k=0,1,2,\cdots)$$

的各体元,其振幅等于$\left|2A\cos\frac{2\pi}{\lambda}\right|=0$,即振幅最小,称为驻波的波节,在图 18.5.3 中位置用“·”表示.

由上可知,相邻两波腹之间或相邻两波节之间的距离均为半波长,而相邻波节和波腹之间的距离则为$\frac{\lambda}{4}$.

现在我们来讨论驻波各点振动的相位关系.选择相邻两波节的坐标

$$x_k=(2k+1)\frac{\lambda}{4}$$

和

$$x_{k+1}=(2k+3)\frac{\lambda}{4}$$

代入驻波表达式的振幅因子 $2A\cos\frac{2\pi}{\lambda}x$ 中,得

$$\frac{2\pi}{\lambda}x_k=k\pi+\frac{\pi}{2}\text{和}\frac{2\pi}{\lambda}x_{k+1}=k\pi+\frac{3\pi}{2}$$

由此可见,两波节之间各点的$\frac{2\pi}{\lambda}x$ 值对应的角度不是属于第 2、第 3 象限,就是属于

第1、第4象限. 无论属于哪种情况，其余弦都是同号的. 这就是说，在相邻波节之间，$2A\cos\frac{2\pi}{\lambda}x$ 的符号不变，表明位于相邻波节之间各体元具有相同的相位.

再选择任意相邻两波腹 $x_k=\frac{k}{2}\lambda$ 和 $x_{k+1}=\frac{k+1}{2}\lambda$，代入驻波表达式中，得此二点的振动表达式为

$$
\begin{aligned}
y_k &= (2A\cos k\pi)\cos\omega t \\
y_{k+1} &= [2A\cos(k+1)\pi]\cos\omega t \\
&= (2A\cos k\pi)\cos(\omega t+\pi)
\end{aligned}
$$

可见，相邻两波腹的相位是相反的. 再考虑到相邻波节之间各点同相位，可得如下结论：波节两侧各体元的振动相位相反. 总之，波节之间各体元将沿同一方向于同一时刻达到最大位移处，沿同一方向、同一时刻通过平衡位置，波节两侧则沿相反方向运动，并于同一时刻到达正负最大值处.

由于波节和波腹在空间的位置是固定不动的. 因此，驻波并不是振动的传播，它只是特殊的两列相干波叠加而成的特定的振动状态.

进一步考察驻波的能量. 当介质中各质点的位移达到最大值时，其速度为零，即动能为零. 这时除波节外，所有质点都离开平衡位置，从而引起介质的最大弹性形变，所以这时驻波上的质点的全部能量都是势能. 由于波节附近的相对形变最大，所以势能最大；而波腹附近的相对形变为零，所以势能为零. 因此，驻波的势能集中在波节附近.

当驻波上所有质点同时达到平衡位置时介质的形变为零，所以势能为零，驻波的全部能量都是动能. 这时在波腹处的质点的速度最大，动能最大；而在波节处的质点速度为零，动能为零. 因此，驻波的动能集中在波腹附近.

由此可见，介质在振动过程中，驻波的动能和势能不断地转换. 在转换过程中，能量不断地由波腹附近转移到波节附近，再由波节附近转移到波腹附近. 这就是说，在驻波行进过程中没有能量的定向传播.

在图 18.5.4 中，波在固定点 B 反射处形成波节. 若是在自由端反射，则反射处是波腹. 一般情况下，在两种介质分界处形成波节还是波腹，与波的种类、两种介质的性质等有关. 当波从一种弹性介质垂直入射到另一种弹性介质时，若后一介质的密度与速度的乘积比前者的大，亦即 $\rho_2 u_2>\rho_1 u_1$，则在分界面处将出现波节. 我们将前一种介质称为波疏介质，将后一种介质称为波密介质. 因此，若波从波疏介质垂直入射到波密介质，又从波密介质反射回波疏介质，则在反射处形成波节；反之，若波从波密介质垂直入射到波疏介质，又从波疏介质反射回波密介质，则在反射处形成波腹.

在两种介质的分界面上形成波节，说明入射波与反射波在此处的相位相反，反射波在分界处相位跃变了 π. 因为在波线上相差半个波长的两点，其相位差为 π，所以波从波密介质反射回波疏介质时，相当于附加了半个波长的波程. 通常把这种现象称为“半波损失”.

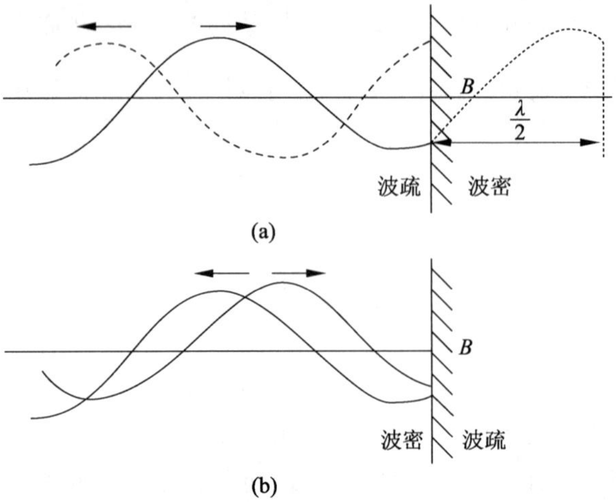

图 18.5.4　波的反射

[例 18.5.2]　设入射波的波动表达式为 $y_1=A\cos 2\pi\left(\frac{t}{T}+\frac{x}{\lambda}\right)$,在 $x=0$ 处发生反射,反射点为自由端. 式中,x,y 以 m 计;t 以 s 计. 试求:

(1) 反射波的波动表达式;

(2) 合成波(驻波)的表达式,并由合成波表达式说明哪些点是波腹,哪些点是波节.

解:(1) 因为在自由端反射时无半波损失,故反射波的波动表达式为

$$y_2=A\cos 2\pi\left(\frac{t}{T}-\frac{x}{\lambda}\right)$$

(2) 驻波的表达式为

$$\begin{aligned}y&=y_1+y_2=A\cos 2\pi\left(\frac{t}{T}+\frac{x}{\lambda}\right)+A\cos 2\pi\left(\frac{t}{T}-\frac{x}{\lambda}\right)\\&=2A\cos\frac{2\pi}{\lambda}x\cos\frac{2\pi}{T}t\end{aligned}$$

波腹的位置满足

$$\left|\cos\frac{2\pi}{\lambda}x\right|=1$$

$$\frac{2\pi}{\lambda}x=k\pi$$

$$x=k\cdot\frac{\lambda}{2}\quad(k=0,1,2,\cdots)$$

波节的位置满足

$$\cos\frac{2\pi}{\lambda}x=0$$

$$\frac{2\pi}{\lambda}x=k\pi+\frac{\pi}{2}$$

$$x=(2k+1)\cdot\frac{\lambda}{4}\quad(k=0,1,2,\cdots)$$

18.6　多普勒效应

当鸣笛的列车(称为波源)进站时,人们发现汽笛声不仅越来越大,而且音调升高(频率变高);当列车离去时,汽笛声不仅越来越小,而且音调降低(频率变小).若声源未动而观察者运动,或者声源和观察者都在运动,也会发生观测频率与波源频率不一致的现象.这种由于波源和观察者有相对运动而出现观测频率与波源频率不同的现象称为多普勒效应.多普勒效应是奥地利物理学家多普勒在1842年发现的.

为了简单起见,我们假定波源、观察者的运动发生在二者的连线上,设波源相对于介质的运动速度为 u_S,观察者相对于介质的运动速度为 u_R,u 为波在介质中传播的速度.波源的频率为 ν_S,指波源在单位时间内发出的完整波数;观察者接收到的波的频率为 ν_R,指观察者在单位时间内接收到的完整波数;波的频率为 ν_W,指单位时间内通过介质中某点的完整波数,满足 $\nu_W=\dfrac{u}{\lambda}$ 的关系.

18.6.1　波源静止,观察者运动

若观察者以速度 u_R 向着静止的波源 S 运动(见图 18.6.1),则观察者所接受的波数比他静止时要多.这是因为,在单位时间内原来位于观察者处的波阵面向右传播了 u 的距离,同时观察者自己向左运动了 u_R 的距离,这就相当于波通过观察者的总距离为 $u+u_R$,因而这时在单位时间内观察者所接收的完整波的数目为

$$\nu_R=\frac{u+u_R}{\lambda}=\frac{u+u_R}{u/\nu_W}=\frac{u+u_R}{u}\nu_W$$

由于波源在介质中静止,所以波的频率就等于波源的频率,即 $\nu_W=\nu_S$,因而有

$$\nu_R=\frac{u+u_R}{u}\nu_S$$

所以观察者向波源运动时所接收到的频率为波源频率的 $\dfrac{u+u_R}{u}$ 倍.

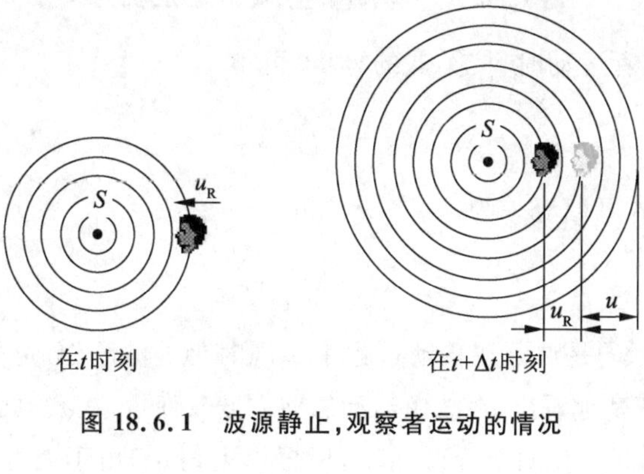

图 18.6.1　波源静止,观察者运动的情况

当观察者远离波源运动时,根据以上的分析方法,可得观察者接收的频率为

$$\nu_{R}=\frac{u-u_{R}}{u}\nu_{S}$$

即此时观察者接收到的频率低于波源频率. 以上两式综合可得

$$\nu_{R}=\frac{u\pm u_{R}}{u}\nu_{S}$$

18.6.2 观察者静止,波源运动

若观察者静止而波源运动,波源在运动中仍按自己的频率发射波,在一个周期 T_S 内,波在介质中传播了距离 uT_S,完成了一个完整的波形. 设波源向着观察者运动,在这段时间内,波源位置由 S_1 移到 S_2,移过距离 $u_S T_S$[见图 18.6.2(a)]. 由于波源的运动,介质中的波长变小了,实际波长为

$$\lambda'=uT_S-u_S T_S=\frac{u-u_S}{\nu_S}$$

相应地,波的频率为

$$\nu_{W}=\frac{u}{\lambda'}=\frac{u}{u-u_S}\nu_{S}$$

由于观察者静止,所以他接收到的频率就是波的频率,即

$$\nu_{R}=\nu_{W}=\frac{u}{u-u_S}\nu_{S}$$

此时观察者接收到的频率大于波源的频率.

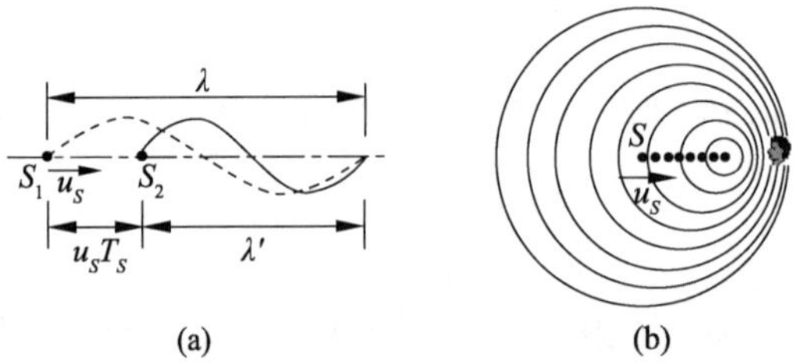

图 18.6.2 观察者静止,波源运动的情况

当波源远离观察者运动时,按类似的分析,可得

$$\nu_{R}=\frac{u}{u+u_S}\nu_{S}$$

同样的,以上两式可以统一为

$$\nu_{R}=\frac{u}{u\mp u_S}\nu_{S}$$

图 18.6.2(b)表示的是波源在移动过程中不同时刻的波阵面,可见其球面波阵面不是同心的. 从图上可以清楚地看出,在波源运动的前方波长变短,在波源运动的后方波长变长.

若观察者与波源同时相对于介质运动,根据以上讨论,由于波源的运动,介质中波的频率为

$$\nu_W=\frac{u}{u\mp u_S}\nu_S$$

由于观察者的运动，观察者接收到的频率与波的频率之间的关系为

$$\nu_R=\frac{u\pm u_R}{u}\nu_W$$

代入上式得观察者接收到的频率为

$$\nu_R=\frac{u\pm u_R}{u\mp u_S}\nu_S$$

如果波源和观察者沿着与它们连线垂直的方向运动，则不难推知 $\nu_R=\nu_S$，即没有多普勒效应发生. 如果波源和观察者的运动是任意方向的，那么只要将速度在两者连线上的分量代入上述公式即可求出观察者接收到的频率. 不过随着两者的运动，在不同时刻，u_S 和 u_R 的分量可能也不同，这种情况下观察者接收到的频率可能随着时间变化.

我们也可以把上式简化为

$$\nu_R=\frac{u+u_R}{u-u_S}\nu_S \tag{18.6.1}$$

并规定：u_S 和 u_R 向着对方时为正；背离对方时为负.

［**例 18.6.1**］　一列火车 A 以 $u_1=20\ \mathrm{m\cdot s^{-1}}$ 的速度向前行驶，若火车 A 的司机听到自己驾驶的列车的汽笛声的频率 $\nu=120$ Hz，另一列火车 B 以 $u_2=25\ \mathrm{m\cdot s^{-1}}$ 的速度行驶.

(1) 当 A、B 两车相向而行时，求 B 车的司机听到 A 车汽笛声的频率 ν'；

(2) 若 B 车和 A 车运动方向相同，且 B 车在 A 车的前方，再求 ν'. 已知空气中声速 $u=340\ \mathrm{m\cdot s^{-1}}$.

解：(1) 声源和观察者同时相对介质运动. 因而 B 车司机接收到的声波频率为

$$\nu'=\frac{u+u_2}{u-u_1}\nu=\frac{340+25}{340-20}\times120=137(\mathrm{Hz})$$

(2) 若两车同方向运动，B 在 A 前方，则 B 车司机接收到的声波频率为

$$\nu'=\frac{u-u_2}{u-u_1}\nu=\frac{340-25}{340-20}\times120=118(\mathrm{Hz})$$

多普勒效应在科技和生产中有着广泛的应用. 例如，利用光的多普勒效应，可以研究星体的运动；利用超声波的多普勒效应，可以诊断心脏的跳动情形；等等.

思考题

18－1　试判断下列几种关于波长的说法是否正确：

(1) 在波的传播方向上相邻两个位移相同的点的距离；

(2) 在波的传播方向上相邻两个运动速度相同的点的距离；

(3) 在波的传播方向上相邻两个振动相位相同的点的距离.

18-2　根据波长、频率与波速的关系式 $u=\lambda\nu$，有人认为，频率高的波传播速度大. 你认为这种观点对吗？

18-3　当波从一种介质进入另一种介质时，波长、频率、波速、振幅各量中的哪些会发生改变？哪些不会改变？

18-4　在波的传播过程中，每个质元的能量随时间而变，这是否违反能量守恒定律？

18-5　为什么有人认为驻波不是波？

18-6　驻波中，两波节间各个质点均做同相位的简谐振动，那么，每个振动质点的能量是否保持不变？

18-7　声源向接收器运动和接收器向声源运动，都会产生频率增高的效果，这两种情况有何区别？如果两种情况下的运动速度相同，接收器接受的频率会不同吗？

习题

18-1　一横波沿绳子传播时的波动表达式为(SI 制)

$$y=0.05\cos(10\pi t-4\pi x)$$

(1) 求此波的振幅、波速、频率和波长；

(2) 求绳子上各质点振动的最大速度和最大加速度；

(3) 求 $x=0.2$ m 处的质点在 $t=1$ s 时的相位，说明它是原点处在哪一时刻的相位；

(4) 分别画出 $t=1$ s，1.25 s，1.50 s 各时刻的波形.

18-2　一平面简谐波，振动周期 $T=0.5$ s，波长 $l=10$ m，振幅 $A=0.1$ m. 当 $t=0$ 时，波源振动的位移恰好为正方向的最大值. 若坐标原点和波源重合，且波沿 x 轴正方向传播，求：

(1) 波源的振动表达式；

(2) 简谐波的波动表达式；

(3) $x=\lambda/4$ 处的质点在 $t=T/2$ 时刻的位移和振动速度.

18-3　一平面简谐波在介质中以速度 $u=20\ \mathrm{m\cdot s^{-1}}$ 沿 x 轴负方向传播，如图所示. 已知 a 点的振动表达式为 $y_a=3\cos 4\pi t$(SI 制).

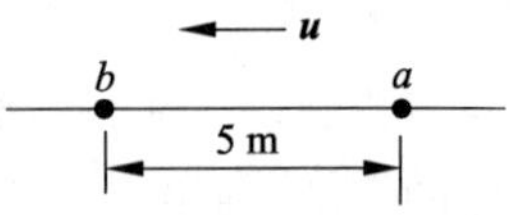

习题 18-3 图

(1) 以点 a 为坐标原点写出波动表达式.

(2) 以距 a 点 5 m 处的 b 点为坐标原点，写出波动表达式.

18-4　一平面简谐声波，沿直径为 0.14 m 的圆柱形管行进，波的强度为 $9.0\times10^{-3}\ \mathrm{W\cdot m^{-2}}$，频率为 300 Hz，波速为 $300\ \mathrm{m\cdot s^{-1}}$. 问：

(1) 波的平均能量密度和最大能量密度是多少？

(2) 每两个相邻的、相位差为 2π 的同相面间有多少能量？

18－5　波速为 $u=0.20\ \mathrm{m\cdot s^{-1}}$ 的两列平面简谐相干波在 P 点处相遇，两个波源 S_1 和 S_2 的振动表达式分别为 $y_{10}=0.1\cos 2\pi t$ 和 $y_{20}=0.1\cos(2\pi t+\pi)$(SI 制). 已知 $PS_1=0.40\ \mathrm{m}$，$PS_2=0.50\ \mathrm{m}$，求：

(1) 两列波的波动表达式；

(2) 两列波传播到 P 点的相位差；

(3) 干涉后 P 点的振动是加强还是减弱，以及 P 点的合振幅.

18－6　在弹性介质中有一沿 x 轴正向传播的平面波，其表达式为 $y_1=0.01\cos\left(4t-\pi x-\frac{\pi}{2}\right)$ (SI 制). 若在 $x=5.00\ \mathrm{m}$ 处发生固定端反射，设反射波的强度不变，试写出反射波的表达式.

18－7　两列波在一很长的弦线上传播，设其波动表达式为(SI 制)

$$y_1=0.06\cos\frac{\pi}{2}(8t-2x)$$

$$y_2=0.06\cos\frac{\pi}{2}(8t+2x)$$

求：(1) 合成波的表达式；

(2) 波节和波腹的位置.

18－8　火车以 $90\ \mathrm{km\cdot h^{-1}}$ 的速度行驶，其汽笛声的频率为 500 Hz. 一个人站在铁轨旁，当火车从他身边驶过时，他听到的汽笛声的频率变化是多大？(设声速为 $340\ \mathrm{m\cdot s^{-1}}$)

第五部分

光　学

第 19 章 光的干涉

光学是研究光的产生和传播，以及光与物质相互作用的学科. 光学可以分成三个部分：几何光学、波动光学和量子光学.

几何光学以光的直线传播定律、光的独立传播定律、反射和折射定律为基础，研究光的传播和成像规律. 几何光学不涉及光的物理本性，以其简便的方法解决光学仪器设计、制造中的光学技术问题.

波动光学从光的波动性出发，研究光的干涉、衍射和偏振等现象. 光的波动学说首先是惠更斯在 1690 年提出的，当时人们认为光是在某种假想的介质中传播的机械波. 直到 1865 年麦克斯韦提出了电磁波理论之后，人们才认识到光不是机械波，而是波长处于一定波段的电磁波，从而形成了以电磁波理论为基础的波动光学.

然而，光的电磁理论在取得巨大成就的同时，也遇到了严重的困难. 如果认为光是经典的电磁波，就不能解释黑体辐射和光电效应等实验规律. 1905 年爱因斯坦（A. Einstein）提出光的量子理论，假设光由光量子（即光子）构成. 应用光的量子理论，在微观领域研究光与物质相互作用的分支学科，称为量子光学. 通常把波动光学和量子光学，统称为物理光学.

本章只介绍波动光学中最基本的内容，用波动理论来分析光的干涉、衍射和偏振现象.

19.1 光的干涉基本理论

干涉和衍射是波动特有的现象，也是用来判断某种物质运动是否具有波动性的主要证据. 自 1881 年迈克尔孙（A. A. Michelson）发明干涉仪以来，利用光进一步进行精密测量的技术逐渐得到了广泛的应用. 从 20 世纪 60 年代起，激光光源的出现，使光的干涉技术有了许多新的发展.

从理论上分析，干涉和衍射都是光波发生相干叠加的结果，它们之间并没有严格的区别. 在实验中通常既有干涉又有衍射. 但在理论计算中，衍射要复杂一些，因此一般先讨论干涉后讨论衍射，所以在本书中我们先讨论光的干涉现象.

19.1.1 光波叠加原理

电磁波是横波，其电场强度 $\boldsymbol{E}$ 和磁场强度 $\boldsymbol{H}$ 都与波的传播方向垂直，并构成右手螺旋关系.由于电磁波对物质的作用(如光电、光化学和光生理作用等)主要是形成电场,故在光学中把电场强度 $\boldsymbol{E}$ 称为光矢量.实验证明,对于真空中传播的光或在介质中传播的不太强的光,当几列光波相遇时,其合成光波的光矢量 $\boldsymbol{E}$ 等于各分光波光矢量 $\boldsymbol{E}_1,\boldsymbol{E}_2,\cdots$ 的矢量和,即

$$\boldsymbol{E}=\boldsymbol{E}_1+\boldsymbol{E}_2+\cdots \tag{19.1.1}$$

这一规律称为光波叠加原理.

但应指出,在介质中传播的强光(如激光、同步辐射)或不太强的光通过某些特殊介质(如变色玻璃等),一般并不满足上述叠加原理.通常,当强光通过介质时将出现许多非线性效应,研究这类光现象的理论称为非线性光学.这是现代光学中很活跃的研究领域之一.不过,在本章所涉及的范围内,光波叠加原理仍然是一个基本原理.

下面以光矢量为 $\boldsymbol{E}_1$ 和 $\boldsymbol{E}_2$ 的两列光波的叠加为例来计算合成光波的强度,即求出合光强与分光强的关系.

$$\boldsymbol{E}^2=\boldsymbol{E}_1^2+\boldsymbol{E}_2^2+2\boldsymbol{E}_1\boldsymbol{E}_2 \tag{19.1.2}$$

$$I=I_1+I_2+I_{12} \tag{19.1.3}$$

其中,I_{12} 为干涉项($I_{12}=2\boldsymbol{E}_1\boldsymbol{E}_2$).

由上可见,在光波叠加原理中遵从相加规则的是光矢量而非光强,合光强一般并不等于分光强之和.

然而,大量日常事实说明由两个独立光源或从同一光源的不同部分发出的光会合时,其合光强总等于分光强之和,即干涉项 $I_{12}=0$,所以有

$$I=I_1+I_2 \tag{19.1.4}$$

这种情形称为光的非相干叠加.

19.1.2 光的相干叠加

第 18 章在讨论机械波时曾指出,当振动方向平行、频率相同、相位差恒定的两简谐波叠加时会产生干涉现象.实验证明,光波也有类似情形,当光矢量平行、频率相同、相位差恒定的两简谐光波重叠时也会发生光的干涉现象.这时,在光波重叠区内,某些空间点上合光强大于分光强之和($I_{12}>0$),在另一些空间点上合光强小于分光强之和($I_{12}<0$).因而合光强在空间形成明暗相间的稳定的周期性分布,并在放入的光屏上呈现出干涉条纹.光波的这种叠加称为光的相干叠加.

同方向、同频率和相位差恒定是产生光干涉的三个必要条件,称为相干条件,而满足相干条件的两束光称为相干光.下面说明光相干的三个相干条件是缺一不可的.

首先,若两光波矢量 $\boldsymbol{E}_1$ 与 $\boldsymbol{E}_2$ 完全垂直,则 $I_{12}=0$,即两光波为非相干叠加,不发生干涉.一般当 $\boldsymbol{E}_1$ 与 $\boldsymbol{E}_2$ 成某一角度时,可将它们进行正交分解,显然只有平行分量间才能发生干涉.

其次,若两光矢量平行,但频率不同,相位差也不恒定,这时可将两简谐光波用标量形式的波动式表示为

$$E_1=E_{10}\cos(\omega_1 t+\varphi_1-k_1 r_1) \tag{19.1.5}$$

$$E_2=E_{20}\cos(\omega_2 t+\varphi_2-k_2 r_2) \tag{19.1.6}$$

式中，ω_1、ω_2 分别为两光波的角频率；φ_1、φ_2 分别为两光波的初相位；k_1、k_2 分别为两光波的角波数；r_1、r_2 分别代表观测点距两光源的距离.

由于两简谐光波的频率不同，所以其合成光波不可能是一个简谐波. 但由矢量加法可得出合光矢量的平方为

$$\boldsymbol{E}^2=\boldsymbol{E}_{10}^2+\boldsymbol{E}_{20}^2+2\boldsymbol{E}_{10}\boldsymbol{E}_{20}\cos\Delta\varphi \tag{19.1.7}$$

其中

$$\Delta\varphi=(\omega_1-\omega_2)t+(\varphi_1-\varphi_2)-(k_1 r_1-k_2 r_2) \tag{19.1.8}$$

对式(19.1.7)各项取时间平均值，得到合光强

$$I=I_1+I_2+2\sqrt{I_1 I_2}\,\overline{\cos\Delta\varphi} \tag{19.1.9}$$

$$I_{12}=2\sqrt{I_1 I_2}\,\overline{\cos\Delta\varphi} \tag{19.1.10}$$

我们知道，测量光的各种探测器的响应时间或分辨时间（例如，人眼约为 0.05 s，现代快速光电记录器约为 10^{-9} s）远长于光矢量的振动周期（10^{-15} s），所以利用探测器无法测定 $\boldsymbol{E}$ 的瞬时值，仅能对 $\boldsymbol{E}$ 的大小做平均响应，也就是说，探测器测量值实际与光的强度相联系. 由此可知，式(19.1.9)中的平均值在计算时由探测器的响应时间来确定.

于是不难看出，当 $\omega_1\neq\omega_2$ 时，在观测时间内 $(\omega_1-\omega_2)t$ 可取各种相位值，从而使 $\overline{\cos\Delta\varphi}=0$. 又若 φ_1、φ_2 各自独立，且随机地取值，也将使 $\overline{\cos\Delta\varphi}=0$. 这都将导致 $I_{12}=0$，使两光不发生干涉. 由此可见，相干光必须满足三个相干条件，缺一不可.

最后，我们可以列出两相干光在空间各点的合光强的计算公式. 设两相干光为

$$E_1=E_{10}\cos(\omega t+\varphi_1-kr_1) \tag{19.1.11}$$

$$E_2=E_{20}\cos(\omega t+\varphi_2-kr_2) \tag{19.1.12}$$

这里合成光波应当也是以角频率 ω 振动的简谐光波，设合振幅为 E，则

$$E^2=E_{10}^2+E_{20}^2+2E_{10}E_{20}\cos\Delta\varphi \tag{19.1.13}$$

$$\Delta\varphi=(\varphi_1-\varphi_2)-k(r_1-r_2) \tag{19.1.14}$$

所以合光强为

$$I=I_1+I_2+2\sqrt{I_1 I_2}\cos\Delta\varphi \tag{19.1.15}$$

这里，因相位差 $\Delta\varphi$ 保持恒定，所以无须计算 $\cos\Delta\varphi$ 对时间的平均值.

19.1.3　光程　光程差

在前面讨论的干涉现象中，两相干光束始终在同一介质（实际上是空气）中传播，它们到达某一点叠加时，两光振动的相位差取决于两相干光束间的波程差. 若讨论一束光在几种不同介质中传播，或者比较两束经过不同介质的光时，常引入光程的概念，这可为分析相位关系带来很大方便.

我们知道，给定单色光的振动频率 ν 在不同介质中是相同的. 在折射率为 n 的介质中，光速 v 是真空中光速 c 的 $1/n$. 所以在这一介质中，单色光的波长 λ' 将是真空中波长 λ 的 $1/n$（见图 19.1.1）.

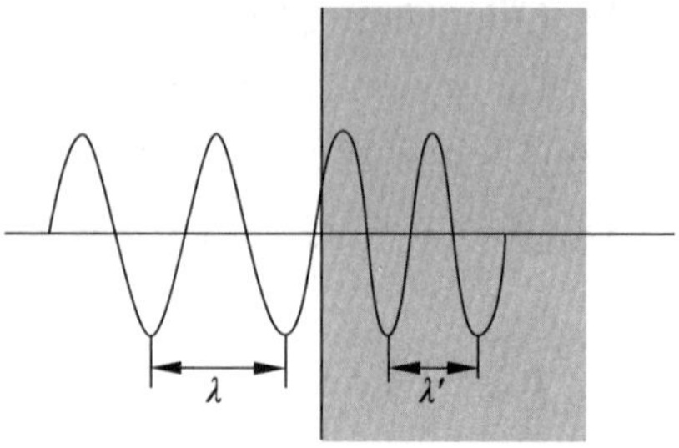

图 19.1.1 波长和在介质中的波长

$$\lambda'=\frac{v}{\nu}=\frac{c}{n\nu}=\frac{\lambda}{n} \tag{19.1.16}$$

因此，在折射率为 n 的某一介质中，如果光波通过的波程即几何路程为 x，亦即其间的波数为$\frac{x}{\lambda'}$，那么同样波数的光波在真空中通过的几何路程将是

$$\frac{x}{\lambda'}\lambda=nx$$

由此可见，光波在介质中的路程 x 相当于在真空中的路程 nx. 所以光波在某一介质中所经历光程等于它的几何路程 x 与这一介质的折射率 n 的乘积 nx，称为光程(optical path).

下面举一个简单的例子，进一步说明引入光程的意义.

假设 S_1 和 S_2 为频率 ν 的相干光源，它们的初相位相同，经路程 r_1 和 r_2 到达空间某点相遇(见图 19.1.2). 若 S_1P 和 S_2P 分别在折射率为 n_1 和 n_2 的介质中传播，则这两列波在 P 点引起的振动为

$$E_1=E_{10}\cos 2\pi\left(\nu t-\frac{r_1}{\lambda_1}\right)$$

$$E_2=E_{20}\cos 2\pi\left(\nu t-\frac{r_2}{\lambda_2}\right)$$

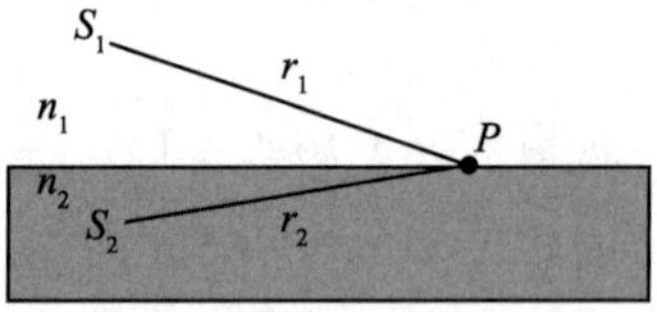

图 19.1.2 光程差的计算

两者在 P 点的相位差为

$$\Delta\varphi=\frac{2\pi r_2}{\lambda_2}-\frac{2\pi r_1}{\lambda_1}$$

利用上式折算到真空中的波长 λ，得

$$\Delta\varphi=\frac{2\pi n_2 r_2}{\lambda}-\frac{2\pi n_1 r_1}{\lambda}=\frac{2\pi}{\lambda}(n_2 r_2-n_1 r_1)$$

由此可见，两相干光波在相遇点的相位差不是取决于它们的几何路程 r_2 与 r_1 之差，而是取决于它们的光程差 $n_2r_2-n_1r_1$，常用 δ 来表示光程差.

引入光程概念之后，相当于把光在不同介质中的传播都折算为光在真空中的传播，这样，相位差可用光程差来表示，它们的关系是

$$\Delta\varphi=\frac{2\pi\delta}{\lambda}$$

式中，λ 为光在真空中的波长.

19.1.4 相干光的获取方法

要实现光的干涉就要保证两光波满足相干条件. 对普通光源发出的光束，可以利用偏振片来获得光矢量相互平行的光，也可利用滤光片来得到频率相同的准单色光，然而要保证两光波有恒定的相位差却存在困难，原因在于普通光源中原子发光具有无序性.

普通光源发出的光是由大量无序的光波列组成的，在空间相遇的两束光，实际上是分属于两光束的大量原子光波列相互交叠. 即使简单地认为，在某时刻每束光仅传来一个光波列，将两光束的交叠看作两个光波列的交叠，但由于这些光波列在相位上是随机且毫无关联的，先前相遇的两波列间的相位差与后来相遇的另两波列间的相位差可以完全不同，况且这种相位差的改变在 1 s 内要发生 10^8 次左右. 所以，在实验中根本不可能保持两光束间相位差恒定. 当然，我们可以认为在 10^{-8} s 内某对光波列间曾发生过干涉，但这种“瞬间干涉”十分短暂，并且步调不一地发生在大量原子光波列之间，即使利用极快速的光电探测器也无法观测出来.

鉴于普通光源发光过程的上述特征，在实验中要获得相干光是比较困难的. 在激光尚未出现之前，人们为获得相干光通常要采用极小尺寸的光源（在光源前放上带有针孔或狭缝的屏作光栏），再利用分波面法、分振幅法或分振动面法，将一个光束分割为两束或多束，使之通过不同的光路再会合而产生干涉. 然而，自有了激光光源之后，由于激光器中的原子步调一致地发光，所以激光是一种极好的相干光，而且在激光束横截面各点射出的光都是相干的. 所以，现在利用激光器能很容易地进行各种光干涉的演示或实验. 不仅如此，来自两个独立激光器的两束激光也能发生干涉. 例如，在激光发明之后不久，马格亚尔(G. Magyar)和门德尔(L. Mander)就曾让由两个红宝石激光器所发出的两束激光会合从而进行干涉试验，并采用快速光电探测器拍摄出了清晰的干涉条纹照片.

19.2 分波前干涉(杨氏双缝干涉)

19.2.1 双缝干涉

设一束单色光照射到一个开有长狭缝 S 的屏上，通过 S 形成一个柱面光波，然后再入射到另一屏上，此屏开有平行于狭缝 S 的另两个彼此极为靠近的狭缝 S_1 和 S_2，光透过 S_1 和 S_2，又形成两个柱面波并在空间交叠起来（见图 19.2.1）.

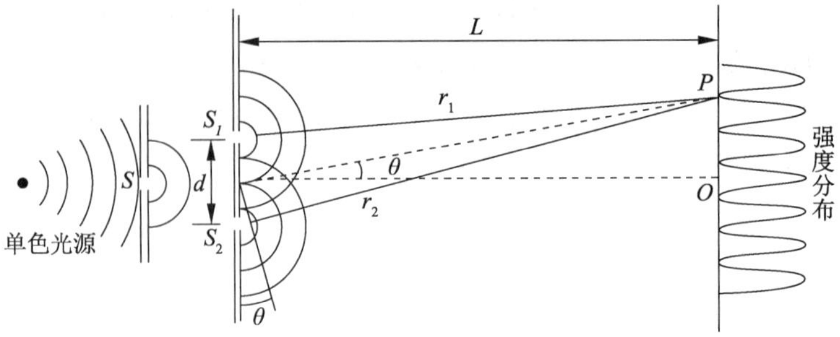

图 19.2.1　杨氏双缝干涉

显然，由狭缝 S_1 和 S_2 射出的光束来自同一光波波阵面的不同部分，因此，由狭缝 S_1 和 S_2 射出的光具有相同的频率．尽管从狭缝 S 陆续射出的原子光波列的初相位是不断变化的，但是任何变化都同时发生在狭缝 S_1 和 S_2 处，从而使狭缝 S_1 和 S_2 射出的光波间的相位差始终保持不变．此外，在靠近狭缝 S_1 和 S_2 连线的中垂线两侧附近，狭缝 S_1 和 S_2 射出的光波的矢量也近似于平行，所以，这两束光是相干光（双缝干涉实验是采用分波阵面法获得相干光的实例）．来自狭缝 S_1 和 S_2 的两光束的干涉可通过光屏来观察，在光屏上将形成平行于双缝的明暗相间的干涉条纹（见图 19.2.2）．

图 19.2.2　杨氏双缝干涉图样

上述实验也称为杨（T. Young）氏双缝干涉，此实验是用阳光作光源的，现在可以利用激光束直接入射双缝而获得极为清晰的干涉图样．

19.2.2　双缝干涉的光强分布

为对双缝干涉做一些定量的讨论，下面计算光屏上任一点 P 的光强．已知两束相干光的合光强［见式（19.1.15）］：

$$I = I_1 + I_2 + 2\sqrt{I_1 I_2}\cos\Delta\varphi$$

因 S_1 与 S_2 关于 S 对称，可认为 $\varphi_1 = \varphi_2$，所以

$$\Delta\varphi = \frac{2\pi}{\lambda}(r_2 - r_1) \tag{19.2.1}$$

又因 r_1 与 r_2 极为接近，可认为在 P 点有 $I_1 = I_2 = I_0$，于是得

$$I = 4I_0\cos^2\frac{\Delta\varphi}{2} \tag{19.2.2}$$

设狭缝 S_1 和 S_2 相距为 d，从狭缝 S_1 和 S_2 连线的中点指向 P 点方向的直线与水平方向的夹角为 θ，则

$$\Delta\varphi = \frac{2\pi}{\lambda}d\sin\theta \tag{19.2.3}$$

所以得到 P 点的合光强为

$$I=4I_0\cos^2\left(\frac{\pi}{\lambda}d\sin\theta\right) \tag{19.2.4}$$

当
$$d\sin\theta=\pm n\lambda\ (n=0,1,2,3,\cdots) \tag{19.2.5}$$
时，有
$$I=4I_0$$
这时，θ 角对应的 P 点处合光强极大，在屏上形成一条平行于双缝的明条纹.

当
$$d\sin\theta=\pm(2n-1)\frac{\lambda}{2}\ (n=1,2,3,\cdots) \tag{19.2.6}$$
时，有
$$I=0$$
这时，θ 角对应的 P 点处合光强极小(为零)，在屏上形成一条平行于双缝的暗条纹.

式(19.2.5)和式(19.2.6)为明条纹和暗条纹的光程差公式. 式中，整数 n 称为明条纹或暗条纹的级次，$n=0$ 处为中央明纹.

若在屏上取 O 点为坐标原点，用 x 代表 P 点位置，在 θ 角较小时近似有

$$\sin\theta=\frac{x}{L}$$

式中，L 为双缝屏到光屏的垂直距离.

对明条纹有

$$d\,\frac{x}{L}=\pm n\lambda$$

$$x=\pm n\,\frac{L}{d}\lambda\ (n=0,1,2,3,\cdots) \tag{19.2.7}$$

对暗条纹有

$$d\,\frac{x}{L}=\pm(2n-1)\frac{\lambda}{2}$$

$$x=\pm(2n-1)\frac{L}{d}\frac{\lambda}{2}\ (n=1,2,3,\cdots) \tag{19.2.8}$$

相邻明条纹或相邻暗条纹的间距为

$$\Delta x=\frac{L}{d}\lambda \tag{19.2.9}$$

即干涉条纹是等间距的，并且在 L 一定的情况下，d 愈小，条纹间距愈大. 例如，以钠灯为光源，$\lambda=5.9\times10^{-4}$ mm，取 $L=1$ m，则在 $d=0.59$ mm 时，有 $\Delta x=1$ mm，其干涉条纹较为清晰. 若仅使双缝间距增大，例如，在 $d=5.9$ mm 时，$\Delta x=0.1$ mm，这时肉眼就难以看出干涉条纹了.

以上讨论针对的是单色光入射的情形. 如果用复色光做实验，由于各种光波长不同，干涉条纹间距也不同，干涉图样还会呈现彩色. 例如，用白光入射时，在观察屏上，除中央明纹为白光外，其他各条纹呈现出由紫到红的彩色分布.

19.2.3　双缝型的其他干涉装置

在双缝干涉中，仅当缝 S、S_1、S_2 都很狭小时，干涉条纹才较清晰，但这时通过缝的光

强又太弱.1818 年菲涅耳开展了双镜干涉实验,实验装置如图 19.2.3 所示.狭缝光源 S 的光射向以微小夹角装在一起的两平面镜 M_1 和 M_2,使 M_1 和 M_2 反射的两束光交叠发生干涉.由于两束反射光好像是来自虚光源 S_1 和 S_2,所以双镜干涉是双缝干涉的变形.

1834 年,劳埃德(H. Lloyd)做了所谓劳埃德镜干涉实验,如图 19.2.4 所示.图中,S_1 为一狭缝光源,它发出的部分光直接射到屏上,另一部分光几乎与镜面平行地(入射角近似于 90°)射向平面镜并被反射到屏上,从而产生光的干涉.显然,这两束光的干涉好像是来自 S_1 的光与来自虚光源 S_2 的光之间的干涉.实验发现,当将观察屏放在图 19.2.4 所示虚线位置处时,在平面镜与屏接触的那点上恰好是暗纹,这说明在反射点上,反射光与入射光相消,即反射光的相位与入射光的相位相反,也就是说这里发生了光的半波损失.

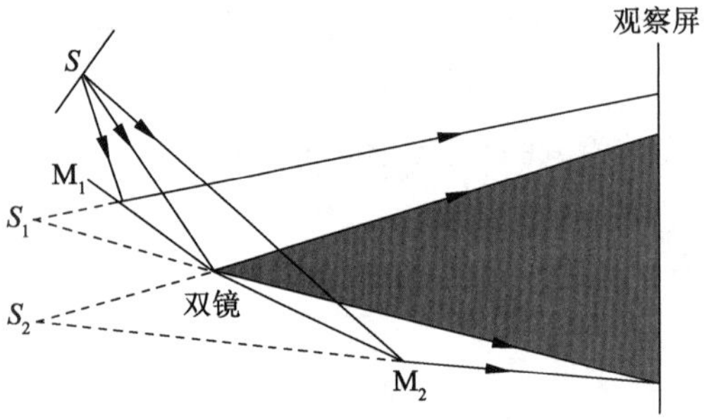

图 19.2.3　菲涅耳双镜干涉

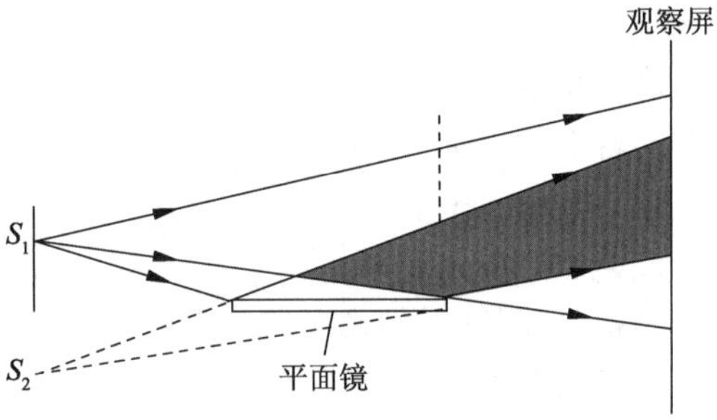

图 19.2.4　劳埃德镜干涉

19.3　分振幅干涉

在近代,一些光学元件上广泛采用蒸镀介质薄膜的技术.在镜片上镀一层或多层介质薄膜,可以达到增透、滤光或高反射的目的.这些技术所依据的基本原理就是光在薄膜上、下表面反射或折射时产生干涉.

当一束光射向一透明介质的薄层时,光束在膜层上、下表面发生多次反射和折射.例如,在膜的上方就有从上表面反射的光;先折射入膜内,在下表面反射,再从上表面折射出的光……这些反射光来自同一束光,只是振幅(能量)因多次反射而被分割.这些利用分割振幅得到的多束光,其频率相同,光矢量基本平行,相位差也保持恒定,所以是相干光.该方法被形象地称为分振幅法光的干涉.从膜中透过的透射光情形也类似.

一般情况下,薄膜干涉是相当复杂的.其干涉的特征与光源的尺寸、膜的厚薄和形状,以及如何观察(用屏,或是用透镜和屏,或是直接用眼观察)都有密切关系.这里仅讨论两种较典型又具有实用价值的情况,即等倾干涉和等厚干涉.

19.3.1　等倾干涉

薄膜干涉中最简单的一种干涉是等倾干涉,即厚度均匀的平板形透明介质膜反射光时所产生的干涉.如图 19.3.1 所示,设厚度为 d,折射率为 n_2 的透明平面薄膜放在折射率为 n_1 的透明介质中(设 $n_2>n_1$),在膜的左上方有一尺寸很小的光源(暂视为点光源)

发射出球面光波，考察以一定角度入射到膜上的一极细光束被反射的情况. 入射光在入射点 A 产生反射光 1，而折入膜内的光在 B 点经一次反射到 C 点，又折射回膜的上方成为光束 2. 此外，还有在膜内经 3 次反射、5 次反射……再折射回膜上方的光束，但其强度已迅速下降. 所以，只需要考虑在 A 点的反射光 1 与在 C 点的折回光束 2 之间的干涉. 由于要观察的两束光是平行的，故在右上方加透镜，并在透镜焦平面上放置光屏（如不用透镜和屏，也可用眼迎着反射光观察）.

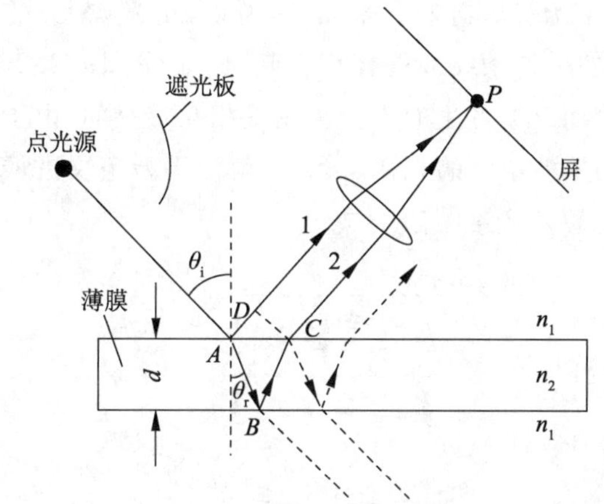

图 19.3.1　薄膜干涉

光屏上 P 点的光强取决于光束 1 和光束 2 的光程差，即光程 ABC 和 AD 之差，故光程差为

$$\delta = n_2(AB+BC) - n_1 AD + \frac{\lambda}{2} \tag{19.3.1}$$

由于光束 1 是由光疏介质入射到光密介质时产生的反射光，而光束 2 曾经历由光密介质入射到光疏介质时的反射，理论证明，不论其入射角如何，它们之间总有半个波长的附加光程差，故公式中增加了 $\lambda/2$ 项. 因此，将

$$AB = BC = \frac{d}{\cos\theta_r}$$

$$AD = AC\sin\theta_i = 2d\tan\theta_r\sin\theta_i$$

代入式(19.3.1)得到

$$\delta = 2n_2\frac{d}{\cos\theta_r} - 2n_1 d\tan\theta_r\sin\theta_i + \frac{\lambda}{2} \tag{19.3.2}$$

$$n_1\sin\theta_i = n_2\sin\theta_r$$

$$\delta = 2d\sqrt{n_2^2 - n_1^2\sin^2\theta_i} + \frac{\lambda}{2} \tag{19.3.3}$$

式中，d、n_1、n_2 等皆为常量. 由此可见，两光束的光程差完全由入射角 θ_i 决定. 凡以相同倾角入射的光，其反射光束 1 和 2 间都有相同的光程差，从而对应干涉图样中的一条条纹，故称这种干涉为等倾干涉，相应的干涉条纹称为等倾条纹.

观察等倾干涉的实验装置如图 19.3.2 所示.从面光源 S 发出的光入射到半透半反射平面镜 M 上,被 M 反射的部分光射向薄膜,再被薄膜上、下表面反射,最终透过平面镜 M 和透镜会聚到光屏上.从光源 S 上一点沿同一圆锥面发射的光,是以相同倾角 θ_i 入射到薄膜上的,并在屏上形成一个圆形干涉条纹.因此,整个干涉图样是由一些明暗相间的同心圆环组成(内疏外密)的.当然,面光源上每一点发出的光都要产生一组相应的干涉条纹.一组条纹与另一组条纹间是非相干光.但由于凡方向相同的平行光都被透镜会聚到焦平面上同一点,而与光线从何处射来无关,所以,由光源上不同点发出的光线,凡有相同倾角的,它们形成的干涉条纹都重叠在一起.例如,图 19.3.2 中光锥面 $1'$,$2'$,$1''$,$2''$ 产生的干涉条纹与光锥面 1,2 产生的干涉条纹是相互重叠的.由于干涉条纹的总光强是 S 上所有点光源产生的干涉条纹的光强之和,这就使干涉条纹更加明亮.所以,在实验中总是使用较大的扩展光源来产生等倾条纹.

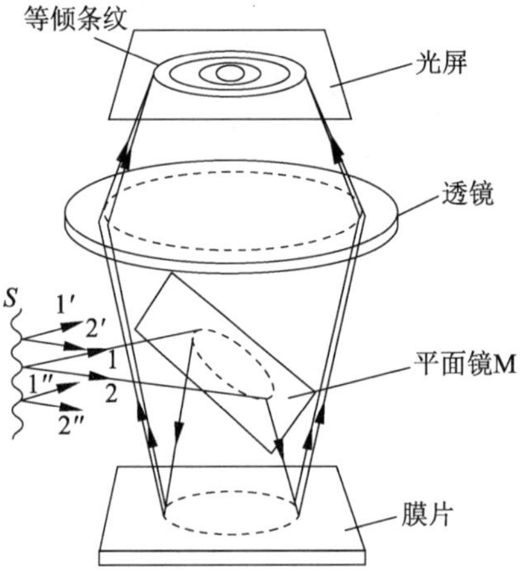

图 19.3.2　等倾干涉

等倾干涉圆环条纹的明纹光程差公式为

$$\delta=2n_2d\cos\theta_r+\frac{\lambda}{2}=k\lambda\ (k=1,2,3,\cdots) \tag{19.3.4}$$

暗纹光程差公式为

$$\delta=2n_2d\cos\theta_r+\frac{\lambda}{2}=(2k+1)\frac{\lambda}{2}\ (k=0,1,2,3,\cdots) \tag{19.3.5}$$

由于折射角 θ_r 愈小,对应的干涉圆环条纹半径愈小,故 $\theta_r=0$ 对应的是中央环心.而当 $\theta_r=0$ 时,k 有最大值,所以干涉圆环的环心有最大的干涉级次.若在实验中能使膜慢慢变厚,则随 d 增大,k 也增大,即环心的级次也增大,于是将观察到所有圆环在扩大,环纹增多变密,在环心处不断有新的环纹冒出来,犹如水从泉眼中涌出一样.若使膜的厚度慢慢变薄,则发生相反的情况,即所有圆环都在收缩,环纹减少变疏,并不断在环心处漏失.利用上述现象可以观察所加工的平板膜片的质量,如用眼睛代替透镜,由于眼睛观察到的视场小,因此只能看到平板局部所产生的干涉环.当使平板移动时,若平板膜片厚薄不匀，则干涉环纹会有疏密的变化.

由于光从空气入射到玻璃片上大约有 4%的光强被反射，而普通光学仪器常常包含多个镜片，因此光学仪器反射损失经常达到 20%～50%，甚至更多，使进入仪器的透射光强度大为减弱，同时杂散的反射光还会影响观测的清晰度. 如果在透镜表面镀上一层透明介质薄膜就可以达到减少反射、增强透射的目的，这种介质薄膜称为增透膜.

如图 19.3.3 所示，在玻璃上（折射率为 n_0）镀上一层厚度为 d 的透明介质（折射率为 n），设 $n<n_0$，显然在正入射情况下，只要满足

$$nd=\frac{\lambda}{4}$$

即

$$d=\frac{\lambda}{4n} \tag{19.3.6}$$

就可使在膜的上、下表面处产生的反射光 1 和反射光 2 发生相消干涉. 当然，最理想的情况是反射光 1 和反射光 2 有相等的强度，以使反射光完全消失. 理论计算表明，要使反射回空气的反射光 1 和反射光 2 有相等强度，必须先取 $n=\sqrt{n_0}$. 例如，对于玻璃 $n_0=1.50$，由此可算出 $n=1.23$，据此能挑选到的实际材料为氟化镁（MgF_2），它的折射率是 1.38.

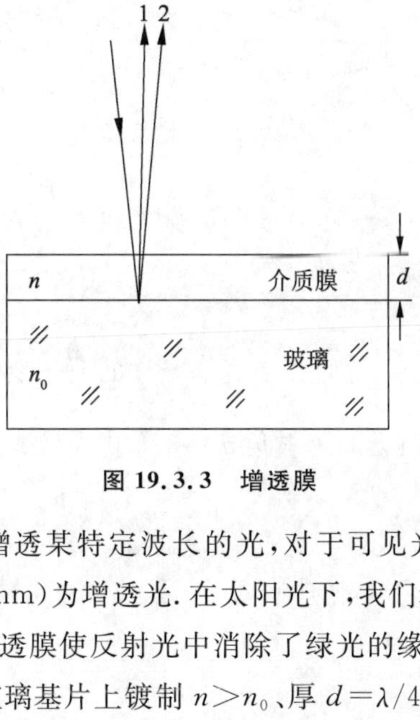

图 19.3.3　增透膜

不过，上述增透膜只能增透某特定波长的光，对于可见光范围的光学仪器常选择对人眼最敏感的绿光（$\lambda=550$ nm）为增透光. 在太阳光下，我们看到相机镜片呈现出蓝紫色反光就是因为镜片上镀有增透膜使反射光中消除了绿光的缘故.

与增透膜相反，如果在玻璃基片上镀制 $n>n_0$、厚 $d=\lambda/4n$ 的介质膜，考虑到反射光 1 和反射光 2 间因半波损失存在的相位差 π，两反射光将产生相长干涉，使反射增强，这种介质膜称为增反膜（高反射膜）. 但因每次反射的光强与入射光强相比很弱，所以为达到高反射的目的，常采用镀制多层薄膜的方法. 具体地，可在玻璃片上依次喷镀高折射率膜（$n_H>n_0$）和低折射率膜（$n_L<n_0$）构成类如 HLHLHLH 的膜系（H 代表高折射率膜，L 代表低折射率膜），如图 19.3.4 所示.

读者不难理解只需高折射率膜和低折射率膜的厚度分别满足下述条件：

$$d_{\mathrm{H}}=\frac{\lambda}{4n_{\mathrm{H}}}$$

$$d_{\mathrm{L}}=\frac{\lambda}{4n_{\mathrm{L}}}$$

图 19.3.4 中各个界面上的反射光束 1,2,3,4,5,6,7,8 就会成为同相位,使反射光大大加强.在实际应用中,这种高反射膜系常常有十多层,能反射 99.9% 的入射光,且比普通的镀膜镜对光的吸收少.激光器谐振腔中使用的反射面就是这种高反射多层膜镜片.

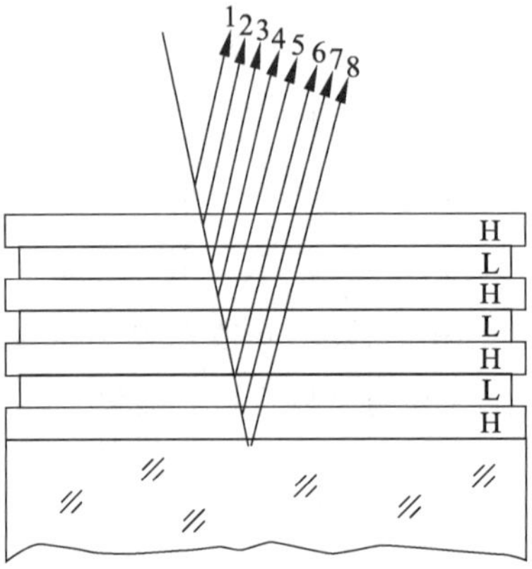

图 19.3.4　增反膜

[例 19.3.1]　波长为 5.0×10^{-7} m 的可见光照射到一肥皂膜上,在与膜面成 60°方向观察到膜最亮,已知皂膜折射率为 1.33.

(1) 此膜至少有多厚?

(2) 若改为垂直观察,求能使此膜最亮的光波的波长最大值.

解:(1) 据题意可知,入射光的入射角 $\theta_{\mathrm{i}}=30°$,由明纹光程差公式:

$$\delta=2d\sqrt{n_2^2-n_1^2\sin^2\theta_{\mathrm{i}}}+\frac{\lambda}{2}=k\lambda\,(k=1,2,3,\cdots)$$

可计算出膜的最小厚度.取 $k=1$,从而解得

$$d=\frac{\lambda}{4\sqrt{n_2^2-n_1^2\sin^2\theta_{\mathrm{i}}}}$$

将 $\theta_{\mathrm{i}}=30°$,$n_1=1$,$n_2=1.33$,$\lambda=5.0\times10^{-7}$ m 代入算得

$$d=1.01\times10^{-7}\,(\mathrm{m})$$

(2) 若将光改为垂直入射,且观察到膜最亮,所对应最大波长应满足

$$\delta=2dn_2+\frac{\lambda}{2}=\lambda$$

所以

$$\lambda=4n_2d=5.37\times10^{-7}\,(\mathrm{m})$$

［例 19.3.2］　在玻璃板表面镀一层 ZnS 介质膜，若适当选取膜层厚度，则可使在 ZnS 薄膜上、下表面处发生的反射光形成相长干涉，从而增强反射光. 已知玻璃的折射率为 1.50，ZnS 的折射率为 2.37，垂直入射光的波长为 6.33×10^{-7} m（红光）. 试计算 ZnS 的膜层的最小厚度.

解：两反射光干涉相长的条件为

$$2n_2d+\frac{\lambda}{2}=k\lambda\ (k=1,2,3,\cdots)$$

取 $k=1$，得膜层最小厚度为

$$d=\frac{\lambda}{4n_2}=6.67\times10^{-8}\,(\mathrm{m})$$

19.3.2　薄膜的等厚干涉

等厚干涉是以一束平面光波（即平行光）入射到厚度不匀的透明介质薄膜上反射时产生的. 利用远方光源射来的光作为平行光或将点光源放在透镜焦点上面，反射的光线 1 和从薄膜下表面反射并透射出上表面的光线 2 也不平行（见图 19.3.5）. 为观察干涉条纹，可利用透镜和光屏，并使光屏恰位于光线 1 和 2 的会合处（像点 P 处），当然也可以用眼直接观察.

两光线 1 和 2 的光程差的精确计算比较困难，但在膜很薄的情况下，可近似地应用等倾干涉的光程差公式，即

$$\delta=2n_2d\cos\theta_r+\frac{\lambda}{2}=2\sqrt{n_2^2-n_1^2\sin\theta_i^2}+\frac{\lambda}{2} \tag{19.3.7}$$

式中，n_2、θ_r、θ_i 均保持不变，故光程差仅与膜的厚度有关，凡厚度相同之处，光程差相同. 若用眼观察，这种干涉条纹好似位于薄膜表面上（极靠近膜表面），而在同一干涉条纹下膜的厚度相同，故称这种干涉为等厚干涉，相应的干涉条纹称为等厚条纹.

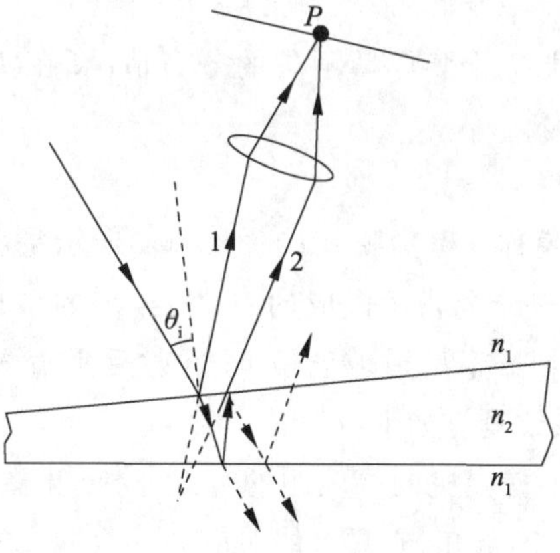

图 19.3.5　等厚干涉光路

观察严格等厚干涉条纹的装置一般如图 19.3.6 所示. 点光源发出的光通过透镜成为平行光射向半反射镜 M，部分光被反射到薄膜上，在膜的上、下表面再次被反射而产生

干涉.由于干涉条纹已在膜的附近形成,故可直接用眼观察.有时不用平行光,只用扩展光源也能观察到干涉条纹,但这时的条纹并不是严格的等厚条纹.例如,我们在阳光下看到肥皂泡、油膜和虫翅上那些色彩绚丽、形状不规则的干涉条纹就包含等厚条纹的重要特征,但这些干涉条纹不是严格的等厚条纹.

如图 19.3.6 所示,在等厚干涉的实验中多半采用正入射于薄膜的平行光.如果略去入射光与薄膜表面不严格垂直的微小偏差,可将等厚干涉的光程差公式简化为

$$\delta=2n_2d+\frac{\lambda}{2} \tag{19.3.8}$$

因此,等厚干涉的明纹光程差公式为

$$2n_2d+\frac{\lambda}{2}=k\lambda(k=1,2,3,\cdots) \tag{19.3.9}$$

等厚干涉的暗纹光程差公式为

$$2n_2d+\frac{\lambda}{2}=(2k+1)\frac{\lambda}{2}(k=0,1,2,3,\cdots) \tag{19.3.10}$$

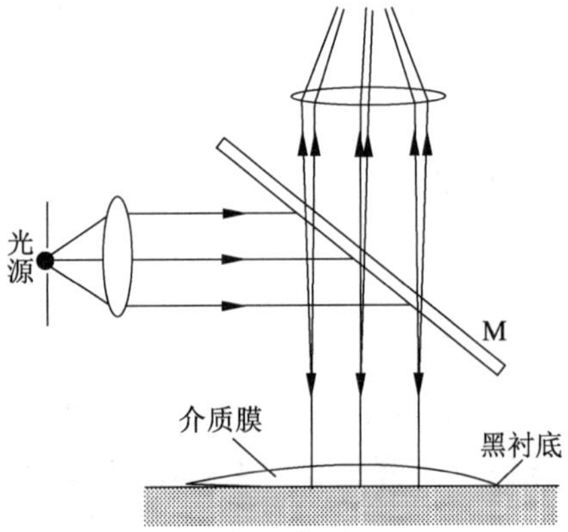

图 19.3.6　等厚干涉实验装置

等厚干涉条纹的形状取决于膜厚薄不匀的分布情况.在实验室中,产生等厚干涉的常见装置是劈尖膜和牛顿环.

1. 劈尖膜

一种劈尖形的透明薄膜称为劈尖膜.图 19.3.7(a)所示是由空气构成的劈尖,它是用两块平面玻璃片在一边夹一细金属丝做成的.当发自 S 的单色光经凸透镜 L 成为平行光,再经过以 45°角放置的半透半反射玻璃镜 M 反射后垂直入射到空气劈尖上,便产生等厚干涉条纹.劈尖干涉条纹具有如下特征:

(1) 干涉条纹为平行于劈尖棱的等间距的直线条纹[见图 19.3.7(b)].在棱边处因 $d=0$,由光程差公式(19.3.9)可知,它只可能对应 $k=0$ 的暗条纹.实验也证实了这一点.

(2) k 级明纹有

$$2n_2d_k+\frac{\lambda}{2}=k\lambda$$

$k+1$ 级明纹有

$$2n_2 d_{k+1} + \frac{\lambda}{2} = (k+1)\lambda$$

两式相减得

$$2n_2(d_{k+1} - d_k) = \lambda$$

所以，相邻明纹（或暗纹）间的膜层厚度差为

$$\Delta d = d_{k+1} - d_k = \frac{\lambda}{2n_2} \tag{19.3.11}$$

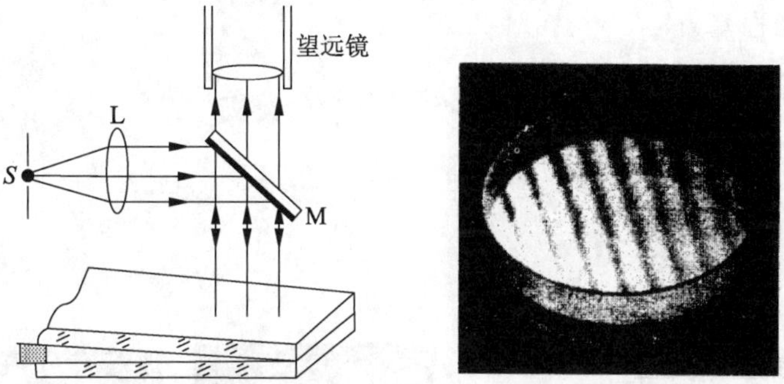

(a) 劈尖干涉实验装置　(b) 劈尖干涉条纹

图 19.3.7 劈尖干涉

（3）如图 19.3.8 所示，当劈尖楔角为 θ（通常 θ 很小，$\sin\theta \approx \theta$）时，明纹（或暗纹）间距为

$$\Delta x = \frac{\Delta d}{\sin\theta} = \frac{\lambda}{2n_2\theta} \tag{19.3.12}$$

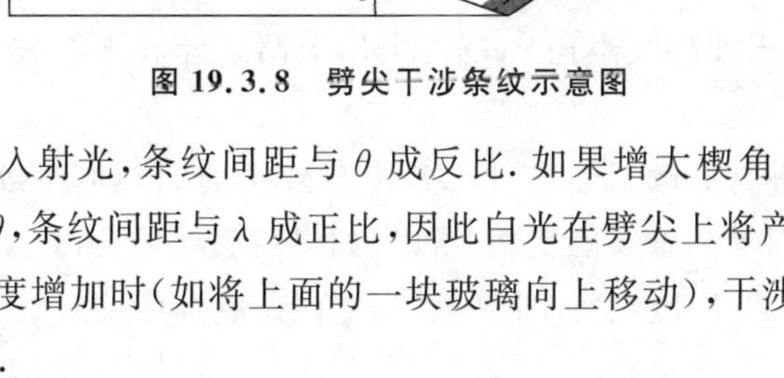

图 19.3.8 劈尖干涉条纹示意图

对于一定波长的入射光，条纹间距与 θ 成反比. 如果增大楔角 θ，条纹变密，反之变疏. 对于固定的楔角 θ，条纹间距与 λ 成正比，因此白光在劈尖上将产生彩色条纹.

（4）当劈尖膜厚度增加时（如将上面的一块玻璃向上移动），干涉条纹保持间距不变，但向着棱的一边移动.

应该指出，对于空气劈尖，其两块玻璃片各自有两个表面，产生干涉的光是来自上玻璃片的下表面和下玻璃片的上表面的两束反射光. 另两个表面上也有反射光，但由于玻

璃厚度远大于光波的相干长度,所以不能产生干涉.

2. 牛顿环

在一块平玻璃板上放一枚平面凸透镜[见图 19.3.9(a)],使两者之间形成一个圆盆形的空气薄层,用平行光垂直入射从而产生等厚干涉,可以观察到这种干涉条纹是以凸透镜与平玻璃板的接触点 O 为中心的许多同心圆环,称为牛顿环.这些圆环不是等间距的,而是内层环疏、外层环密[见图 19.3.9(b)].图 19.3.9(c)则是在压力下牛顿环的变化.

因透镜曲率很小,在垂直入射光下,各点入射角近似为 $\theta_i=0$,又因空气的折射率 n_2 近似为 1,所以光程差为

明环: $$2d+\frac{\lambda}{2}=k\lambda\ (k=1,2,3,\cdots)$$

暗环: $$2d+\frac{\lambda}{2}=(2k+1)\frac{\lambda}{2}\ (k=0,1,2,3,\cdots)$$

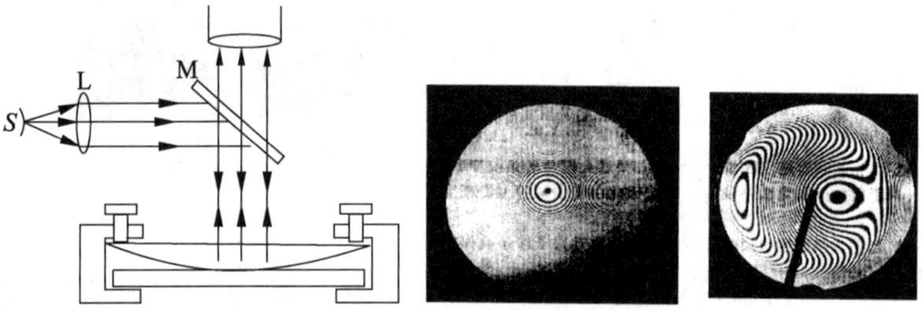

(a) 牛顿环实验装置　(b) 牛顿环纹　(c) 压力下牛顿环的变化

图 19.3.9　牛顿环实验装置及牛顿环纹

设任一干涉环的半径为 r.由图 19.3.10 中的几何关系可得

$$r^2=R^2-(R-d)^2=2Rd-d^2$$

式中,R 为透镜的曲率半径;d 为该环所在处的空气层厚度.因 $R\gg d$,故 $r^2\approx 2Rd$,将其代入光程差公式,得到

明环半径为 $$r=\sqrt{R(2k-1)\frac{\lambda}{2}}\ (k=1,2,3,\cdots) \tag{19.3.13}$$

暗环半径为 $$r=\sqrt{kR\lambda}\ (k=0,1,2,3,\cdots) \tag{19.3.14}$$

若利用实验测出干涉环纹半径 r,就可由以上两式计算光波波长 λ 或透镜的曲率半径 R.

由上可见,牛顿环与等倾干涉条纹都是内疏外密的圆环形条纹,但牛顿环的环纹级次由环心向外递增,而等倾条纹则反之.所以,如果使膜层厚度减小(例如,用手指按一下上方的透镜),牛顿环的环纹就会向外扩大,而等倾条纹则相反.

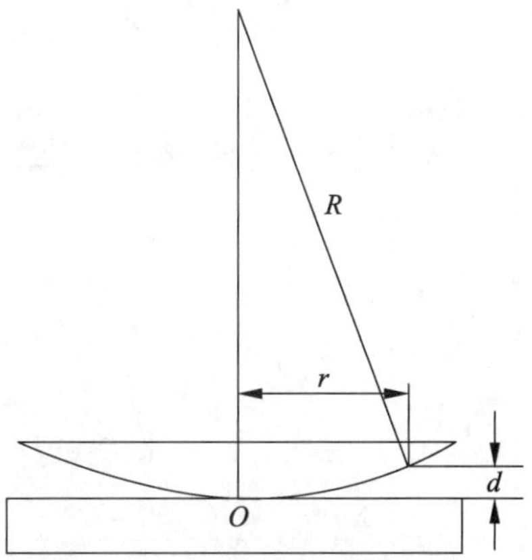

图 19.3.10　牛顿环实验原理图

［例 19.3.3］　利用空气劈尖的等厚干涉条纹可以检测工件表面存在的极小的凹凸不平.在经过精密加工的工件表面上放一光学平面玻璃，使其间形成空气劈尖（见图 19.3.11），用单色光垂直照射玻璃表面，检测其是凹的还是凸的，并证明凹凸深度可用公式 $h=b\lambda/2b'$ 求得（式中，λ 为照射光的波长）.

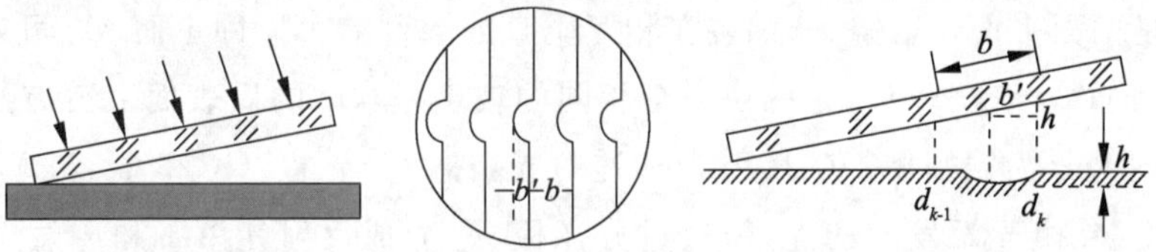

(a) 空气劈尖示意图　(b) 劈尖干涉条纹　(c) 空气劈尖厚度变化

图 19.3.11　例 19.3.3 图

解：干涉条纹弯曲说明工件表面不平，因为 k 级干涉条纹各点都对应于同一气隙厚度 d_k，如果条纹如图中那样向劈尖棱的一方弯曲，说明该处气隙厚度也就是 d_k 增大了.因此，可判断工作表面是下凹的.由图 19.3.11(c)中两直角三角形相似，可得

$$\frac{b'}{b}=\frac{h}{\frac{\lambda}{2}}$$

所以得

$$h=\frac{b'}{b}\frac{\lambda}{2}$$

［例 19.3.4］　为测量薄云母片的厚度，用两块具有光学平面的平板玻璃将它夹住，从而在玻璃板间形成空气劈尖.用波长为 546 nm 的光垂直照射，观察到由反射所产生的等厚干涉条纹的水平间距（见图 19.3.12）$\Delta b=0.80$ nm，若劈尖宽 $b=5.0$ nm，求云母片厚度 d 及劈尖尖角 θ.

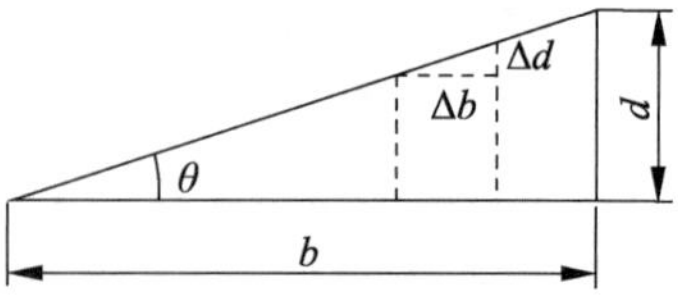

图 19.3.12　云母片劈尖

解：如图 19.3.12 所示，因为

$$d = b\tan\theta = \frac{\Delta d}{\Delta b}b$$

而 $\Delta d = \frac{\lambda}{2}$，所以

$$d = \frac{b}{\Delta b}\frac{\lambda}{2}$$

将 λ、Δb、b 各值代入得

$$d = 1.7\times10^{-5}(\mathrm{m})$$

$$\sin\theta \approx \theta \approx \frac{\Delta d}{\Delta b} = \frac{\lambda}{2\Delta b\sqrt{n_2^2 - n_1^2\sin^2\theta_i}}$$

算得

$$\theta = 64\times10^{-6}\,\mathrm{rad} = 0.0037(^\circ)$$

19.3.3　迈克尔孙干涉仪与时间相干性

1. 迈克尔孙干涉仪

1881 年，迈克尔孙创造了干涉仪，并用它做了检验“以太”是否存在的著名实验. 他的干涉仪实际上是利用分振幅法产生双光束干涉，干涉仪的结构如图 19.3.13 所示. 图中，M_1 和 M_2 是两面平面反射镜，分别装在相互垂直的两臂上，M_2 固定而 M_1 可通过精密丝杆沿臂长方向移动；G_1 和 G_2 是两块完全相同的玻璃板，G_1 的后表面上镀有半透明的银膜，能使入射光分为振幅相等的反射光和透射光，称为分光板. G_1 和 G_2 与 M_1 和 M_2 成 45°角倾斜安装. 由光源发出的光束，通过分光板 G_1 分成反射光束 1 和透射光束 2，分别射向 M_1 和 M_2，并被反射回到 G_1，光束 1 透过银膜的部分与光束 2 从银膜反射的部分被目镜会聚于观察屏上，由于两束光是相干光，因此产生干涉. 干涉仪中 G_2 称为补偿板，是为了使光束 2 也同光束 1 一样三次通过玻璃板，以保证两光束间的光程差不致过大（这对使用单色性不好的光源是十分必要的，参见下文“时间相干性”部分）.

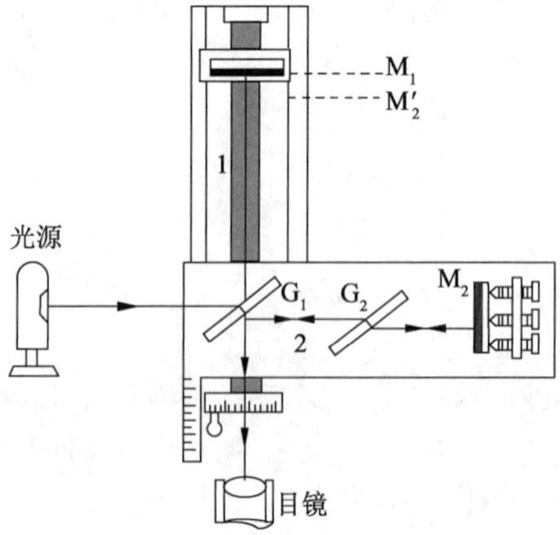

图 19.3.13　迈克尔孙干涉仪原理

由于 G_1 银膜的反射，使在 M_1 附近形成 M_2 的一个虚像 M_2'. 因此，光束 1 和光束 2 的干涉等效于由 M_1 和 M_2' 之间空气薄膜产生的干涉. 当调节 M_2 使 M_1 和 M_2 相互精确地垂直，并且调节目镜使光屏位于它的焦平面上时，就能观察到圆形的等倾条纹；如果 M_1 和 M_2 偏离相互垂直的方向，这时就能观察到等厚直条纹（有时微有弯曲，如图 19.3.14 所示）.

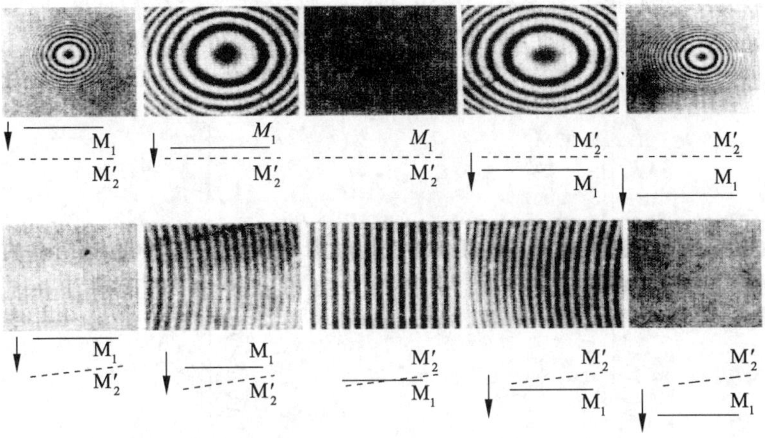

图 19.3.14　迈克尔孙干涉图样

当条纹为等倾条纹时，M_1 镜每移动 $\lambda/2$ 距离，视场中心就冒出一个环纹或漏失一个环纹. 当条纹为等厚条纹时，M_1 镜每移动 $\lambda/2$，也有一个条纹从视场中移过. 视场中干涉条纹变化或移过的数目 N 与 M_1 移动距离 d 间的关系是

$$d = N\frac{\lambda}{2} \tag{19.3.15}$$

式(19.3.15)表明，已知波长 λ 并记录干涉条纹变化或移过的数目 N，便可算出 M_1 移动的距离. 如果将 M_1 移动的距离同待测长度相比较，也就测出了这个长度，而其测量精度可达到 10^{-12} m 的量级. 反之，在已知标准长度时，通过将其与 M_1 移动的距离比较，并记录 N，就可确定光的波长. 通常，M_1 移动数毫米长度，视场中的干涉条纹已移过上万条，为此常采用光电自动计数器自动记录移过的条纹数. 1892 年，迈克尔孙利用干涉仪首先测出镉(Cd)红线的波长 $\lambda_{Cd} = 643.84696$ nm. 因为光的波长稳定，容易复现，特别是在干涉仪上光的波长能直接当作长度单位，所以用光的波长作为长度基准是方便的. 1960 年第 11 届国际计量会议上曾决定以氪－86(^{86}Kr)橙色线的波长 λ_{Kr} 为长度基准（因^{86}Kr 橙色线的单色性好），规定 1 m $= 1650763.73\lambda_{Kr}$. 迈克尔孙干涉仪是现代许多干涉仪的原型，它不仅可用来精密测量长度，还可应用于测量介质的折射率、测定光谱精细的结构等.

2. 时间相干性

在迈克尔孙干涉仪的实际操作中，M_1 与 M_2' 的距离超过一定范围使光程差过大时，就会观察不到干涉现象，这就是为什么要在光束 2 的光路上加上补偿板 G_2，以免两束光的光程差过大的原因.

我们知道光是由大量彼此独立的原子光波列组成的.为获得两束相干光,无论是采用分波面法还是采用分振幅法,都是将一个个原子光波列分割成两部分.两束光经不同光路到达会合点时发生干涉,关键在于到达会合处的两束光波仍旧属于同一原子光波列的那两部分,否则就不可能出现干涉(见图 19.3.15).很明显,要保证同一原子光波列被分割的两部分能重新会合,两光路的光程差就不能超过原子光波列在真空中的长度,而此长度为

$$\Delta x=\frac{\lambda^2}{\Delta\lambda} \tag{19.3.16}$$

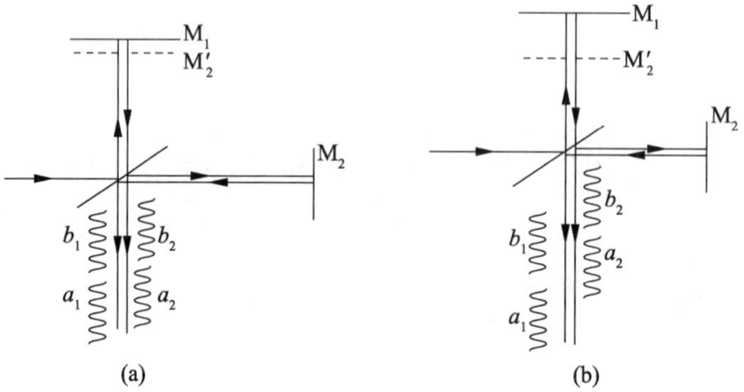

图 19.3.15　迈克尔孙干涉光路图

或者说,来自两光路的同一原子光波列的两部分到达会合点的时间先后相关不能超过

$$\Delta t=\frac{\Delta x}{c}=\frac{\lambda^2}{c\Delta\lambda} \tag{19.3.17}$$

式中,Δt 是发射一个原子光波列的时间.通常我们将 Δx 和 Δt 分别称为相干长度和相干时间,并将这类相干性称为时间相干性.显然,相干长度或相干时间愈长,代表时间相干性愈好.不难看出,光的单色性愈好(频谱宽度 $\Delta\nu$ 愈小),Δx 和 Δt 就愈大,这时光的时间相干性就愈好.

联系前面所讨论的光的空间相干性,不妨将两者作一个比较:空间相干性研究的是在垂直于光线的横向两空间点上光的相干性;时间相干性讨论的是沿光线纵向两空间点上光的相干性.空间相干性与光源尺度有关,时间相干性与光源的单色性有关.尺度较大或单色性差的光源都难以形成干涉.

对于迈克尔孙干涉仪,若采用激光作为光源,因激光的相干长度一般达数十万米,所以 M_1 移动的距离实际上没有任何限制.若采用钠灯作为光源,因其相干长度只有数厘米,所以 M_1 与 M_2'间的距离超过这个长度就会观察不到干涉.如果用白光作光源,白光的相干长度只有微米数量级,这时要观察到干涉,M_1 与 M_2'间的距离就不能超过微米级.因此,在迈克耳孙干涉仪中采用普通光源时,必须加上补偿板 G_2 来消去多余的光程差.

[例 19.3.5] 在迈克尔孙干涉仪的一臂放入一个长 $l=100$ nm 的玻璃管,并充以一个大气压(101325 Pa)的空气,用波长 $\lambda=585$ nm 的光产生干涉,在将玻璃管逐渐抽成真空的过程中,观察到 $N=100$ 条干涉条纹的移动.试计算空气的折射率.

解：设空气折射率为 n，将玻璃管内空气抽空前后的光程差为

$$(n-1)l=N\frac{\lambda}{2}$$

因此

$$n=1+\frac{N\lambda}{2l}$$

将 N、λ、l 各值代入上式算得

$$n=1.000293$$

思考题

19-1　在图 19.2.1 所示的杨氏双缝实验中，描述在下列情况下干涉条纹如何变化：

(1) 当双缝的间距增大时；

(2) 当双缝的宽度增大时；

(3) 当缝光源 S 平行于双缝移动时；

(4) 当缝光源 S 向双缝屏移近时；

(5) 当缝光源 S 逐渐增宽时.

19-2　在杨氏双缝干涉实验中，如果在上方的缝后面贴一片薄的透明云母片，干涉条纹的间距有无变化？中央条纹的位置有何变化？

19-3　为什么刚吹起的肥皂泡(很小时)看不到什么彩色，而当肥皂泡吹大到一定程度时，就会看到彩色，并且这些色彩随着肥皂泡的增大而改变？当肥皂泡增大到将要破裂时，会呈现什么颜色？为什么？

习题

19-1　用很薄的云母片($n=1.58$)覆盖在杨氏双缝实验中的一条缝上，这时屏幕上的零级明条纹移到原来的第七级明条纹的位置上. 如果入射光波长为 550 nm，试问此云母片的厚度为多少？(假设光通过云母片时不考虑折射引起的光线偏折.)

19-2　一平面单色光波垂直照射在厚度均匀的薄油膜上，油膜覆盖在玻璃板上. 所用单色光的波长可以连续变化，可观察到 500 nm 与 700 nm 这两个波长的光在反射中消失. 油的折射率为 1.30，玻璃的折射率为 1.50，试求油膜的厚度.

19-3　制造半导体元件时，常需要精确地测定硅片上的二氧化硅(SiO_2)薄膜的厚度，这时可把二氧化硅薄膜的一部分腐蚀掉，使它成为劈尖，利用等厚干涉条纹测出其厚度. 已知 Si 的折射率为 3.42，SiO_2 的折射率为 1.5. 用氦氖激光($\lambda=632.8$ nm)垂直照射，在反射光中观察到在腐蚀区域内有 8 条暗纹，且 SiO_2 斜面转为平面处是亮纹. 求 SiO_2 薄膜的厚度.

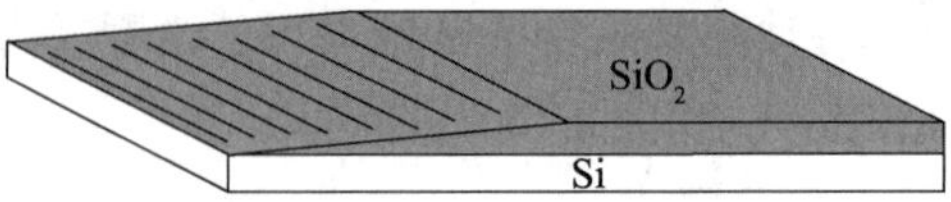

习题 19-3 图

19-4　使用单色光来观察牛顿环，测得某一明环的直径为 3.00 mm，在它外面第五个明环的直径为 4.60 mm，所用平凸透镜的曲率半径为 1.03 m，求此单色光的波长. 这是什么光源发出的光？

19-5　一柱面平凹透镜 A，曲率半径为 R，放在平玻璃片 B 上，如图所示. 现用波长为 λ 的单色平行光自上方垂直往下照射，观察 A 和 B 间空气薄膜的反射光的干涉条纹. 空气薄膜的最大厚度 $d=2\lambda$.

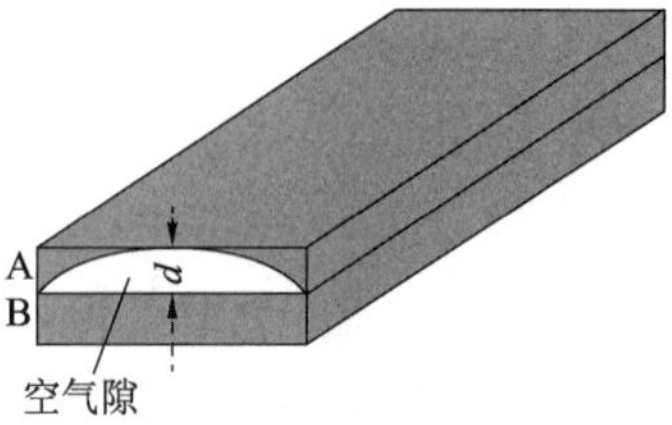

习题 19-5 图

(1) 分析干涉条纹的特点(形状、分布、级次高低)，作图表示明条纹；

(2) 求明条纹距中心线的距离 r；

(3) 计算能看到的明条纹数；

(4) 若将玻璃片 B 向下平移，条纹如何移动？若玻璃片移动了 $\frac{\lambda}{4}$，还能看到几条明条纹？

第 20 章 光的衍射

按几何光学的观点，当光通过障碍物上的圆孔时，应在光屏上出现清晰的障碍物的影，影内没有光到达，影外光强均匀分布.

1814 年，法国物理学家菲涅耳开始研究光的衍射，他在实验中发现，光通过障碍物上的圆孔后，在光屏上出现的不是明暗分明的两部分区域，而是在大于圆孔的区间内出现一些明暗相间的同心圆环. 这说明，光能绕过障碍物传播到障碍物的背后. 当改变光屏到圆孔的距离时，他还惊奇地发现，圆环的中心有时还会出现暗点.

用狭缝代替圆孔，也会出现类似现象，这类现象被称作光的衍射. 光的衍射现象，再次说明光是一种波.

20.1 惠更斯-菲涅耳原理

虽然根据惠更斯原理能很自然地解释波在障碍物附近发生的绕射现象，却不能说明光在绕射的同时为什么会出现明暗相间的条纹. 菲涅耳(A. J. Fresnel)发展了惠更斯原理，定量地分析了这个问题. 经过菲涅耳补充的惠更斯原理称惠更斯-菲涅耳原理，可陈述如下：

由光源发出的光，其波阵面上每个面元 dS 都成为一个发射球面子波的波源，对局部波阵面来说，这些子波是相干的，而光波在波阵面前方 P 点的振幅矢量是这些子波在该点振幅矢量的叠加.

菲涅耳还指出，对于给定的面元 dS，它在 P 点的振幅正比于面元面积，反比于面元到 P 点的距离 r，并且随面元法线与 r 间的夹角 θ 的增大而减小(见图 20.1.1).

如果已知波阵面上各面元发出的子波到达 P 点处的振幅，考虑到所有子波在 P 点的振动有相同的频率和振动方向，但相位不同，可以采用振动合成中的振幅矢量叠加法来计算合振幅. 例如，设面元 dS 子波在 P 点的振幅为 dA，振幅矢量为 $d\boldsymbol{A}$，由于不同面元距离 P 点的长度不等，各子波到达 P 点时的相位就不同，而子波间的相位差可表示为子波振幅矢量 $d\boldsymbol{A}$ 间的夹角. 于是，P 点的光振动的合振幅矢量应是许多不同方向的子波振幅矢量的矢量和(见图 20.1.2)，即

$$\boldsymbol{A}_P = \int d\boldsymbol{A} \tag{20.1.1}$$

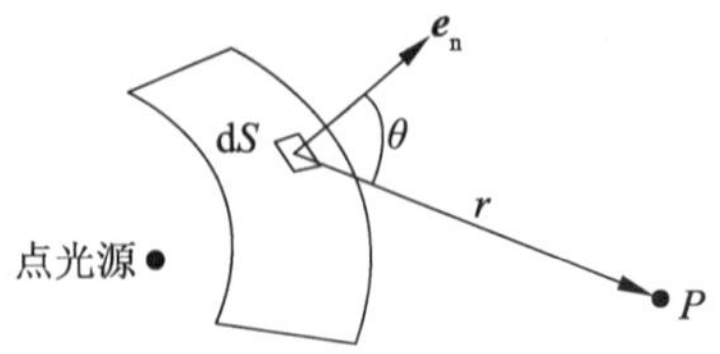

图 20.1.1　菲涅耳衍射

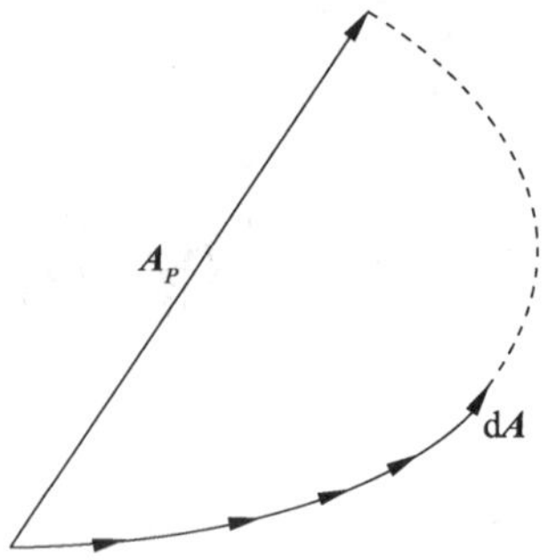

图 20.1.2　光矢量叠加

20.2　单缝的夫琅禾费衍射

单缝夫琅禾费衍射的实验装置如图 20.2.1(a)所示. 线光源 S 放在透镜 L_1 的主焦面上,因此从透镜 L_1 穿出的光线形成一平行光束. 这束平行光照射在单缝 K 上,一部分穿过单缝,再经过透镜 L_2,在 L_2 的焦平面处的屏幕 E 上将出现一组明暗相间的平行直条纹,如图 20.2.1(b)所示. 图 20.2.1(c)为点光源的单缝衍射图样.

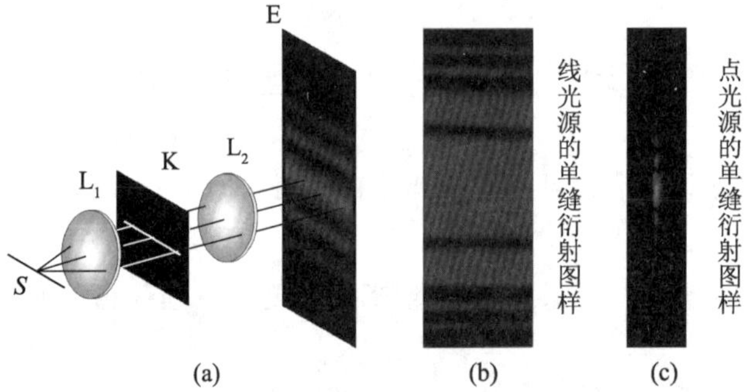

图 20.2.1　单缝的夫琅禾费衍射

单缝衍射可用菲涅耳波带法进行研究. 如图 20.2.2 所示,设单缝的宽度为 a,在平行单色光的垂直照射下,位于单缝所在处的波阵面 AB 上各点所发出的子波沿各个方向传播. 我们把衍射后沿某一方向传播的子波波线与平面衍射屏法线之间的夹角称为衍射角(diffraction angle). 衍射角 θ 相同的平行光束经过透镜后,聚焦在屏幕上 P 点. 两条边缘衍射光束之间的光程差为 $BC=a\sin\theta$.

P 点条纹的明暗完全取决于光程差 BC 的量值. 菲涅耳在惠更斯-菲涅耳原理的基础上,提出了将波阵面分割成许多等面积的波带的方法. 在单缝的例子中,可以作一些平行于 AC 的平面,使两相邻平面之间的距离等于入射光的半波长,即 $\lambda/2$. 假定这些平面将单缝处的波阵面 AB 分成 AA_1、A_1A_2、A_3B 等整数个波带[见图 20.2.2(b)]. 由于各个波带的面积相等,所以各个波带在 P 点引起的光振幅接近相等. 在两相邻的波带上,任何两个对应点(如 A_2A_3 带上的 G 点与 A_3B 带上的 G' 点)所发出的子波的光程差总是 $\lambda/2$,

亦即相位差总是 π. 由于透镜不产生附加相位差，所以经过透镜会聚，到达 P 点时相位差仍然是 π. 结果是任何两个相邻波带所发出的子波在 P 点引起的光振动将完全相互抵消.

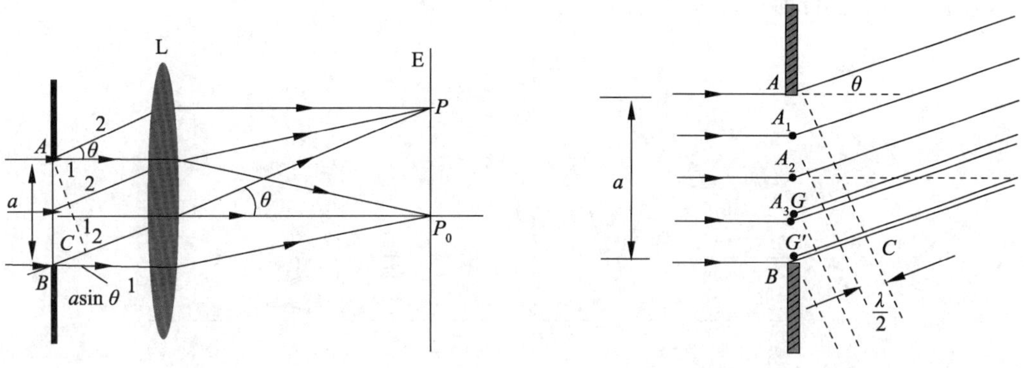

(a)　　　　　　(b)

图 20.2.2　单缝衍射条纹的计算

由此可见，当 BC 是半波长的偶数倍时，亦即对应于某给定角度 θ，单缝可分成偶数个波带时，所有波带的作用成对地相互抵消，在 P 点将出现暗纹；当 BC 是半波长的奇数倍时，亦即单缝可分为奇数个波带时，波带的作用相互抵消后还留下一个波带的作用，在 P 点将出现明纹. 上述结果可用数学式表示如下：当 θ 满足

$$a\sin\theta=\pm 2k\,\frac{\lambda}{2}\ (k=1,2,3,\cdots) \tag{20.2.1}$$

时为暗纹. 在两个第一级($k=1$)暗纹之间的区域，即 θ 满足

$$-\lambda<a\sin\theta<\lambda$$

时为中央明纹. 当 θ 满足

$$a\sin\theta=\pm(2k+1)\frac{\lambda}{2}\ (k=1,2,3,\cdots) \tag{20.2.2}$$

时为其他各级明纹.

我们把 $k=\pm1$ 的两个暗点之间的角距离作为中央明纹的角宽度. 由于 $k=1$ 时的暗点对应衍射角 θ_1，显然它就是中央明纹的半角宽度(half angular width)$\Delta\theta_0$，于是

$$\Delta\theta_0=\theta_1=\arcsin\frac{\lambda}{a}$$

当 θ_1 很小时

$$\Delta\theta_0\approx\frac{\lambda}{a}$$

必须强调指出，对任何衍射角 θ 来说，AB 一般不能恰巧分成整数个波带，亦即 BC 不等于$\frac{\lambda}{2}$的整数倍. 此时，衍射光束经透镜聚焦后，屏幕上形成照度介于最明和最暗之间的中间区域. 在单缝衍射条纹中，光强的分布并不是均匀的，如图 20.2.3 所示. 中央条纹

(即零级明纹)最亮,同时也最宽(约为其他明纹宽度的两倍).中央条纹的两侧,光强迅速减小,直至第一个暗条纹;其后,光强又逐渐增大而成为第一级明条纹,依此类推.必须注意到,各级明纹的光强随着级数的增大而逐渐减小.这是由于 θ 角越大,分成的波带数愈多,未被抵消的波带面积仅占单缝面积的一微小部分.

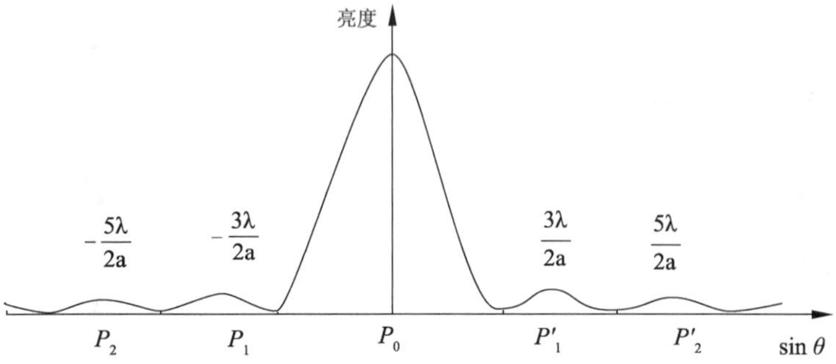

图 20.2.3　单缝衍射条纹的光强分布

由式(20.2.2)可知,对一定宽度的单缝来说,$\sin\theta$ 与波长 λ 成正比,而单色光的衍射条纹的位置是由 $\sin\theta$ 决定的.因此,如果入射光为白光,白光中各种波长的光抵达 P_0 点都没有光程差,所以中央是白色明纹.但在 P_0 两侧的各级条纹中,不同波长的单色光在屏幕上的衍射明纹将不完全重叠.各种单色光的明纹将随波长的不同而略微错开,最靠近 P_0 的为紫色,最远离 P_0 的为红色.

由式(20.2.1)可见,对给定波长 λ 的单色光来说,a 愈小,与各级条纹相对应的 θ 角就愈大,亦即衍射作用愈显著.反之,a 愈大,与各级条纹相对应的 θ 角将愈小,这些条纹都向中央明纹 P_0 靠近,逐渐分辨不清,衍射作用也就愈不显著.如果 a 与 λ 相比而言很大(即 $a \gg \lambda$),各级衍射条纹全部并入 P_0 附近,形成单一的很窄的亮线,它就是缝光源 S 经 L_1 和 L_2 所形成的几何光学的像.这是从单缝射出的平行光束直线传播所引起的作用.由此可知,通常所说的光的直线传播现象,只是光的波长较障碍物的线度而言很小,亦即衍射现象不显著时的情况.

下面根据惠更斯-菲涅耳原理,应用振幅矢量叠加法来计算光波在屏上任一点 P 的振幅和光强.在狭缝情况下,可将位于缝 BC 上的光的波阵面划分为 N 个等宽的细窄条 ΔS 作为面元(垂直于纸面).每个窄条面元发出的子波应是柱面子波,并设这些子波在 P 点的振幅近似相等,均等于 ΔA.单缝上缘 B 与下缘 C 到达 P 点的光程差为 $b\sin\theta$(θ 为各子波射向 P 点的方向与中心轴线的夹角).由于透镜的等光程性,相邻子波间的相位差为

$$\varphi=\frac{2\pi b\sin\theta}{\lambda N} \tag{20.2.3}$$

现用振幅矢量 $\Delta\boldsymbol{A}$ 代替 ΔA,相邻窄条子波所对应的 $\Delta\boldsymbol{A}$ 间的夹角即为 θ.如果用矢量求和的方法将 N 个 $\Delta\boldsymbol{A}$ 加起来,就得到 P 点光波的振幅矢量 $\boldsymbol{A}$.图 20.2.4 所示为将狭缝中最上方窄条所产生子波的振幅矢量 $\Delta\boldsymbol{A}$ 到最下方窄条所产生子波的振幅矢量 $\Delta\boldsymbol{A}$ 首尾连

接了起来(图中画的是 $N=5$ 的情形).不难根据几何关系证明

$$2\beta=\angle BOC=N\varphi$$

$$\beta=\frac{N\varphi}{2}=\frac{\pi}{\lambda}b\sin\theta \tag{20.2.4}$$

现减少窄条宽度,使 $N\to\infty$(见图 20.2.5),在极限情况下有

$$\overset{\frown}{BC}=2\beta R=N\Delta A$$

$$2R=\frac{N\Delta A}{\beta}$$

$$A=2R\sin\beta=N\Delta A\ \frac{\sin\beta}{\beta} \tag{20.2.5}$$

于是 P 点的光强当为

$$I=I_0\left(\frac{\sin\beta}{\beta}\right)^2 \tag{20.2.6}$$

式中,$I_0\propto(N\Delta A)^2$.因为在 $\theta=0$,即 $\beta=0$,$\frac{\sin\beta}{\beta}\to1$ 时,有 $I=I_0$.可见,I_0 代表衍射中央条纹的光强.

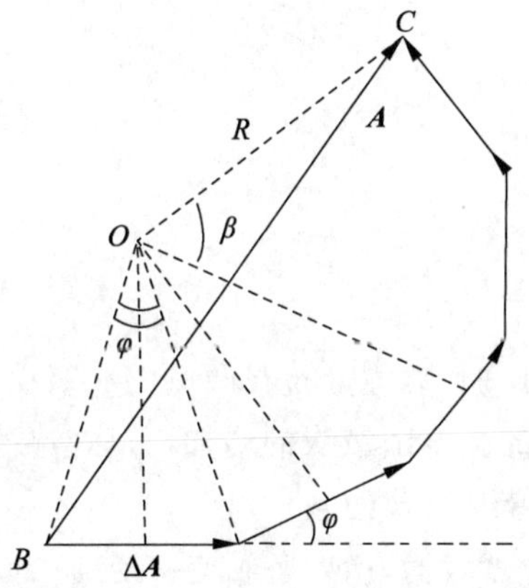

图 20.2.4　振幅矢量首尾连接叠加($N=5$)

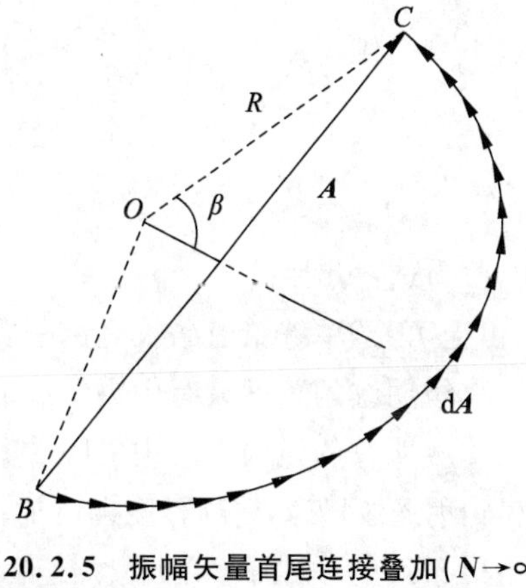

图 20.2.5　振幅矢量首尾连接叠加($N\to\infty$)

I 作为 $\sin\theta$ 的函数,其分布曲线如图 20.2.6 所示.

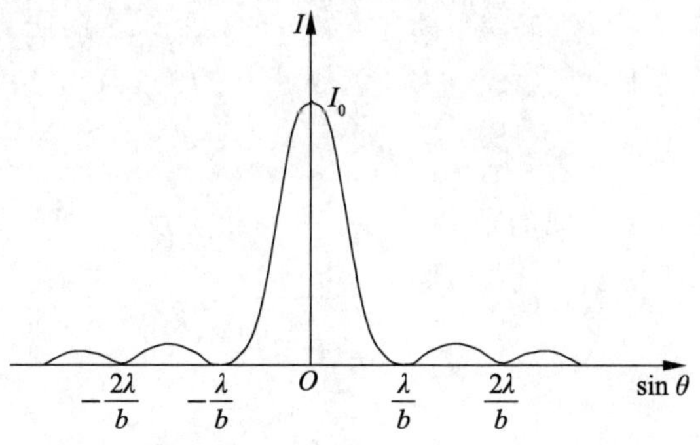

图 20.2.6　光强的分布曲线

根据衍射的光强公式(20.2.6),将单缝衍射的特征综述如下:

(1) 中央明纹,在 $\theta=0$ 处,此时 $I=I_0$,对应最大光强,称为主极大或中央明纹.

(2) 暗纹,在 $\beta=\pm n\pi$ 处,即

$$\frac{\pi}{\lambda}b\sin\theta=\pm n\pi$$

或

$$b\sin\theta=\pm n\lambda\ (n=1,2,3,\cdots)$$

处,有 $I=0$,故上式可用于确定暗纹中心线的角位置.

(3) 次级明纹,在两相邻暗纹间应存在次级明纹,由方程 $\frac{\mathrm{d}}{\mathrm{d}\beta}\left(\frac{\sin\beta}{\beta}\right)^2=0$ 可得 $\tan\beta=\beta$,再用图解法解此超越方程,可求得

$$\sin\beta=\pm1.43\frac{\lambda}{b},\pm2.46\frac{\lambda}{b},\pm3.47\frac{\lambda}{b},\cdots$$

这些就是中央明纹两侧次级明纹中心线的角位置.

(4) 中央明纹宽度.以两侧一级暗纹的中心线间距定义中央明纹宽度,因为由

$$b\sin\theta=\pm\lambda$$

可得

$$\sin\theta\approx\theta=\pm\frac{\lambda}{b}$$

所以,中央明纹宽度为

$$\Delta x=2f\tan\theta\approx2f|\theta|\approx2f\frac{\lambda}{b}\tag{20.2.7}$$

式中,f 为透镜焦距.

由上可见,单缝衍射条纹是由很宽很亮的中央明纹和对称分布在两侧的次级明纹组成的,次级明纹的宽度只有中央明纹的一半.各明纹的强度随级次的增加而迅速减小,例如,第1级明纹的光强不到中央明纹光强的5%.随着缝宽 b 的减小,衍射光的光强也减小,但衍射条纹增宽,清晰程度也增加;反之,当缝宽 b 增大时,衍射条纹变密变细;当 $b\gg\lambda$ 时,衍射条纹完全消失,在屏上出现单缝的几何光学像,这时光才显示出直线传播的性质.

[例 20.2.1] 水银灯发出的波长为546 nm的绿色平行光,垂直入射于宽0.437 mm的单缝上,缝后放置一焦距为40 cm的透镜,试求在透镜焦面上出现的衍射条纹中央明纹的宽度.

解: 两个第一级暗纹中心间的距离即为中央明纹宽度,对第一级暗条纹($k=1$)求出其衍射角 $a\sin\theta_1=\lambda$,式中 θ_1 很小,因此

$$\theta_1\approx\sin\theta_1=\frac{\lambda}{a}$$

中央明纹的角宽度为

$$2\theta_1=\frac{2\lambda}{a}$$

由几何光学可知，透镜焦平面上出现中央明纹的宽度为

$$\Delta x = 2f\tan\theta_1 \approx 2f\theta_1 = \frac{2\lambda D}{a}$$

$$= \frac{2\times 546\times 10^{-9}\times 0.4}{0.437\times 10^{-3}} = 1.0\times 10^{-3}\,(\text{m})$$

即中央明纹的宽度与缝宽 a 成反比，单缝越窄，中央明纹越宽.

［例 **20.2.2**］　如图 20.2.7 所示，一雷达位于路边 15 m 处. 它的射束与公路成 15° 角，假如发射天线的宽度为 0.20 m，工作于微波波段，其波长是 30 mm. 问：在它监视范围内的公路长度是多少？

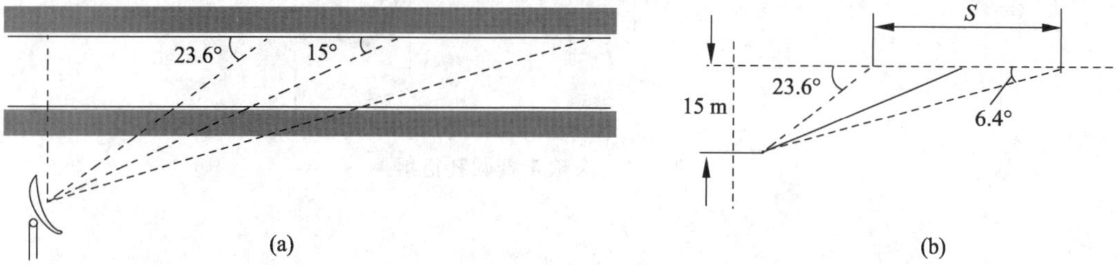

图 20.2.7　公路监视雷达

解：本题可将雷达看作发生衍射的单缝，并以中央明纹宽度来计算微波在公路上的覆盖范围. 由

$$b\sin\theta = \lambda$$

得

$$\theta \approx \lambda/b = 0.15\ \text{rad} = 8.6(°)$$

故雷达波的左右一级极小与公路线所成角度是

$$15+8.6=23.6(°)$$

$$15-8.6=6.4(°)$$

故波束覆盖的公路长度

$$S=15(\cot 6.4°-\cot 23.6°)=99\ (\text{m})$$

20.3　圆孔衍射与分辨本领

20.3.1　夫琅禾费圆孔衍射

在夫琅禾费单缝衍射实验装置中，如用圆孔代替单缝，这时屏上出现如图 20.3.1 所示的衍射图样. 衍射图样的中心为一圆斑，外围为明暗相间的圆环. 计算结果表明，中央亮斑集中了大约 84% 的光能量，其相对强度如图 20.3.2 所示，并且围绕中央亮斑的第一暗环对圆孔中心的角半径 θ_1 满足

$$d\sin\theta_1 = 1.22\lambda \tag{20.3.1}$$

式中，d 为圆孔的直径；λ 是入射光的波长. 显然，θ_1 也就是中央亮斑对圆孔中心的角半径，而

$$\theta_1 = 1.22\frac{\lambda}{d} \tag{20.3.2}$$

通常称圆孔衍射的中央亮斑为艾里(G. B. Airy)斑.

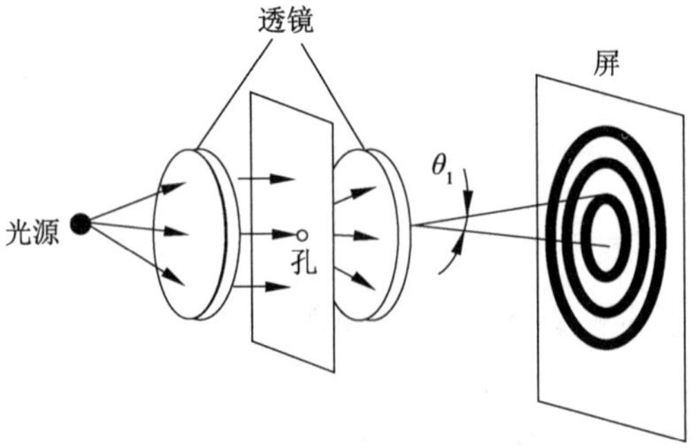

图 20.3.1　夫琅禾费圆孔衍射

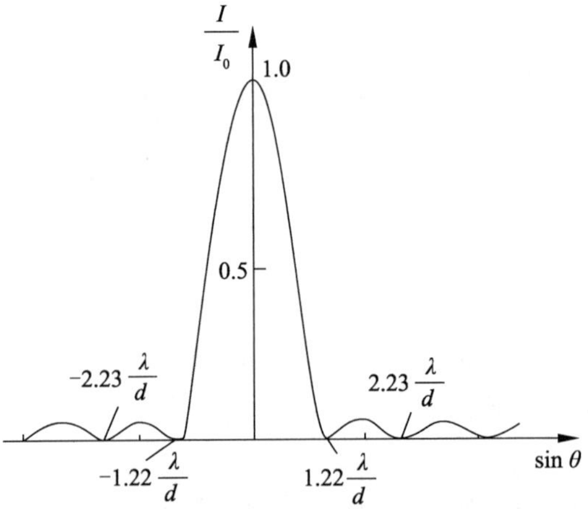

图 20.3.2　圆孔衍射光强分布

20.3.2　光学仪器的分辨本领

按照几何光学的观点，只要适当选择透镜的焦距，总能把任何微小物体放大到清晰可见的程度，但实际上并非如此. 因为一个物点 S 发出的光经过透镜，就相当于经过一个圆孔，它的像不再是一个点而是一个扩大了的小圆斑，即艾里斑.

如果有两个靠得近的物点 A 和 B 通过透镜成像，则在像平面上它们的艾里斑发生重叠. 其重叠程度大致有如图 20.3.3 所示的三种情况，其中，图 20.3.3(a)表示 $A'B'$两像点不重叠，能清楚地分辨；图 20.3.3(c)表示两像点因艾里斑重叠已不能分辨. 当然，怎样算是能分辨，具有一定的主观性. 为了建立一个较客观的标准，瑞利提出如下判据：如果一个像点的艾里斑的中心刚好与另一像点衍射图样的第 1 级暗环相重合，即如图 20.3.3(b)所示，就认为这两个物点恰好能为这一光学仪器所分辨. 因为在这种情况下，

两衍射图样叠加后，两像点连接中点的光强约为每个艾里斑中心强度的 80%，对此，大多数人的视觉仍能判断出这是两个物点的像.

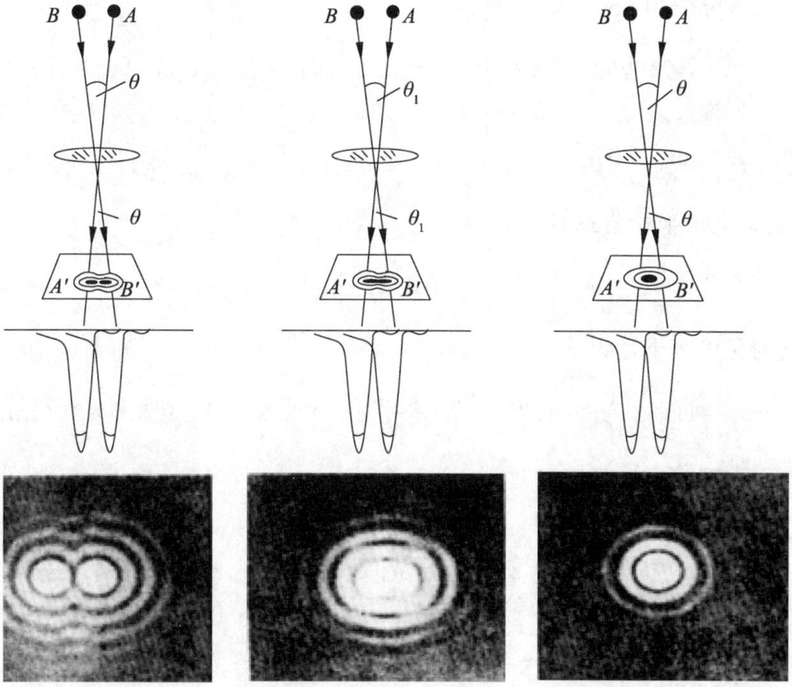

(a) 能够分辨　　(b) 恰能分辨　　(c) 不能分辨

图 20.3.3　两物点的衍射像斑

用 θ 表示两物点 A 和 B 对透镜中心的张角，当恰好能分辨两物点时，θ 角应等于艾里斑的角半径 θ_1，即

$$\theta=\theta_1=1.22\,\frac{\lambda}{d} \tag{20.3.3}$$

若 θ 角小于 θ_1 就不能分辨两物点，故 θ_1 称为仪器的最小分辨角，它的倒数为

$$\gamma=\frac{1}{\theta_1}=\frac{d}{1.22\lambda} \tag{20.3.4}$$

称为仪器的分辨本领. 可见仪器的分辨本领与孔径 d（透镜的直径）成正比，与所用光波的波长 λ 成反比.

［**例 20.3.1**］　在通常情况下，人眼瞳孔直径约为 2.3 mm. 对于人眼视觉最灵敏的绿光的波长 $\lambda\approx550$ nm 来说，人眼的最小分辨角是多大？若将两物点 A、B 放在明视距离（$l=250$ mm）处，则人眼可分辨的两物点的最小间距为多少？

解：人眼的最小分辨角为

$$\theta_1=1.22\,\frac{\lambda}{d}=2.9\times10^{-4}\ \text{rad}=0.99(')$$

在明视距离处人眼可分辨的两物点的最小间距为

$$\Delta y \approx l\theta_1 = 725\times10^{-7}\ \text{m} = 0.073(\text{mm})$$

但大多数人只能分辨到 $\Delta y\approx0.15\sim0.3$ mm.

［例 20.3.2］ 高能激光器发射的激光束端面为直径 5 cm 的圆面，激光波长为 632.8 nm，如果将这激光投射到月球面上. 试计算激光束在月面上产生多大的光斑. 已知月地距离 $r=3.84\times10^8$ m.

解：由艾里斑角半径公式有

$$\theta_1 = 1.22\frac{\lambda}{d}$$

则月球面上的艾里斑半径为

$$R\approx\theta_1 r = 1.22\frac{\lambda}{d}r = 1.22\times\frac{6.328\times10^{-7}}{5\times10^{-2}}\times3.84\times10^8 = 5.9\times10^3(\text{m})$$

这种光斑曾用大型望远镜观察到过.

20.4 光栅衍射

20.4.1 光栅

由大量等宽等间距平行狭缝构成的光学元件称为光栅. 光栅有两种，一种是利用透射光衍射的叫透射光栅，另一种是利用反射光衍射的叫反射光栅. 常用的透射光栅是在玻璃片上刻出许多平行刻痕，刻痕之间的光滑部分可以透光，相当于狭缝. 常用的反射光栅则是在镀有金属层的表面上刻出许多平行刻痕，两刻痕间的光滑金属面可以反射光. 一般的光栅在 1 cm 宽度内刻有几百条乃至上万条刻痕. 所以，制造光栅的技术难度很大. 常用的普通光栅常常是某个经精密加工的母光栅的复制品，在母光栅上涂一层胶棉溶液，待此溶液凝固后取下夹在玻璃片中间，便复制出透射光栅. 光栅能将入射的复色光展开为光谱进行光谱分析，所以它是近代物理实验和工业检测中用到的重要光学元件. 本节以透射光栅为例，从光的干涉和衍射的理论出发来讨论光栅产生的衍射条纹的特征.

20.4.2 光栅衍射

设透射光栅的总缝数为 N，缝宽为 a，缝间不透光部分宽 b，$d=a+b$ 称为光栅常数. 假定有平面单色光垂直入射到光栅上，透过光栅再通过透镜使光会聚在焦平面处的屏上(见图 20.4.1). 显然，通过光栅不同狭缝的光要发生干涉，每条狭缝处又都发生衍射，但 N 条缝的 N 套衍射条纹通过透镜后完全重合. 所以，在光屏上出现的应是同一单缝衍射条纹. 如果将从每条缝射出的光到达屏上 P 点的振幅分别用 $A_1, A_2, \cdots, A_N$ 表示，则从 N 条缝射出的光束干涉后的合振幅可用光振幅矢量 $\boldsymbol{A}_1, \boldsymbol{A}_2, \cdots, \boldsymbol{A}_N$ 的叠加来计算. 这里不再进行详细的定量计算，而仅就决定其明暗条纹的公式及光栅衍射条纹的主要特征做简要说明.

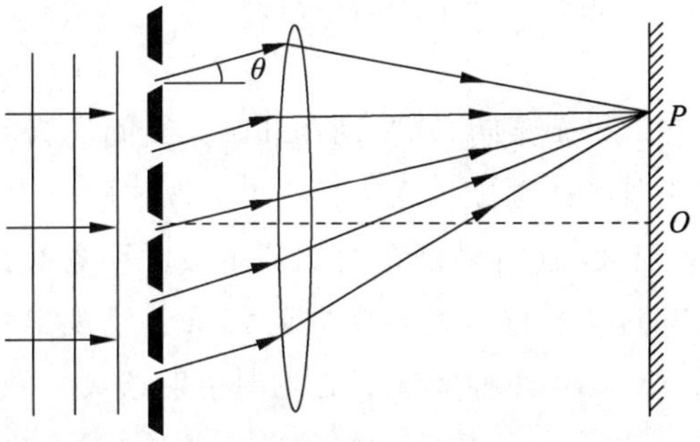

图 20.4.1　透射式光栅

1. 主极大

若 $\boldsymbol{A}_1, \boldsymbol{A}_2, \cdots, \boldsymbol{A}_N$ 同相位，它们沿同一方向排列[见图 20.4.2(a)所示 $N=6$ 的情况]，即从两相邻缝射出的光束相位差满足

$$\frac{2\pi}{\lambda} d\sin\theta = \pm 2k\pi$$

或
$$d\sin\theta = \pm k\lambda \, (k=0,1,2,\cdots) \tag{20.4.1}$$

则 N 条缝射出的光束应在 P 点相长，产生明纹. 式(20.4.1)称为光栅方程，而满足光栅方程的明纹又称主极大.

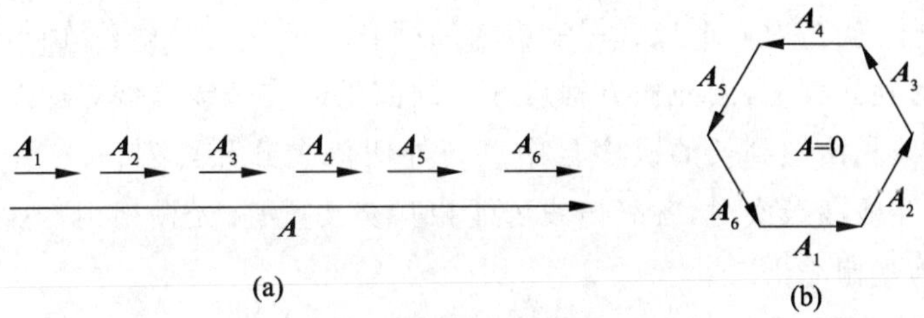

图 20.4.2　光矢量叠加

2. 暗条纹

又若 $\boldsymbol{A}_1, \boldsymbol{A}_2, \cdots, \boldsymbol{A}_N$ 首尾连接成一闭合多边形[见图 20.4.2(b)]，即从两相邻缝间射出的光束的相位差满足

$$N\frac{2\pi}{\lambda} d\sin\theta = \pm 2k'\pi$$

或
$$d\sin\theta = \pm \frac{k'\lambda}{N} \, (k'=1,2,3,\cdots) \tag{20.4.2}$$

这时 N 条缝射出的光束在 P 点相消，产生暗条纹，故式(20.4.2)又称暗纹方程.

应该注意，式(20.4.2)中 k' 取值时应去掉 $k'=kN$ 的情况，因为这属于出现主极大的情况. 而(20.4.1)和(20.4.2)两式中 k 和 k' 各应取如下数值：

$$k'=1,\ 2,\ \cdots,\ N-1,\ N+1,\ N+2,\ \cdots,2N-1,\ 2N+1,\ \cdots$$

$$k=0,1,2,\cdots$$

可见在两个相邻的主极大之间有 $N-1$ 条暗条纹.

3. 次极大

在相邻主极大之间有 $N-1$ 条暗条纹,两相邻暗条纹间应为明条纹,故必有 $N-2$ 条明条纹. 计算表明,这些明条纹的强度仅为主极大的 4%左右,所以称次极大.

通常光栅的缝数 N 很大,其结果是在两相邻主极大明条纹之间布满了暗条纹和弱的次极大. 因此,光栅衍射图样的特点是在暗弱的背景上呈现出一系列分得很开的细窄亮线. 图 20.4.3 画出了 $N=3,4$ 两种情况下的光栅衍射条纹大致强度分布. 图中已考虑到衍射因子的调制作用,所以各级主极大的强度并不相同,只有中央主极大的强度最大. 如果某些主极大的角位置正好处在衍射因子的零值上,这些主极大就会消失,这一现象称为缺级.

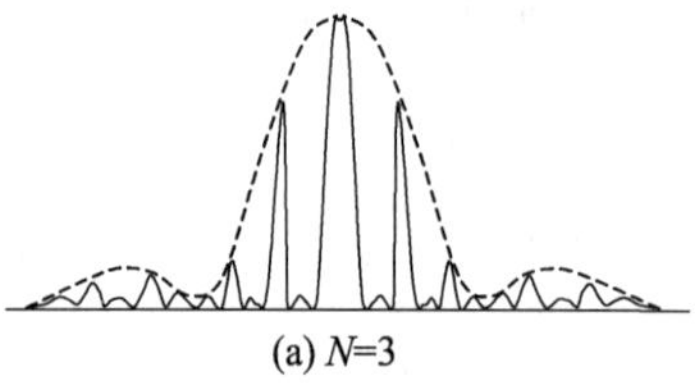

图 20.4.3 多缝衍射的光强分布

20.4.3 光栅光谱

单色光经过光栅衍射后形成各级主极大的细亮线称为这种单色光的光栅衍射谱. 如果将复色光照射到光栅上,由光栅方程可知不同波长的同一级谱线(除中央零级)的角位置是不同的,按波长由短到长的次序自中央向外侧依次分开排列,每一干涉级次都有这样的一组谱线. 在较高级次时,各级谱线可能相互交叉重叠. 光栅衍射产生的这种按波长排列的谱线称为光栅光谱.

观察光栅光谱的实验装置称为光栅光谱仪. 如图 20.4.4 所示,从平行光管射出的平行光垂直照射在光栅上,并用望远镜进行观察. 对应某级谱线的 φ 角,可以通过放置光栅的圆台刻度盘读出. 如果在望远镜上装上照相机,就可摄取光栅光谱的照片.

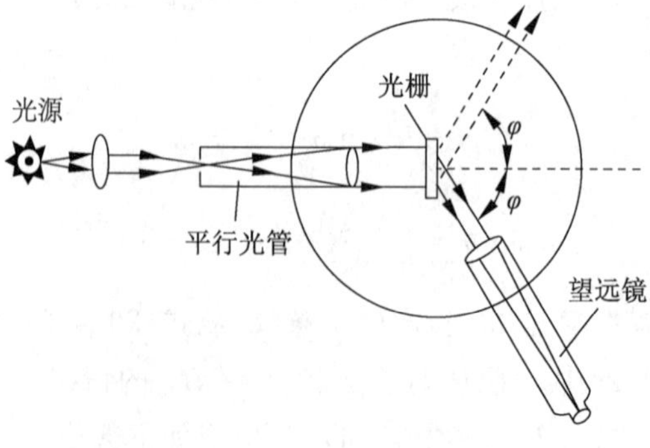

图 20.4.4 光栅光谱仪原理图

组成元素不同的物质有不同的光谱. 测定光谱中各谱线的波长和相对强度,可以确定发光物质的成分及其含量.而通过测定物质中原子或分子的光谱,又可以揭示原子或分子的内部结构和运动规律.

20.4.4　光栅的分辨本领

评定光栅好坏的一个标志是它分辨光谱中两邻近波长的本领.通常定义光栅的分辨本领

$$R=\frac{\lambda}{\Delta\lambda} \tag{20.4.3}$$

式中,$\Delta\lambda$ 是恰能被光栅分辨的两条谱线的波长差;λ 是两谱线的平均波长(由于两谱线波长相差极小,可任取其一代替).显然,$\Delta\lambda$ 越小,光栅的分辨本领越高.可以认为,波长为 $\lambda+\Delta\lambda$ 的主极大刚好与波长为 λ 的最邻近的极小相重合是两谱线的分辨极限(通常称为瑞利准则).如图 20.4.5 所示,对 k 级光谱线来说,当波长为 $\lambda+\Delta\lambda$ 的 k 级主极大正好与波长为 λ 的第 $k'=kN+1$ 级的极小相重合时,按光栅方程和暗纹方程有

$$d\sin\theta=k(\lambda+\Delta\lambda)$$

$$d\sin\theta=\frac{k'}{N}\lambda=\frac{kN+1}{N}\lambda$$

由此联立解得

$$k(\lambda+\Delta\lambda)=\left(k+\frac{1}{N}\right)\lambda$$

$$k\Delta\lambda=\frac{\lambda}{N}$$

所以

$$R=\frac{\lambda}{\Delta\lambda}=kN \tag{20.4.4}$$

上式表明,光栅的分辨本领与谱线的级次和光栅的缝数均成正比.当固定观察某一级时,只有增加光栅的缝数才能提高光栅的分辨能力.

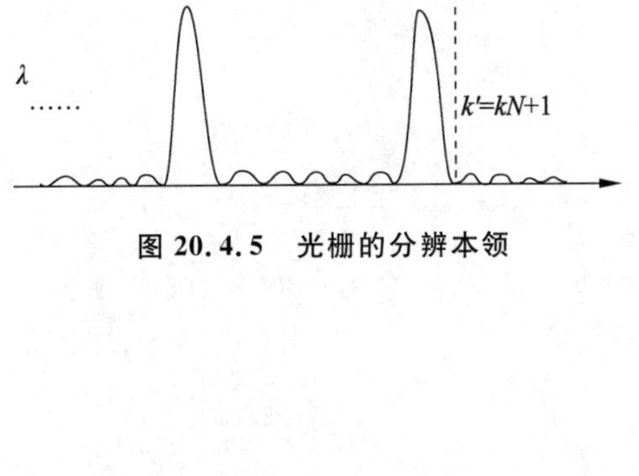

图 20.4.5　光栅的分辨本领

[例 20.4.1] 一光栅的光栅常数 $d=1.69\times10^{-4}$ cm，用白光垂直入射. 试问光栅光谱中，第二级和第三级光谱是否会发生重叠？

解：白光的波长在 4×10^{-7} cm～7×10^{-7} cm，按光栅方程 $d\sin\theta=k\lambda$，对第二级有

$$\theta_{2紫}=\arcsin\frac{k\lambda}{d}=\arcsin\frac{2\times4.00\times10^{-7}}{1.69\times10^{-6}}=28.2(^\circ)$$

$$\theta_{2红}=\arcsin\frac{2\times7.00\times10^{-7}}{1.69\times10^{-6}}=55.9(^\circ)$$

对第三级有

$$\theta_{3紫}=\arcsin\frac{3\times4.00\times10^{-7}}{1.69\times10^{-6}}=45.2(^\circ)$$

可见第二级谱线和第三级谱线发生部分重叠，而第三级谱线中的红色谱线，因对应的角度 θ 太大，不能被观察到.

[例 20.4.2] 试按下列要求设计光栅：当白光垂直照射时，在 30°衍射方向上观察到波长为 600 nm 的第二级主极大，且能分辨 $\Delta\lambda=0.05$ nm 的两条谱线，同时在该处不出现其他谱线的主极大.

解：由光栅方程

$$d\sin\theta=k\lambda$$

得

$$d\sin30^\circ=2\times600\times10^{-9}(\text{m})$$

求得

$$d=2400\times10^{-9}\ \text{m}=2400(\text{nm})$$

再将 $\lambda=600\times10^{-9}$ m，$\Delta\lambda=0.05$ nm，$k=2$ 代入

$$R=\frac{\lambda}{\Delta\lambda}=kN$$

算得

$$N=\frac{600\times10^{-9}}{0.05\times10^{-9}}\times\frac{1}{2}=6000$$

$$Nd=6000\times2400=144\times10^{5}\ \text{nm}=1.44(\text{cm})$$

在该处出现其他谱线主极大只可能是 400 nm 的第三级主极大，如果利用缺级来抑制，则应同时满足

$$d\sin30^\circ=3\times400\times10^{-9}(\text{m})$$

$$b\sin30^\circ=n\times400\times10^{-9}(\text{m})$$

取 $n=1$，再联立解得

$$\frac{d}{b}=\frac{3}{1}$$

即

$$b=\frac{d}{3}=\frac{2400}{3}=800(\text{nm})$$

$$b'=d-b=2400-800=1600(\text{nm})$$

故光栅的 d、b、N 均被确定.

［例 20.4.3］　用钠光垂直照射总缝数为 20000 的光栅. 问:该光栅能否分解钠光谱的 D_1 和 D_2 组成的双线. D_1 和 D_2 线的波长分别为 5.890×10^{-7} m 和 5.896×10^{-7} m.

解:钠双线的平均波长 $\lambda=5.893\times10^{-7}$ m,波长间隔 $\Delta\lambda=0.006\times10^{-7}$ m. 按光栅分辨本领

$$R=\frac{\lambda}{\Delta\lambda}=kN$$

对于第一级光谱有

$$\Delta\lambda=\frac{\lambda}{N}=\frac{5.893\times10^{-7}}{20000}=2.9465\times10^{-11}(\text{m})$$

可见,光栅可分辨的波长间隔约为钠光谱双线间隔的 1/20,故能够分辨出.

*20.5　X 射线衍射

1895 年,伦琴(W. C. Röntgen)发现 X 射线. 产生 X 射线的 X 射线管由发射电子的热阴极 K 和由钼或钨制成的阳极 A(又称对阴极)组成,两极之间加有数万伏的高电压,使由阴极发射出的电子获得能量高速撞到阳极上,由于电子受到撞击时急剧减速而发射出波长约为 0.001 nm～0.01 nm 的电磁波,这就是 X 射线.

既然 X 射线是一种电磁波,那么让它通过光栅,也应发生干涉和衍射现象. 但因 X 射线的波长太短,用普通光栅观察不到 X 射线的衍射(因为波长短,相应主极大的角距离也小),所以必须制造出更精微的光栅才行. 1912 年,劳厄(M. von Laue)想到天然晶体是由原子或离子规则排列成的点阵,好像是一个三维的立体光栅,当 X 射线通过晶体点阵时,应该会出现衍射现象. 实验果然证实了他的想法. 他将 X 射线通过铅屏的小孔射向晶体 C,放置在晶体后的底片上就显影出具有某种对称性的一些斑点[见图 20.5.1(a)],称为劳厄斑. 图 20.5.1(b)所示是将 X 射线通过硅单晶体和红宝石晶体所摄得的劳厄斑照片. 劳厄斑的出现正是 X 射线通过晶体点阵发生衍射的结果.

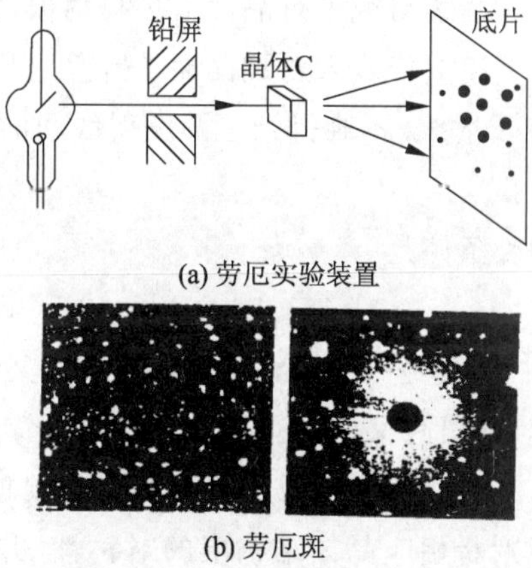

图 20.5.1　劳厄实验

根据对透射光栅的分析,其衍射光应是透过光栅的光波波阵面上各点子波的相干叠加. 为简化问题,可以认为,当 X 射线射入晶体点阵中时,只是每个格点(晶格离子)成为发射子波的波源,并且只分析这些子波间的相长干涉(即衍射中的主极大).

下面分三步进行讨论.

把晶体设想为由一系列平行的点阵平面(称晶面)构成,先研究同一晶面上各格点子波间的干涉. 设在晶体内任选一垂直纸平面的晶面,如图 20.5.2(a)所示. 排成直线的相

邻格点 A、B 间的距离为 d_1，a、b 各代表一束单色平行 X 射线以掠射角 φ 射到晶面上，A、B 所发射的子波沿角 φ' 的衍射线为 a'、b'. 因为 aa' 与 bb' 两反射线的光程差为

$$\delta_1 = CB - AD = d_1(\cos\varphi - \cos\varphi')$$

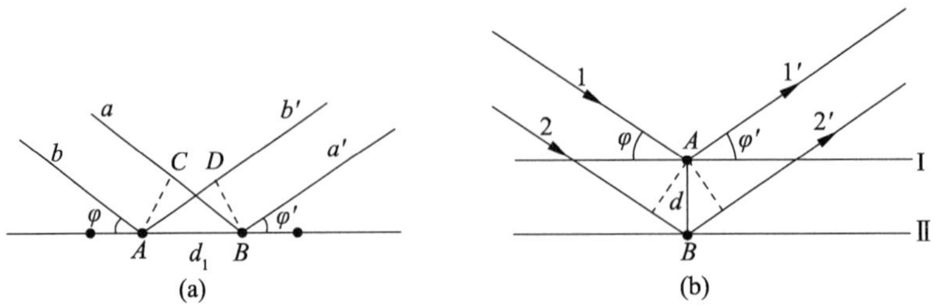

图 20.5.2　推导布拉格公式示意图

相长的条件当为

$$d_1(\cos\varphi - \cos\varphi') = k_1\lambda$$

式中，λ 为 X 射线的波长；$k_1 = 0, 1, 2, \cdots$. 如果暂不考虑 $k_1 = 1, 2, \cdots$ 等级次，仅分析零级($k_1 = 0$)的情形. 这时有

$$\varphi = \varphi' \tag{20.5.1}$$

即同一晶面上各格点子波干涉的零级相长发生在以晶面为镜面的反射方向上.

继续研究平行晶面上述反射波间的干涉. 如图 20.5.2(b)所示，设相邻晶面的间距为 d，1 和 1′代表入射到晶面Ⅰ并从它反射的 X 射线，2 和 2′代表入射到晶面Ⅱ并从它反射的 X 射线. 不难得到这两反射线间的光程差

$$\delta_2 = 2d\sin\varphi$$

相长条件是

$$2d\sin\varphi = k\lambda\ (k = 1, 2, 3, \cdots) \tag{20.5.2}$$

上述公式于 1913 年由布拉格父子(W. H. Bragg 和 W. L. Bragg)在分析劳厄斑时提出，因此又称为布拉格方程.

劳厄斑和布拉格方程都有重要的实用价值. 例如，根据劳厄斑点分布的对称特征就能判断相应晶体结构上的对称性，并且这种分析方法不仅适用于 X 射线衍射，也适用于电子束、中子束等在晶体中的衍射. 1984 年，谢切曼(D. Shechtman)等人在对用快速冷却方法制备的合金 Al_6Mn 进行电子衍射分析时，在所摄得的电子衍射劳厄斑照片上发现除了具有二重轴和三重轴对称的衍射斑点外，还存在有五重轴对称的斑点分布. 由晶体学理论分析说明，对于严格满足空间周期性的晶格来说，只能有一、二、三、四、六重对称轴，不应存在五重对称轴，例如，用正五边形就不可能周期性布满平面而不留下空隙. 由此人们意识到，在晶体与非晶体(一般指原子无序排列的固体)之间应存在一种新的固体结构，从而促进了准晶体的发现.

劳厄和布拉格父子由于在研究 X 射线晶体衍射方面的突出贡献，获得了诺贝尔物理学奖.

思考题

20－1　在观察夫琅禾费衍射的装置中，透镜的作用是什么？

20－2　在单缝夫琅禾费衍射实验中，试讨论下列情况下衍射图样的变化：(1) 狭缝变窄；(2) 入射光的波长增大；(3) 单缝垂直于透镜光轴上下平移；(4) 线光源 S 垂直透射光轴上下平移；(5) 单缝沿透镜光轴向观察屏平移.

20－3　如何理解光栅的衍射条纹是单缝衍射和多缝干涉的总效应？

习题

20－1　有一单缝，宽 $a=0.10$ mm，在缝后放一焦距为 50 cm 的会聚透镜，用平行绿光($\lambda=546.0$ nm)垂直照射单缝，试求位于透镜焦平面处的屏幕上的中央明条纹及第二级明条纹宽度.

20－2　在复色光照射下的单缝衍射图样中，某一波长的第 3 级明纹位置恰与波长 $\lambda=600$ nm 的单色光的第 2 级明纹位置重合，求此光波的波长.

20－3　波长 600 nm 的单色光垂直入射在一光栅上，第二级明纹分别出现在 $\sin\theta=0.20$ 处，第四级缺级. 试问：(1) 光栅上相邻两缝的间距 $(a+b)$ 有多大？(2) 光栅上狭缝可能的最小宽度 a 有多大？(3) 按上述方法选定 a、b 值，试问在光屏上可能观察到的全部明条纹数是多少？

20－4　在迎面驶来的汽车上，两盏前灯相距 1.2 m. 试问汽车在离人多远的地方，眼睛才可能分辨这两盏灯？假设夜间人眼瞳孔直径为 5.0 mm，入射光波长 $\lambda=550.0$ nm.

20－5　用方解石分析 X 射线谱，已知方解石的晶面间距为 3.029×10^{-10} m，今在 $43°20'$ 和 $40°42'$ 的掠射方向上观察到两条主明纹谱线，求这两条谱线的波长.

第 21 章　光的偏振

21.1　偏振光与自然光

21.1.1　线偏振光(平面偏振光)

在光传播过程中,在垂直于光波传播方向的平面内,光矢量可能有不同的振动方向,通常把光矢量保持的特定振动方向上的状态称为偏振态.

若光矢量保持在一固定平面上振动,此平面称为振动面,这种振动状态称为平面偏振态(见图 21.1.1).从垂直于光的传播方向考察,光矢量沿一固定方向的直线振动,所以又称为线偏振态.通常用图 21.1.2 所示方法表示光矢量与纸面垂直、平行和斜交的几种线偏振态.

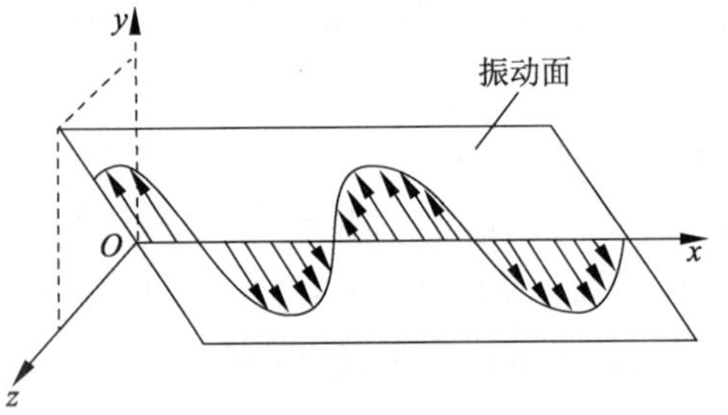

图 21.1.1　平面偏振光图示

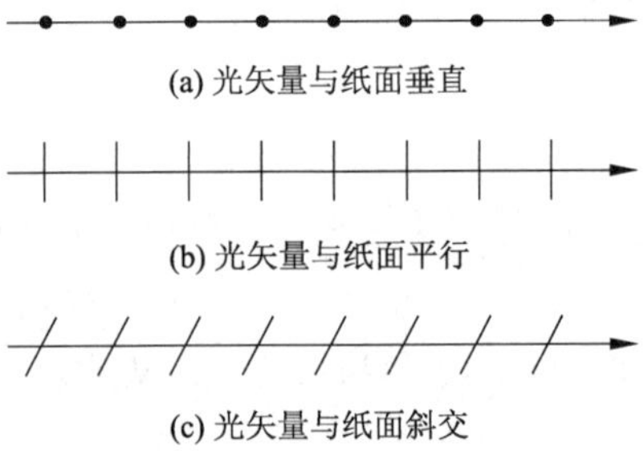

图 21.1.2　光矢量图示方法

21.1.2　圆偏振光

光传播时,若光矢量绕传播方向旋转,其旋转角速度对应光的角频率,则迎着光的传播方向考察,光矢量的端点旋转的轨迹是一个圆,这种振动状态称为圆偏振态.圆偏振态可以看成两个振动面相互垂直、相位差为 $\pi/2$、振幅相等的线偏振态的叠加.处在圆偏振态的光波不仅携带能量、动量,而且具有角动量.圆偏振态还可以根据旋转的方向分为右旋圆偏振和左旋圆偏振两种.

21.1.3　椭圆偏振光

如果迎着光的传播方向考察,光矢量端点旋转的轨迹为一椭圆,就称为椭圆偏振态.它是两个振动面相互垂直、相位差一定(为大于零且小于 π 的某个值)、振幅不一定相等的线偏振态的叠加.椭圆偏振态也有右旋和左旋之分.

近代光学理论证明，原子光波列的基本偏振态是右旋圆偏振态和左旋圆偏振态. 按光的量子理论，每个光波列对应一个光子，而光波列的两个基本圆偏振态就对应光子的两种自旋角动量.

具有以上某种偏振态的单色光或复色光皆称为偏振光.

21.1.4　自然光

下面分析一个由普通光源发射的光矢量的振动状态.

首先，一个光源中包含大量的(数量级达 10^{22} 以上)发光原子或分子，而每个原子或分子发射一个光波列的持续时间是 10^{-8} s. 所以，一个原子每秒中可能多次发射光波列. 它们的频率、初相位、偏振态、波列长度、传播方向和发射的时间等都可能不同. 发射光波列互不相关地、无规则地进行着. 普通光源的光就是由这样一些随机发射出的大量原子光波列组成的，通常称它为自然光.

应该如何来描述这种自然光呢? 为使问题简单起见，假定每个原子光波列都具有平面偏振态(因为其他偏振态可以分解为平面偏振态)，因此在垂直于光传播方向的平面上可用图 21.1.3 来表示自然光，图上每个小箭头代表单个原子光波列的光矢量. 首先，大量原子光波列振动方向的随机性使在以光线为轴的任一方向上的光矢量的数目大致相等，近似呈对称分布. 其次，在空间某处每个原子光波列仅在约 10^{-8} s 内通过，以后就会被光源所发射的另一波列代替. 所以，在图 21.1.3 中画出的各个原子光波列的光矢量间没有恒定的相位差，它们的合光矢量的大小和方向的变化也是随机的、无规则的. 可以说明：自然光的强度应等于各个原子光波列的强度之和，而沿同一振动面的那些原子光波列的强度之和与振动面的方向无关，即自然光的强度具有轴对称分布.

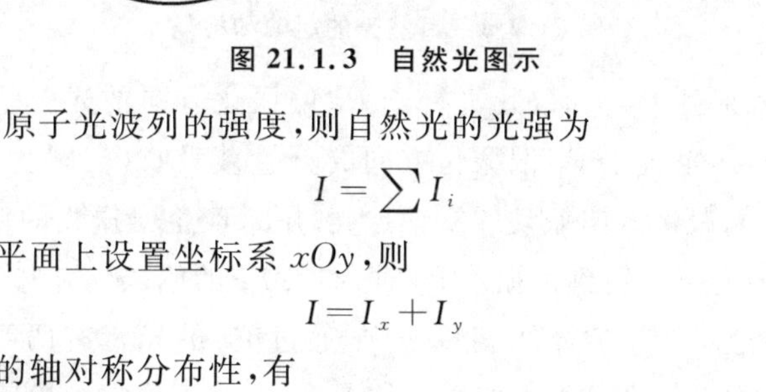

图 21.1.3　自然光图示

设用 I_i 代表第 i 个原子光波列的强度，则自然光的光强为

$$I = \sum I_i \tag{21.1.1}$$

若在垂直于光线的平面上设置坐标系 xOy，则

$$I = I_x + I_y \tag{21.1.2}$$

而根据自然光强度的轴对称分布性，有

$$\overline{I}_x = \overline{I}_y = \frac{1}{2} I \tag{21.1.3}$$

就是说，自然光可以分解为相互垂直的两部分，每部分的强度恰为总强度的$\frac{1}{2}$，这两部分

是沿各自方向振动的线偏振光.

如果光强的分布不是轴对称的,而是在某方向上占优势,这种光介于自然光与线偏振光之间,称为部分偏振光.

21.2 偏振光的获取方法

虽然普通光源发出的光是自然光.但在自然界中存在各种偏振光,在实验室里也能获得偏振光,并且偏振光在科学研究和工程技术中已获得极为广泛的应用.人们可以通过许多途径来获得偏振光,例如,可利用自然光在介质界面上的反射和折射,利用分子的散射,利用晶体的二向色性和晶体的双折射等方法来获得偏振光,利用新型的激光源也能获得偏振光.

21.2.1 偏振片

有些各向同性介质,在某种作用下会呈现各向异性,从而强烈吸收入射光矢量在某方向上的分量,而透过其垂直分量,使入射的自然光变为线偏振光.介质的这种性质称为二向色性.例如,现在使用的一种偏振片是用聚乙烯醇薄膜经碘溶液浸泡,然后沿一个方向拉伸并烘干制成.由于碘-聚乙烯醇分子沿拉伸方向排成一条长链,电子可以在长链上运动,入射光矢量沿此方向的分量对电子做功,因而被强烈吸收;而在垂直方向上电子无法运动,光矢量的相应分量不做功,因而不会被吸收.上述垂直方向为偏振片的通光方向,通常称此方向为偏振化方向.图 21.2.1 中画出了两个平行放置的偏振片 P_1 和 P_2,其偏振化方向用虚线表示.

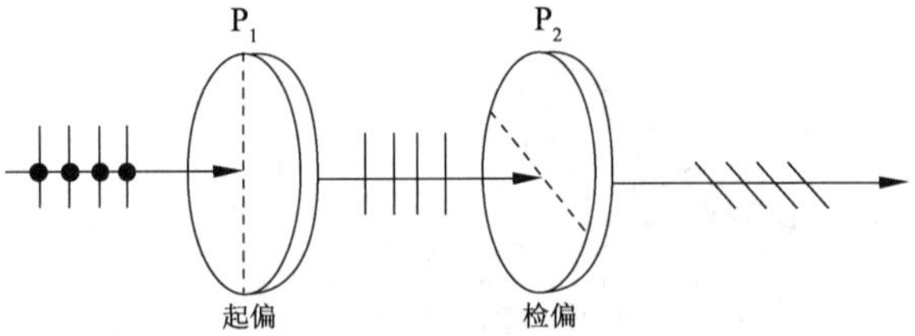

图 21.2.1 自然光的起偏和检偏

当自然光垂直入射到 P_1 上时,凡平行于 P_1 偏振化方向的光矢量分量皆能透过(实际上存在少量吸收),而垂直于 P_1 偏振化方向的分量被吸收(实际上也有少量透过).透过的光就成为沿 P_1 偏振化方向振动的线偏振光.用来产生偏振光的偏振片 P_1 又称为起偏器.透过 P_1 的偏振光再入射到偏振片 P_2 时,如果 P_2 的偏振化方向与 P_1 的偏振化方向平行,则光能完全透过.当 P_2 绕光线旋转一周,通过 P_2 的光将有两明两暗的变化,可见此处的 P_2 可作为检测入射光是否为偏振光的器件,故又可称它为检偏器.

21.2.2 马吕斯定律

前面已经指出自然光的强度可以分解为相互垂直的两个线偏振光的强度之和,每个线偏振光的强度为自然光强度的一半.若入射的自然光强度为 I_0,则通过 P_1 的线偏振光

的强度 I_1 为

$$I_1=\frac{1}{2}I_0$$

那么强度为 I_1 的线偏振光通过 P_2 后，其强度 I_2 如何呢？设 P_2 与 P_1 两偏振化方向的夹角为 α（见图 21.2.2），并令 E_2 为通过 P_2 的原子光波列的光矢量分量，则

$$E_2=E_1\cos\alpha \tag{21.2.1}$$

$$I\propto E^2 \tag{21.2.2}$$

$$I_2=I_1\cos^2\alpha \tag{21.2.3}$$

公式(21.2.3)称为马吕斯定律. 以上讨论均假设偏振片对通过的光完全没有吸收，若要考虑光的吸收，可由实验测出偏振片的吸收率，并在计算透射光强时计入(参见例题 21.2.1).

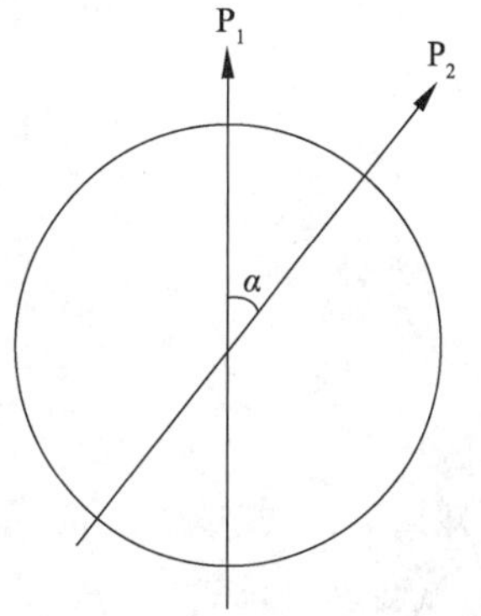

图 21.2.2　线偏振光通过偏振片

[例 21.2.1]　有两个性质相同的偏振片 1 和 2，当强度为 I_0 的自然光垂直入射到偏振片 1 时，从 1 透射出来的光的强度 $I_1=0.32I_0$，然后其垂直射到偏振片 2，已知偏振片 1 和 2 的偏振化方向夹角 $\alpha=30°$. 试计算从 2 透射出的光强 I_2.

解：如果偏振片对通光方向的光强没有吸收，则光通过偏振片 1 后透射光强度应为 $I_0/2$，现在为 $0.32I_0$，说明偏振片在通光方向也有吸收，若用 γ 表示偏振片的透光率，可见

$$\gamma=\frac{0.32I_0}{0.50I_0}=0.64$$

再根据马吕斯定律，从偏振片 2 透射出的光强为

$$I_2=\gamma I_1\cos^2\alpha=0.64\times0.32I_0\cos^2 30°=0.15I_0$$

[例 21.2.2]　如图 21.2.3 所示，在偏振化方向正交的两偏振片 A、C 之间放置另一偏振片 B，B 以角速度 ω 绕入射光旋转. 求强度为 I_0 的自然光依次通过 A、B、C 后的出射光信号的成分(指频率和相应强度). 计算中可认为透光率 $\gamma=1$.

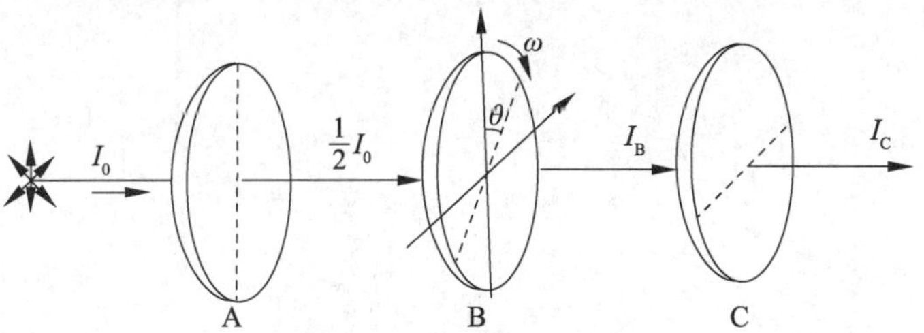

图 21.2.3　自然光通过偏振片

解：设某时刻 B 的偏振化方向与 A 的偏振化方向夹角为 θ(假设 $t=0$ 时，A、B 的偏振化方向互相平行)，则从 C 出射的光强为

$$I_C = I_B\cos^2\left(\frac{\pi}{2}-\theta\right)$$

将 $I_B = I_A\cos^2\theta = \frac{1}{2}I_0\cos^2\theta$ 代入上式得：

$$\begin{aligned}I_C &= \frac{1}{2}I_0\cos^2\theta\cos^2\left(\frac{\pi}{2}-\theta\right) = \frac{1}{2}I_0\cos^2\theta\sin^2\theta \\ &= \frac{I_0}{8}(1-\cos 2\theta)(1+\cos 2\theta) = \frac{I_0}{8}(1-\cos^2 2\theta) \\ &= \frac{I_0}{16}(1-\cos 4\theta) = \frac{I_0}{16} - \frac{I_0}{16}\cos 4\omega t\end{aligned}$$

即出射光为一强度恒定的光与以 $4\omega t$ 做简谐变化的光的强度之差. 可见，利用偏振片 B 的机械转动可调制出光信号.

21.2.3 反射和折射时光的偏振

自然光在两种介质的界面上要发生反射和折射. 实验证明，反射光和折射光都是部分偏振光.

1. 反射获得偏振光

获得偏振光的最简单方法是马吕斯在 1808 年发现的反射起偏法，图 21.2.4 所示为实验装置示意图，有两平行放置的玻璃平板 A 和 B，一束自然光射到 A 板上，并被反射到 B 板，然后又被 B 板反射. 若将 B 板绕入射光 ab 旋转一周，则最后射出的反射光会发生两强两弱的变化，当自然光经 A 板反射时，平行于入射面的光矢量被减弱，从而使自然光成为光矢量垂直入射面的偏振光. 当此光再入射到 B 板时，若光矢量仍垂直于入射面就不会被减弱，若光矢量平行于入射面就会再度被减弱，因此当转动 B 板时会看到反射光强的变化. 上述结果说明，A 板像一个起偏器，B 板像一个检偏器.

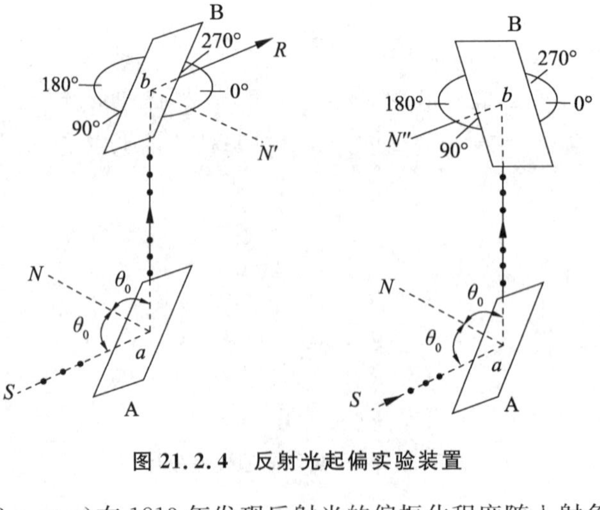

图 21.2.4 反射光起偏实验装置

布儒斯特(D. Brewster)在 1813 年发现反射光的偏振化程度随入射角而变化，当入射角是某一特定角度 θ_b 时，反射光就不再是部分偏振光，而是振动面垂直于入射面的线偏振光，如图 21.2.5 所示. 这个 θ_b 称为起偏角,又称布儒斯特角. 实验证明,起偏角 θ_b 和折射角 θ_r 之和恰好满足

$$\theta_b+\theta_r=\frac{\pi}{2} \tag{21.2.4}$$

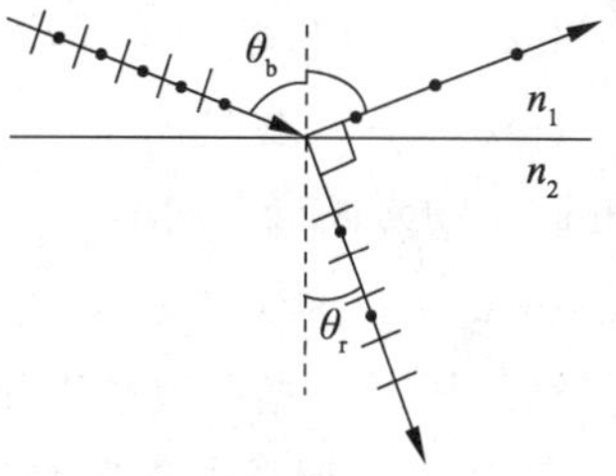

图 21.2.5　入射光以布儒斯特角入射

由折射定律

$$\frac{\sin\theta_b}{\sin\theta_r}=\frac{n_2}{n_1} \tag{21.2.5}$$

得

$$\tan\theta_b=\frac{n_2}{n_1} \tag{21.2.6}$$

式(21.2.6)称为布儒斯特定律. 例如,当自然光由空气入射到玻璃上,将 $n_1=1$,$n_2=1.5$ 代入式(21.2.6),计算出 $\theta_b=57°$,即当自然光以 57°角入射时,其反射光是振动面垂直于入射面的线偏振光. 应该指出,以大于或小于这个角度入射时,都不能得到线偏振光,只能获得部分偏振光.

2. 折射获得偏振光

自然光以布儒斯特角入射时,虽然能在反射方向得到线偏振光,但其反射光强很弱,且反射光改变了方向,使用不方便,因此实际更多地使用透射光. 对于一块玻璃板来说,假如只讨论自然光中垂直于入射面的那部分振动,则反射光强仅占入射光强的 15%左右,大部分仍为在折射面内振动的光. 为了获得高度偏振的透射光,可以将许多玻璃片叠在一起构成玻璃片堆,使自然光以 θ_b 角入射,在玻璃片堆上经过多次反射以除去垂直入射面的振动成分,使最后透射出来的光几乎全为振动面平行于入射面的光,即成为线偏振光.

*21.3　光的双折射

21.3.1　晶体的双折射现象

把一块厚玻璃放在一张报纸上,能看到报纸上每个字有一个像,这个像好似上浮了一些,这是由于光被玻璃折射的结果. 若将一块方解石($CaCO_3$)单晶体放在纸面上,则能看到每个字都有相互错开的两像[见图 21.3.1(a)],而且两像上浮的高度也不同. 这说明,一束光在方解石晶体内分成了两束折射光,这种现象称为双折射.

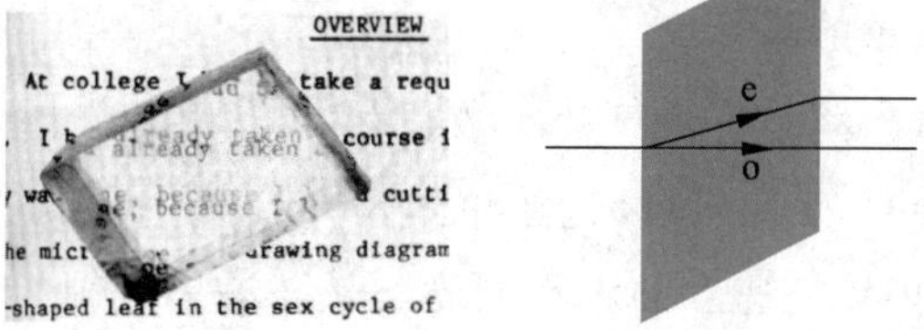

(a)　　(b)

图 21.3.1　光的双折射现象

如果将一束自然光垂直入射到方解石晶体表面，会清楚地看到两束折射光[见图21.3.1(b)]，一束在晶体中沿原入射方向前进，这束折射光满足折射定律，称为寻常光(ordinary ray)，简称o光；另一束光偏离原入射方向，显然不符合折射定律，称为非常光(extraordinary ray)，简称e光. 若改变自然光的入射角度，o光总遵守折射定律，而e光则不遵守，同时e光一般可以不在入射光线与晶体表面法线所构成的入射面内. 应该指出，只有在晶体内才有o光和e光之分，射出晶体后就无所谓o光和e光了.

21.3.2 光轴和主平面

实验发现，方解石一类晶体存在一个特殊方向，当光沿此方向传播时不发生双折射，这一方向称为晶体的光轴. 方解石的光轴方向沿着它的三条棱所成钝角(每两棱之间的夹角为101.9°)的等分角线(见图21.3.2). 光轴是指晶体中的某一方向，并非某一具体直线. 因此，所有平行此方位的直线均可称为光轴. 有些晶体只有一个光轴，称为单轴晶体，方解石、石英、红宝石等都是单轴晶体；另一些晶体有两个光轴，称为双轴晶体；也有没有光轴的晶体(例如NaCl)，这些晶体就不产生双折射现象.

下面只讨论单轴晶体的情况.

当光在单轴晶体中传播时，其光线与光轴构成的平面称为光的主平面. 一般说来，o光的主平面和e光的主平面不一定重合，如图21.3.3所示. 图中，圆圈的点代表垂直于纸面的晶体光轴. o光和光轴所组成的平面，就是o光的主平面；e光和光轴所组成的平面，就是e光的主平面. 利用检偏器可测得o光和e光都是线偏振光，o光光矢量总垂直于它的主平面，而e光光矢量总平行于它的主平面. 由此可知，o光光矢量总与光轴垂直，而e光光矢量与光轴则可以有不同的夹角.

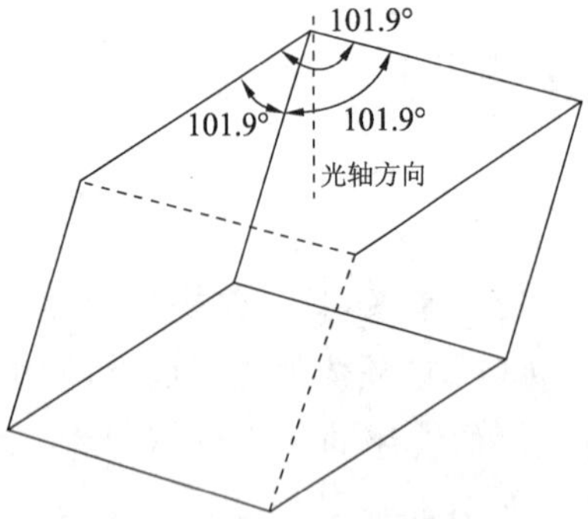

图21.3.2 方解石的光轴

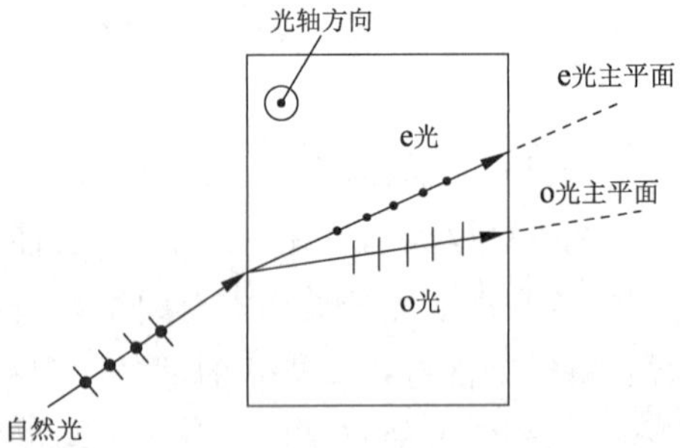

图21.3.3 晶体的主平面

21.3.3 双折射现象的解释

晶体各向异性的表现之一是其介电常数ε与方向有关. 由于光在介质中的传播速度取决于介电常数ε($v=1/\sqrt{\varepsilon\mu}$)，所以光在晶体内的传播速度与光的传播方向有关. 仔细分析后发现，光在晶体内传播速度的大小同光矢量与晶体光轴的相对取向有密切关系，而双折射现象正是这一性质的反映. 为解释这一点，可设想在晶体内有一个点光源，它发出的光波在晶体内向四周传播. 由于o光矢量总垂直于o光主平面，无论o光向什么方向传播，光矢量总与光主平面垂直，这决定了 o 光向任何方向传播时光的速率均相同，可用 v_o 表示 o 光的速率，既然 o 光向各方向传播的速率相同，故 o 光的波阵面是球面. 而 e 光光矢量总在其主平面内，即 e 光光矢量与光轴共面，但 e 光光矢量与光轴仍可以有各种夹角. 如果 e 光光矢量与光轴垂直，则 e 光与 o 光无异，此时 e 光的速率也应等于 v_o；若 e 光光矢量平行于光轴，其速率就不等于 v_o，可用 v_e 表示. 可以预计，当 e 光光矢量与光轴成其他角度时，其光的速率应处于 v_o 与 v_e 之间. 显然，e 光光矢量与光轴的夹角是随 e 光的传播方向而变化的，故而以不同方向传播的 e 光就有不同速率. 图 21.3.4(b) 中画出了 e 光在晶体中传播的情况，e 光的波阵面为旋转椭圆球面. 因为 e 光与 o 光的传播方向是变化的，故而以不同方向传播的 e 光就有不同速率. 因为 e 光与 o 光沿光轴传播时有相同的速率 v_o，故 o 光球面与 e 光椭圆球面应在光轴处相切.

如果用 n_o 代表 o 光折射率，并定义 $n_e = c/v_e$ 为 e 光的主折射率（对 n_e，普通折射定律一般不适用）. 实验发现，单轴晶体有两类，一类是 $v_o > v_e$，$n_o < n_e$，称为正晶体，如石英、冰等；另一类是 $v_o < v_e$，$n_o > n_e$，称为负晶体，如方解石、电气石、白云石等.

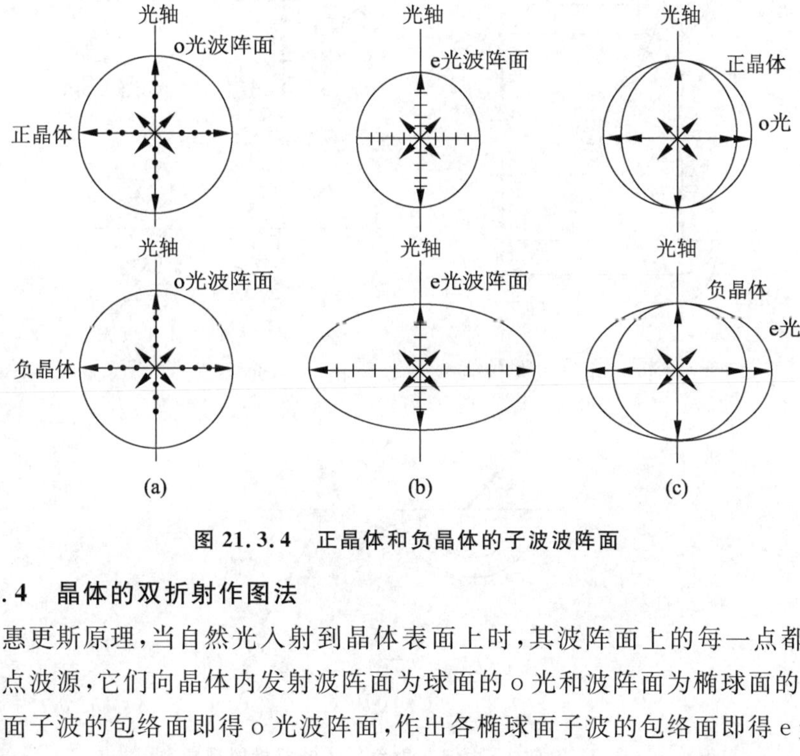

图 21.3.4　正晶体和负晶体的子波波阵面

21.3.4　晶体的双折射作图法

按照惠更斯原理，当自然光入射到晶体表面上时，其波阵面上的每一点都可当作发射子波的点波源，它们向晶体内发射波阵面为球面的 o 光和波阵面为椭球面的 e 光子波. 作出各球面子波的包络面即得 o 光波阵面，作出各椭球面子波的包络面即得 e 光波阵面，而从子波中心到波阵面与包络面的切点的连线就代表 o 光与 e 光的波线方向. 图 21.3.5 是以负晶体为例画的. 其中，图(a)为平行光束垂直入射到晶体表面，光轴在入射面内且与晶体表面成一定角度，o 光和 e 光因折射不同而分开，从而发生了双折射现象. 图(b)和图(c)分别为平行光束垂直入射到晶体表面，光轴在入射面内，光轴垂直于晶体表面和光轴平行于晶体表面的情况. 图(b)中折射光沿光轴传播，没有双折射现象发生；图(c)中 o 光和 e 光也都沿入射方向传播，但两者速率不同，在同一位置上的 o 光和 e 光存在相位差，尽管 o 光和 e 光的传播方向相同，但还是属于发生双折射的情况. 图(d)为平行光束斜射到晶体表面上，光轴在入射面内且与晶体表面斜交，于是在晶体中 o 光与 e 光沿不同的方向传播，若光轴不在入射面内，虽然 o 光线仍在纸面内，但 e 光线已不在纸面内(这时 o 光与 e 光主平面不重合). 图(e)为平行光斜射，而光轴垂直于入射面的情况，这时 e 光旋转椭球面与纸面的交线是圆(大的圆)，o 光与 e 光的传播方向不相同，在这种特殊情况下，e 光也在入射面内，其沿各个方向的速率均等于 v_e，并且有

$$\frac{\sin \alpha_i}{\sin \alpha_{re}}=n_e \tag{21.3.1}$$

式中，α_i 为入射角，α_{re} 为 e 光折射角.

即在这种情况下，e 光的折射角可以用主折射率按普通折射定律来计算.

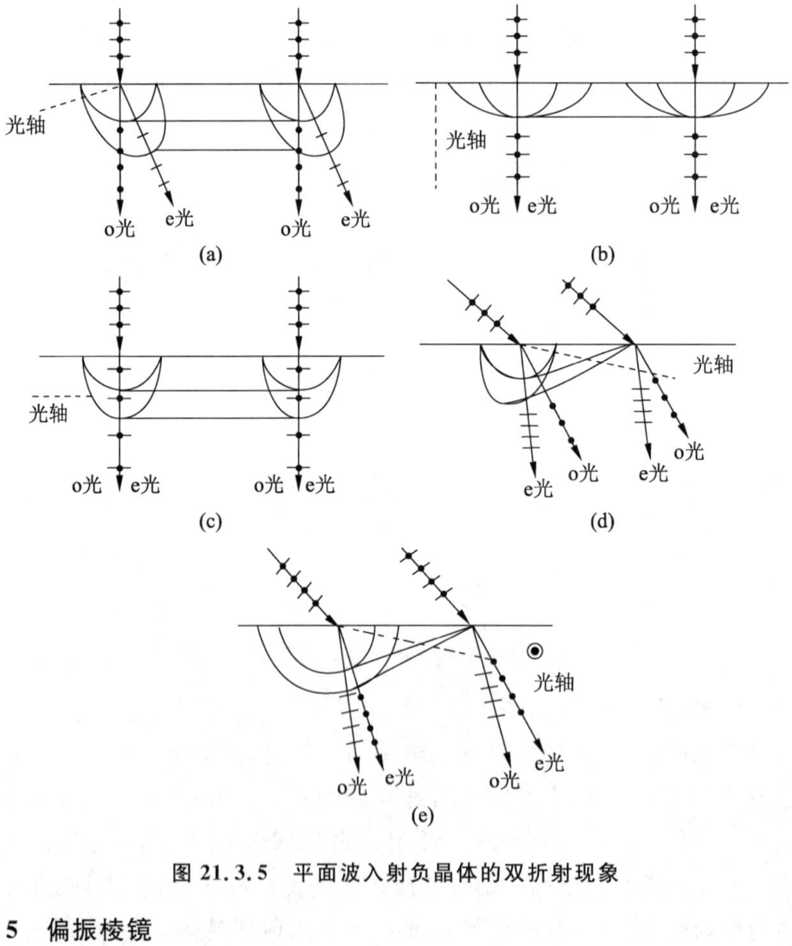

图 21.3.5　平面波入射负晶体的双折射现象

21.3.5　偏振棱镜

虽然利用晶体的双折射可以从自然光中获得 o 光和 e 光两种线偏振光，但两束光的分开程度取决于晶体厚度. 纯净晶体的厚度一般较小，所以两束光靠得很近，使用不方便. 为此，人们利用有双折射性质的晶体制成各种棱镜以获得单一的线偏振光. 其中，最著名的为尼科耳(W. Nicol)棱镜，它是将两块根据特殊要求加工的方解石棱镜用特种树

胶黏合成一体的斜方柱形棱镜(见图 21.3.6),自然光由左端面射入后分为 o 光和 e 光,由于所选用的黏合树胶的折射率介于方解石的 $n_o = 1.658$ 与 $n_e = 1.486$ 之间,o 光射到树胶层,因其入射角超过临界角而发生全反射(然后被涂黑的侧面吸收),而 e 光则穿越整个棱镜从右端面射出.

尼科耳棱镜的出射光与入射光实际上不在一直线上,所以当尼科耳棱镜绕入射光方向转动时,出射光线也跟着转动,形成一个圆筒状光束,使用和调节都不太方便.格兰(Glan)棱镜是尼科耳棱镜的改进型,它将一块方解石加工成长方体,再切成两个楔块(见图 21.3.6),然后将它们粘合起来,这样得到的出射光与入射光能在一直线上.

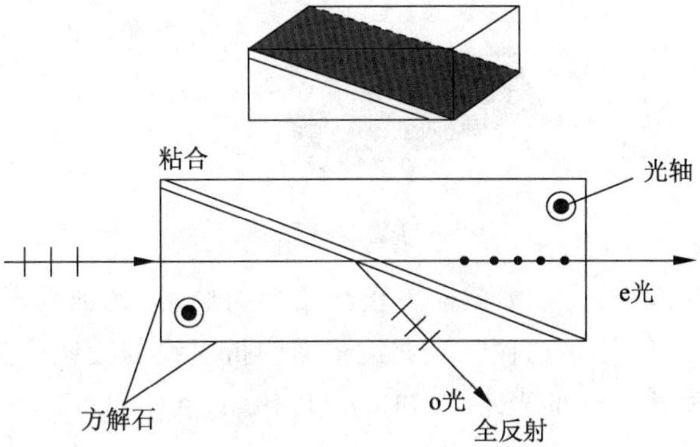

图 21.3.6　格兰棱镜

光在晶体中的双折射现象除了能用于获得线偏振光之外,还有其他广泛应用,例如可以把线偏振光改变为圆偏振光或椭圆偏振光,还可以应用于应力分析、电光调制、激光倍频等技术中.

思考题

21-1　一束光可能是:(1) 自然光;(2) 线偏振光;(3) 部分偏振光.如何用实验来确定这束光是哪一种光?

21-2　在拍摄玻璃橱窗内的物体时,如何去掉反射光的干扰?

21-3　当单轴晶体的光轴方向与晶体表面成一定角度时,一束与光轴方向平行的光入射到该晶体表面,这束光射入晶体后,是否会发生双折射?

习题

21-1　使自然光通过两个偏振化方向成 60°角的偏振片,透射光强为 I_1,今在这两个偏振片之间插入另一偏振片,它的偏振化方向与前两个偏振片均成 30°角,则透射光强为多少?

21－2　自然光和线偏振光的混合光束，通过一偏振片时，随着偏振片以光的传播方向为轴转动，透射光的强度也跟着改变，最强和最弱的光强之比为 6∶1，那么入射光中自然光和线偏振光的强度之比是多少？

21－3　如图所示，一块折射率 $n=1.50$ 的平面玻璃浸在水中，已知一束光入射到水面上时反射光是完全偏振光，若要使玻璃表面的反射光也是完全偏振光，则玻璃表面与水平面的夹角 θ 应是多大？

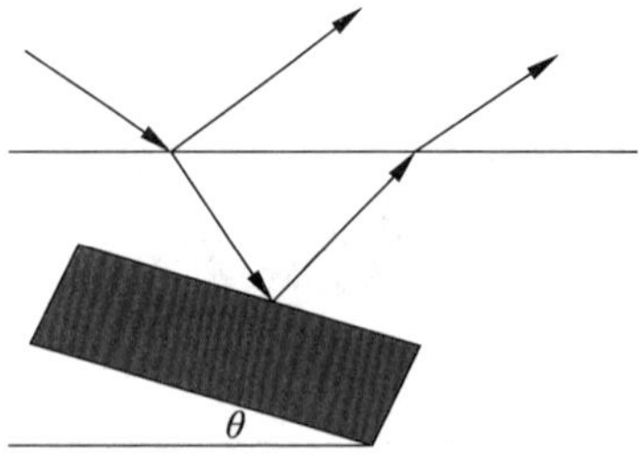

习题 21-3 图

21－4　将方解石切割成一个截面为正三角形的棱镜，光轴垂直于棱镜的正三角形截面，设非偏正光的入射角为 i，而 e 光在棱镜内的折射线与棱镜底边平行如图所示，求入射角 i，并在图中画出 o 光的光路. 已知 $n_e=1.49$，$n_o=1.66$.

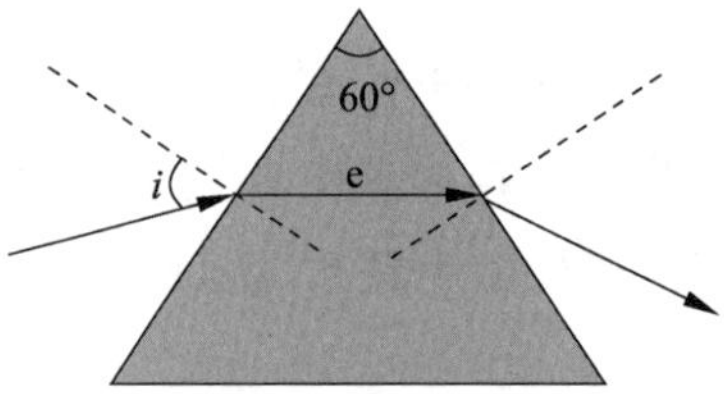

习题 21-4 图

21－5　图示的沃拉斯顿棱镜是由两个呈 45°角的方解石棱镜组成的. 光轴方向如图所示，一束自然光入射，求两束出射光线间的夹角和振动方向. 已知 $n_o=1.66$，$n_e=1.49$.

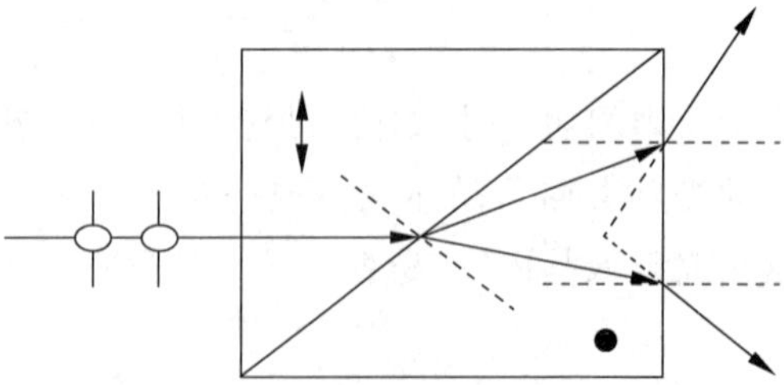

习题 21-5 图

产教融合案例四：声学显微镜

声学显微镜是一种特殊的显微成像仪器，主要用于观察和测量超微结构，如生物组织、材料表面的纳米级结构等. 它的基本原理和技术方法与光学显微镜和电子显微镜有所不同，

声学显微镜的基本原理是利用声波在物质中的传播特性来成像. 当声波传播到物质中的微小结构(如颗粒、缝隙、层状结构等)时，这些结构会对声波产生反射、折射、散射等，从而改变声波的传播特性. 通过对这些特性的测量及成像，实现对微小结构的可视化检测. 因此，声学显微镜更适合于观察微/纳米级的结构. 图 1 所示为扫描声学显微镜.

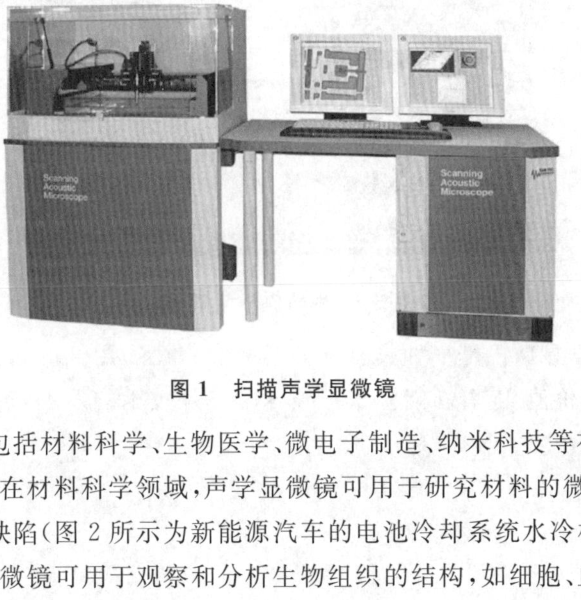

图 1　扫描声学显微镜

声学显微镜在包括材料科学、生物医学、微电子制造、纳米科技等在内的许多领域都有广泛的应用前景. 在材料科学领域，声学显微镜可用于研究材料的微观结构和性能，特别是纳米级结构和缺陷(图 2 所示为新能源汽车的电池冷却系统水冷板检测结果)；在生物医学领域，声学显微镜可用于观察和分析生物组织的结构，如细胞、血管、神经等；在微电子制造领域，声学显微镜可用于监控制造过程中的微小结构，如芯片上的电路和连接器等(见图 3)；在纳米科技领域，声学显微镜可用于研究纳米级物体的表面形貌、结构和相互作用，为纳米科技的发展提供重要支持；在其他领域，如环保监测、地质勘探等领域，声学显微镜也有潜在的应用前景.

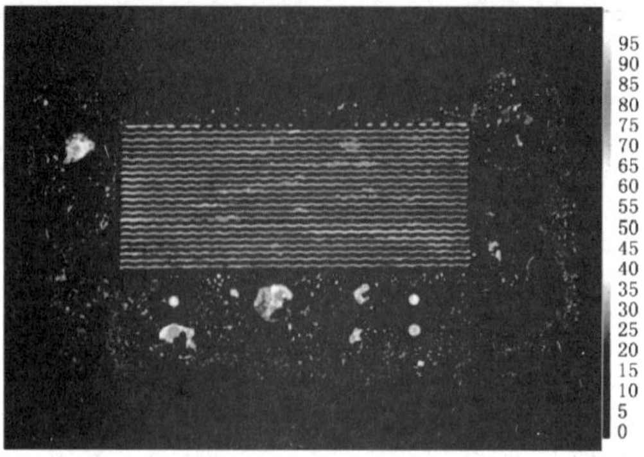

图 2　电池冷却系统水冷板检测结果

图 3　电路板测试结果

总的来说，声学显微镜是一种具有高分辨率和广泛适用性的工具，它在许多领域中都具有潜在的应用价值. 随着新能源汽车技术和芯片技术的发展，声学显微镜的应用前景将更加广阔.

第六部分

量子物理

第 22 章　量子物理简介

量子理论是研究原子、分子和凝聚态物质的结构和性质的理论基础，在化学、生物、信息、激光、能源和新材料等方面的科学研究和技术开发中发挥着越来越重要的作用. 对于广大理工科专业的学生来说，了解量子物理的基本概念和基本规律无疑是十分必要的.

1900 年，普朗克(M. Planck)首次提出能量子，即能量量子化的概念，这对经典物理理论是一个极大的冲击，因为能量的连续性在经典物理中被认为是“天经地义”的. 在物理学发展历程中，能量子概念的提出具有划时代的意义，它标志着量子力学的诞生.

爱因斯坦(A. Einstein)关于光的波粒二象性假设(1905 年)和德布罗意(L. V. de Broglie)关于实物粒子的波粒二象性假设(1924 年)，为物质世界建立了一个统一的模型. 物质具有波粒二象性是建立量子物理理论的一个基本出发点.

1926 年，薛定谔(E. Schrödinger)提出一个描述非相对论性粒子($v \ll c$)运动规律的方程，即薛定谔方程，把德布罗意波假设发展成波动力学. 波动力学和 1925 年海森堡(W. K. Heisenberg)提出的矩阵力学是量子力学的两种等价的理论. 由于薛定谔方程是一个微分方程，它所使用的数学工具人们比较熟悉，所以我们在这里只简要介绍波动力学.

本章首先揭示波粒二象性的实验规律，这些规律不但是建立量子物理理论的实验基础，而且它们本身在现代科学技术中也有广泛的应用. 然后，简要地介绍量子物理中的一些最基本的概念和规律.

22.1　黑体辐射和普朗克能量子假设

22.1.1　黑体

19 世纪中叶，钢铁工业得到飞速的发展，在炼钢的过程中，人们发现不同温度的钢水会发出不同波长的光. 热辐射的研究就是在此背景下展开的. 为了方便研究各种不同物体的热辐射，人们引入一种理想模型——绝对黑体. 我们把能吸收一切外来电磁辐射的物体称为绝对黑体，简称黑体.

一般来说，入射到物体上的电磁辐射，并不能全部被物体所吸收，通常人们认为最黑的煤烟，也只能吸收入射电磁辐射的 95%左右. 什么样的物体才能看成黑体呢？如果在一个由任意材料做成的空腔壁上开一个小孔(见图 22.1.1),那么小孔表面就可近似地看作黑体.

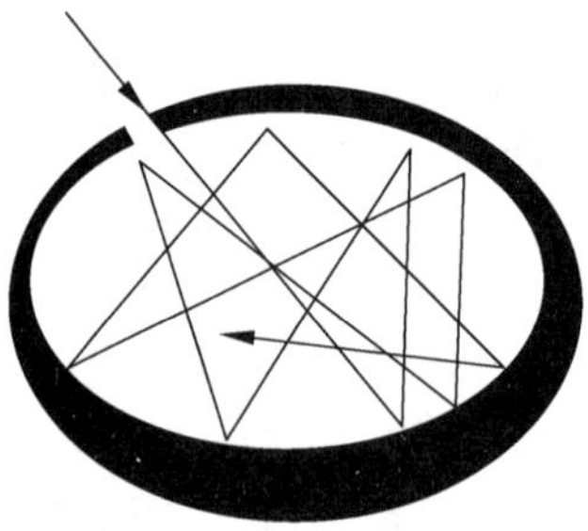

图 22.1.1　黑体示意图

小孔表面之所以可看成黑体,是因为射入小孔的电磁辐射,要被腔壁多次反射,每反射一次,壁就要吸收一部分电磁辐射,以致射入小孔的电磁辐射很难从小孔逃逸出来.这就像你白天看到的远方楼房的窗户总是黑暗的一样.从辐射角度来看,此空腔处于某确定的温度时,也应有电磁辐射从小孔发射出来.显然,从小孔发射出来的电磁辐射就可看作黑体的辐射.总之,无论从吸收还是发射电磁辐射的角度来看,空腔上的小孔都可以看成黑体.为定量描述黑体在一定温度下发出的能量随波长的分布,我们引入两个新的物理量.

1. 单色辐出度

在热力学温度为 T 时,物体表面单位面积上辐射出的波长介于 λ 与 $\lambda+\mathrm{d}\lambda$ 间的辐射功率 $\mathrm{d}E$ 与 $\mathrm{d}\lambda$ 的比值称为单色辐射出射度,简称单色辐出度.显然,单色辐出度是物体的热力学温度 T 和波长 λ 的函数,用 $M_\lambda(T)$ 表示,其定义式为

$$M_\lambda(T)=\frac{\mathrm{d}E(\lambda,T)}{\mathrm{d}\lambda} \tag{22.1.1}$$

它的 SI 制单位为 $\mathrm{W\cdot m^{-3}}$. 由上式可以看出,单色辐出度等于单位面积单位波长间隔内的辐射功率.

2. 辐出度

温度为 T 的物体单位面积上辐射出的包含各种波长在内的辐射功率,称为辐射出射度,简称辐出度.辐出度只是物体的热力学温度的函数,用 $M(T)$ 表示.它与单色辐出度的关系为

$$M(T)=\int_0^\infty M_\lambda(T)\mathrm{d}\lambda \tag{22.1.2}$$

22.1.2　黑体辐射的实验规律

如图 22.1.2 所示,在热平衡条件下,对不同温度的黑体进行辐射实验,可以分别测出各温度下其单色辐出度随波长的变化曲线.

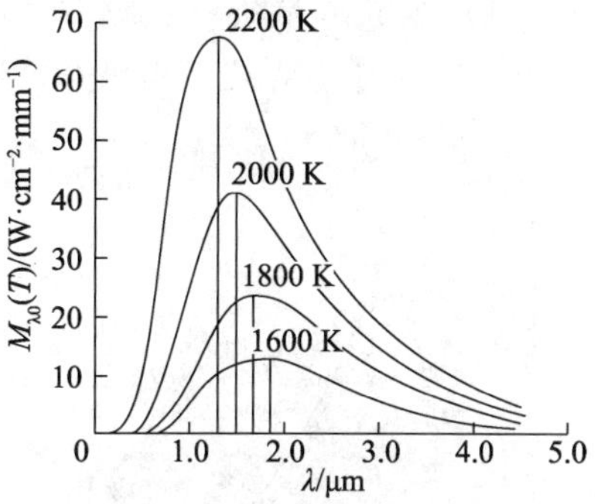

图 22.1.2　黑体单色辐出度的实验曲线示意图

1879 年奥地利物理学家斯特藩(J. Stefan)从实验结果中发现黑体辐出度与热力学温度有如下简单的关系

$$M(T)=\sigma T^4 \tag{22.1.3}$$

式(22.1.3)称为斯特藩-玻尔兹曼定律,式中 σ 称为斯特藩-玻尔兹曼常量,其值为 $5.670\times 10^{-8}\ \mathrm{W \cdot m^{-2} \cdot K^{-4}}$.

维恩于 1893 年发现 λ_m 与黑体温度 T 之间也有简单的关系

$$\lambda_m T=b \tag{22.1.4}$$

式中,b 为常量,其值为 $2.898\times 10^{-3}\ \mathrm{m \cdot K}$,称为维恩常量. 式(22.1.4)称为维恩位移定律.

上述定律至今在高温测量、星体表面温度估算等方面仍有广泛应用. 例如,测得太阳连续光谱中辐射能量最强的波长 $\lambda_m=460\ \mathrm{nm}$,据此可以推算出太阳表面的温度约为 6000 K.

22.1.3　经典物理的困难

1894 年,维恩从热力学理论出发,并根据实验数据得出一个黑体辐出度经验公式

$$M_\lambda(T)=\frac{c_1 \mathrm{e}^{-\frac{c_2}{\lambda T}}}{\lambda^5} \tag{22.1.5}$$

称为维恩公式,式中 c_1、c_2 为两个经验参数.

1900 年,瑞利和金斯按照电动力学和统计理论也得出一个黑体辐射单色辐出度按波长的分布公式

$$M_\lambda(T)=\frac{2\pi c k T}{\lambda^4} \tag{22.1.6}$$

称为瑞利-金斯公式,式中 c 为光速,k 为玻尔兹曼常量.

从图 22.1.3 中可以看到,维恩公式在短波部分与实验接近,但在长波部分则与实验误差较大;相反,在长波部分,瑞利-金斯公式与实验符合得很好,但在短波部分,却出现巨大的分歧. 对于温度给定的黑体,从图中可以看出,由瑞利-金斯公式得出的黑体的单色辐出度 $M_\lambda(T)$将随波长的变短而趋于“无限大”,这显然是违背生活常识的,因此,历

史上通常把这称为“紫外灾难”. 维恩公式和瑞利-金斯公式都是用经典物理学的方法和理论来研究黑体辐射所得的结果，都与实验结果不相符合，明显地暴露出经典物理学的局限性.

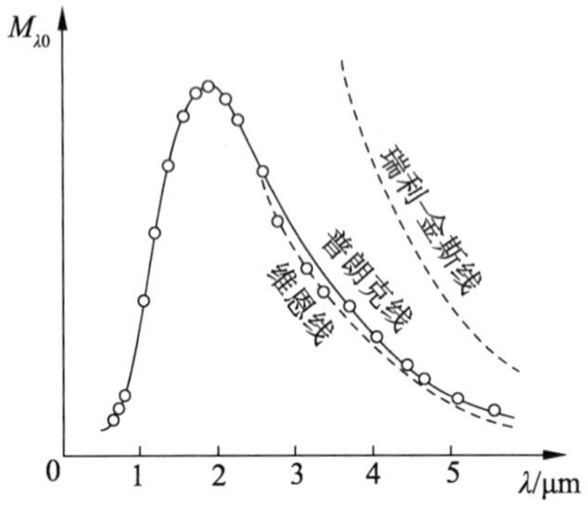

图 22.1.3 热辐射的理论公式结果与实验结果的比较

22.1.4 普朗克假设 普朗克黑体辐射公式

1900 年，德国物理学家普朗克密切关注黑体辐射的实验和理论两方面的进展，为了得到与实验结果相一致的黑体辐射公式，他借助维恩公式和相关的实验结果，运用内插法得到很好的经验性公式

$$M_{\lambda}(T)=\frac{2\pi hc^{2}\lambda^{-5}}{e^{\frac{hc}{k\lambda T}}-1} \tag{22.1.7}$$

式(22.1.7)即为著名的普朗克公式，式中 c 为光速，k 为玻尔兹曼常量，h 是与黑体及温度无关的一个参量，可以用来调整曲线，使它与实验数据相吻合(见图 22.1.3). 普朗克于 1900 年 12 月 14 日在德国柏林物理学会宣读了他的以《关于正常光谱中能量分布定律的理论》为题的论文，在该论文中普朗克提出了能量子假设：金属空腔壁中电子的振动可视为一维谐振子，对于频率为 ν 的谐振子，它吸收或者辐射的能量是不连续的，只能是 $h\nu$ 的整数倍，即

$$\varepsilon_{n}=nh\nu$$

式中，n 为正整数，称为量子数，$n=1$ 时的能量

$$\varepsilon=h\nu \tag{22.1.8}$$

称为能量子，h 称为普朗克常量，它是物质世界最基本的自然常量之一. 由于普朗克常量很小，因此能量的不连续性在宏观尺度内很难被察觉.

普朗克理论说明物体以 $h\nu$ 为能量单位发射或吸收能量，能量发射或吸收是不连续的，而是以能量为 $h\nu$ 的颗粒形式出现，能量小于 $h\nu$ 的发射或吸收过程是不存在的. 能量单位 $h\nu$ 为能量子拓宽了人们对光的粒子性的认识途径. 能量子的概念与经典物理学的概念是格格不入的，在当时看来是荒诞的、不可思议的. 直到 1905 年，爱因斯坦在普朗克量子假设的基础上提出了光量子概念，正确地解释了光电效应，普朗克能量子假设才逐渐被人们所接受.

爱因斯坦评价道："这一发现成为 20 世纪整个物理研究的基础，从那时起，几乎完全决定了物理学的发展". 所以，1900 年 12 月 14 日被人们认定为量子论的诞生日，普朗克也被尊称为量子论之父，获 1918 年诺贝尔物理学奖.

[例 22.1.1]　测得太阳单色辐出度峰值对应的波长 $\lambda_m=550$ nm，试求太阳的表面温度. 如果人体皮肤的温度为 35 ℃，求人体单色辐出度峰值对应的波长.（可将太阳和人体视作绝对黑体，取 $b=2.9\times10^{-3}$ m · K）

解：由 $\lambda_m T=b$，有

$$T=\frac{b}{\lambda_m}$$

所以太阳表面温度　$$T=\frac{2.9\times10^{-3}}{550\times10^{-9}}=5.3\times10^3(\text{K})$$

类似的，对于人体　$$\lambda_m=\frac{b}{T}=\frac{2.9\times10^{-3}}{273.15+35}=9.4(\mu\text{m})$$

这一辐射位于红外波段，人的眼睛感觉不到.

22.2　光电效应与爱因斯坦的光量子理论

22.2.1　光电效应

光照射到某些物质上，引起物质的电性质发生变化，使光能量转换成电能. 我们把金属在电磁辐射的照射下发射电子的现象称为光电效应. 德国物理学家赫兹(H. Hertz)在 1887 年首先发现了光电效应. 1900 年，勒纳德利用各种频率的光照射钠汞合金，对光电效应现象进行了系统的研究.

当紫外线照射在金属 K 的表面时，如 K 接电源的负极，A 接电源的正极(见图 22.2.1)，则可以观察到电路中有电流通过. 这是由于光照射到金属 K 上时，金属 K 中的电子从表面逸出来，逸出的电子称为光电子，光电子在加速电压 U 作用下，从 K 到达 A，从而在回路中形成电流，称为光电流. 大量的光电效应实验得出了一些重要的实验结论，具体如下：

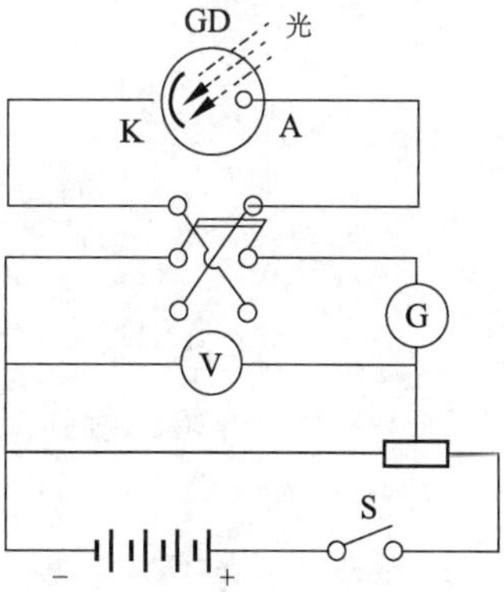

图 22.2.1　光电效应实验装置示意图

(1) 在一定强度的单色光照射下，光电流随加速电压的增加而增大，但当加速电压增加到一定量值时，光电流达到饱和值. 饱和光电流 i_m 随着入射光的强度 I 的增大而增大(见图 22.2.2). 由此得出结论：单位时间内，受光照的金属板释放出来的电子数和入射光的强度成正比.

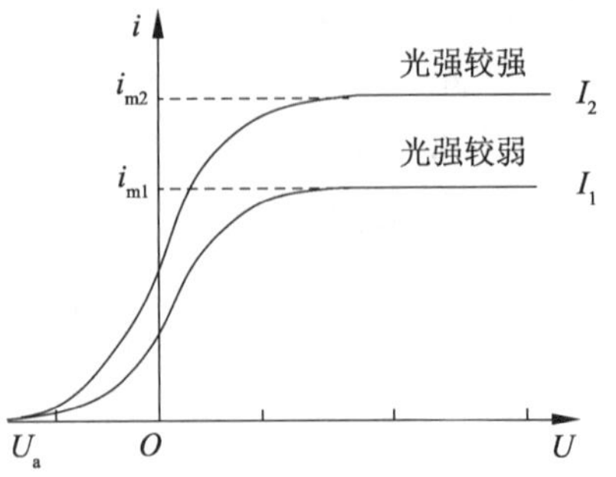

图 22.2.2 光电效应的伏安特性曲线

(2) 如果负的电势差足够大,从而使由金属板 K 表面释放出的具有最大速度的电子也不能到达阳极,那么光电流便降为零,此临界电势差的绝对值 U_a 被称为遏止电势差.遏止电势差应满足

$$\frac{1}{2}mv^2=eU_a \tag{22.2.1}$$

式中,v 为最大初速度.

(3) 如图 22.2.3 所示,对于某种材料制成的金属 K 极,只有当入射光频率 $\nu>\nu_0$ 时,才能引起光电效应;当入射光频率 $\nu<\nu_0$ 时,无论光强多大、照射时间多长,都不会产生光电效应.这一频率 ν_0 称为截止频率,也称红限.红限与阴极材料有关,不同的金属材料其红限不同.由图可以看出,遏止电势差与入射光频率呈线性关系.

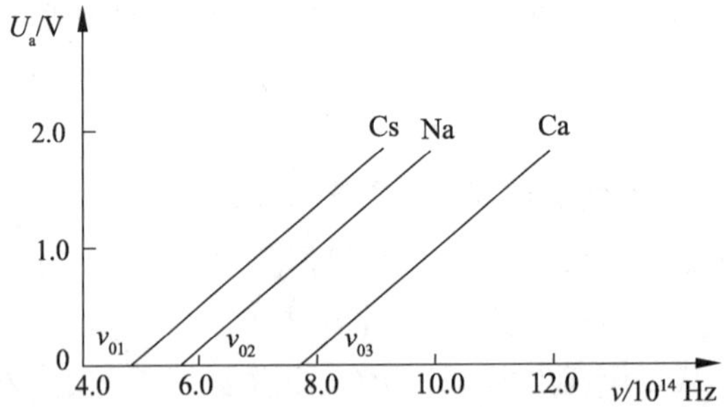

图 22.2.3 遏止电势差 U_a 和入射光频率之间的关系

(4) 从入射光开始照射到金属释放出电子,无论光的强度如何,这段时间很短,不超过 10^{-9} s.

上述光电效应的实验事实与光的经典电磁理论有深刻的矛盾.按照经典理论,无论何种频率的入射光,只要其强度足够大,就能使电子具有足够的能量从而逸出金属.然而实验却指出,若入射光的频率小于截止频率,无论其强度有多大,都不能产生光电效应.此外,光电效应的瞬间响应性质也无法用经典物理学解释.按经典理论,电子逸出金属所需的能量需要有一定的时间来积累,直到足以使电子逸出金属表面为止.这段积累时间与光电效应的响应时间在 10^{-9} s 量级是不可比拟的.

22.2.2　爱因斯坦光量子理论

1905 年，爱因斯坦受普朗克的能量子假设启发，提出了著名的光量子假设. 他认为，光束可以看成由微粒构成的粒子流，这些粒子叫作光量子（光子）. 在真空中，每个光子都以光速 $c=3.0\times10^{8}\ \mathrm{m\cdot s^{-1}}$ 运动. 对于频率为 ν 的光束，每个光子的能量为

$$\varepsilon=h\nu \tag{22.2.2}$$

式中，h 为普朗克常量. 按照爱因斯坦的光量子假设，频率为 ν 的光束可看成是由许多能量均等于 $h\nu$ 的光子所构成的；频率 ν 越高的光束，其光子能量越大；对给定频率的光束来说，光的强度越大，就表示光子的数目越多，光束能量越大. 由此可见，对单个光子来说，其能量取决于频率，而对一束光来说，其能量不仅与频率有关，还与光子数有关.

根据爱因斯坦光量子假设，当频率为 ν 的光束照射在金属表面时，光子的能量被单个电子所吸收，使电子获得能量 $h\nu$. 当入射光的频率 ν 足够高时，可以使电子具有足够的能量从金属表面逸出，逸出时所需要做的功，称为逸出功 W. 不同的金属材料，其逸出功不同. 设逸出的电子具有初动能 $\frac{1}{2}mv^{2}$，则由能量守恒定律，有

$$h\nu=\frac{1}{2}mv^{2}+W \tag{22.2.3}$$

式(22.2.3)即为爱因斯坦光电效应方程. 根据式(22.2.3)，可以圆满解释光电效应的实验规律：

(1) 从爱因斯坦光电效应方程可以看出，当入射光子能量 $h\nu$ 小于金属的逸出功 W 时，电子不可能获得足够能量从金属表面逸出；只有当 $h\nu\geqslant W$ 时，才会有电子逸出，即存在截止频率 ν_0. 很显然，截止频率为

$$\nu_0=\frac{W}{h} \tag{22.2.4}$$

(2) 按照光子假设还可以知道，如果单位时间内垂直通过单位面积的光子数为 n，那么光的强度

$$I=nh\nu \tag{22.2.5}$$

与光子数成正比. 当光的强度增大时，只要入射光的频率大于截止频率，随着单位时间内到达金属板的光子数的增加，单位时间内吸收光子的电子数也增多，饱和光电流就自然增大. 所以说，饱和光电流与入射光的强度成正比，这也与实验结果相符合.

(3) 从爱因斯坦光电效应方程还可看出，光电子动能与入射光的频率呈线性关系，这正说明了遏止电势差与入射光频率呈线性关系的实验结果.

(4) 电子只要吸收一个光子就可以从金属表面逸出，所以无须时间的累积.

密立根为光电效应验证做了许多深入细致的研究工作，他通过精密实验验证了光量子假设的正确性，同时也利用光电效应测定了普朗克常量. 正是密立根高质量的实验使光的量子假设逐渐为人们所接受并成为公认的理论. 由于爱因斯坦提出的光量子假说成功地说明了光电效应的实验规律，因此他荣获 1921 年诺贝尔物理学奖.

光电效应在生产、科学技术和国防领域得到了广泛的应用.光电管是应用最普遍的一种光电器件.利用光电管制成的光控继电器,可以用于自动控制,如自动计数、自动报警;利用光电管可制成光电光度计,有些曝光表就是光电光度计;利用光电效应还可以制造用于测量微弱光的光电倍增管.

22.2.3 光的波粒二象性

光电效应显示了光的粒子性.在光电效应中,当电子吸收光子时,它吸收光子的全部能量,而不是只吸收其中一部分.光子与电子一样,也是构成物质的一种微观粒子.

根据光量子假设,光子能量 $\varepsilon=h\nu$,考虑狭义相对论的质能关系式,可得光子的质量为

$$m=\frac{h\nu}{c^2}=\frac{h}{\lambda c} \tag{22.2.6}$$

显然,这是光子的动质量.那么光子的静止质量 m_0 为多少呢?

根据相对论质速关系式 $$m=\frac{m_0}{\sqrt{1-\left(\frac{v}{c}\right)^2}}$$

$$m_0=0 \tag{22.2.7}$$

由式(22.2.6),还可以得出光子的动量

$$p=mc=\frac{h}{\lambda} \tag{22.2.8}$$

根据光量子假设 $\varepsilon=h\nu$ 和式(22.2.8),我们可以看到,描述光子粒子性的量(ε 和 p)与描述光的波动性的量(ν 和 λ)通过普朗克常量 h 联系了起来.所以说,光既具有波动性,又具有粒子性,光的这种双重性称为光的波粒二象性.

[例 22.2.1] 波长 $\lambda=589.3$ nm 的钠黄光照射金属钾的表面,已知钾的遏止电势差为 0.36 eV,求光电子的最大初动能、逸出功和红限.

解:最大初动能 $$E_k=\frac{1}{2}mv^2=eU_a=0.36\ (\text{eV})$$

由爱因斯坦光电效应方程

$$W=h\nu-\frac{1}{2}mv^2=\frac{hc}{\lambda}-eU_a=\frac{6.63\times10^{-34}\times3.0\times10^8}{589.3\times10^{-9}}\text{J}-0.36\times1.6\times10^{-19}\ \text{J}=1.75(\text{eV})$$

相应地 $$\nu_0=\frac{W}{h}=\frac{1.75\times1.6\times10^{-19}}{6.63\times10^{-34}}=4.22\times10^{14}\ \text{Hz}$$

22.2.4 光量子理论的应用——康普顿效应

1923 年,美国物理学家康普顿(A. H. Compton)在观察 X 射线被物质散射时,发现散射光中含有波长发生变化的成分,人们把这种现象称为康普顿效应.

如图 22.2.4 所示,单色 X 射线源发出波长为 λ_0 的 X 射线,通过光阑 D 成为一束狭窄的 X 射线,并被投射到散射物质(如石墨)上,用摄谱仪可探测到不同散射方向(散射角 θ)上 X 射线的波长与强度的关系.

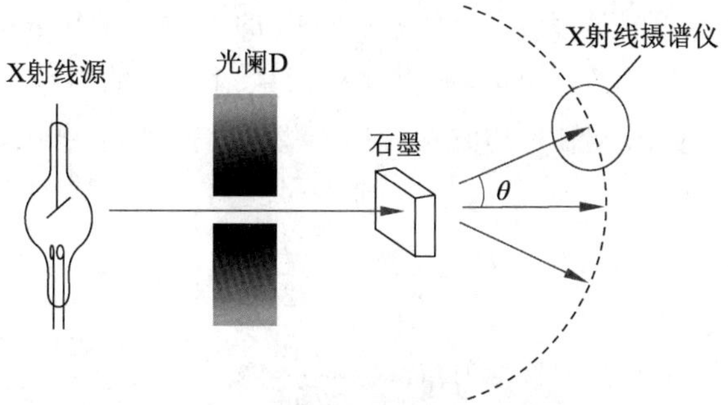

图 22.2.4　康普顿效应装置示意图

图 22.2.5 所示为石墨的康普顿效应实验结果.

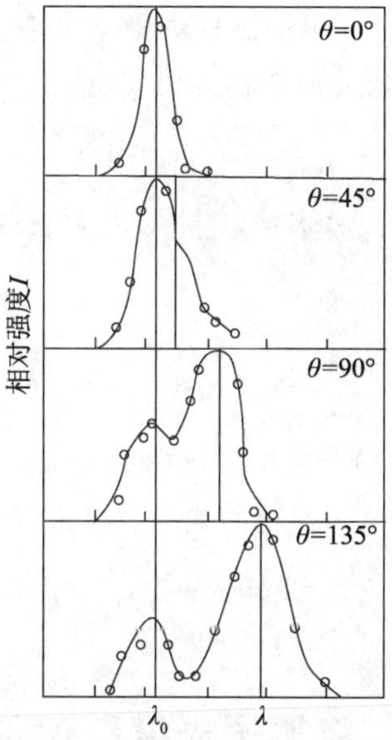

图 22.2.5　石墨的康普顿效应实验结果

最初,康普顿的实验结果只涉及一种散射物质——石墨. 1923—1926 年间,我国物理学家吴有训参与了康普顿的 X 射线散射实验研究,他做了 15 种物质的 X 射线散射实验,所得实验结果如下:

(1) 波长的偏移 $\Delta\lambda=\lambda-\lambda_0$ 随散射角 θ 变化. 当散射角增大时,波长的偏移也随之增加,而且随着散射角的增大,原波长的谱线强度增大.

(2) 在同一散射角下,对于所有散射物质,波长的偏移 $\Delta\lambda$ 都相同,但原波长的谱线强度随散射物质的原子序数的增大而增加,新波长的谱线强度随之减小.

根据经典电磁波理论,当电磁波通过物质时,物质中带电粒子将做受迫振动,其频率等于入射光频率,所以它所发射的散射光频率应等于入射光频率. 光的波动理论无法解释康普顿效应.

康普顿提出,按照爱因斯坦的光子理论,频率为 ν_0 的 X 射线可看成是由一些能量为 $h\nu_0$ 的光子组成的,光子与受原子束缚较弱的电子或自由电子之间的碰撞可看成完全弹性碰撞.依照这个观点,当能量为 $h\nu_0$、动量为 h/λ_0 的入射光子与散射物质中的电子发生弹性碰撞时,电子会获得一部分能量,所以碰撞后散射光子的能量比入射光子的能量要小,相应的散射光的波长比入射光的波长要长一些.这就是康普顿效应的定性解释.

利用光子理论和能量与动量守恒定律(证明过程略),可以得到康普顿散射公式

$$\Delta\lambda=\lambda-\lambda_0=\frac{2h}{m_0c}\sin^2\frac{\theta}{2}=2\lambda_c\sin\frac{\theta}{2} \tag{22.2.9}$$

式中,m_0 为电子静质量;θ 为 X 射线散射角;$\lambda_c=\dfrac{h}{m_0c}=2.43\times10^{-2}\ m$ 称为电子的康普顿波长.

式(22.2.9)表明,波长的改变量与散射物质的种类及入射光的波长无关,仅由散射方向决定,并随散射角的增大而增大.理论计算结果与实验结果相符,一方面定量验证了光子理论的正确性,另一方面说明能量守恒定律和动量守恒定律在微观领域同样严格地成立.

由于康普顿对 X 射线散射研究所取得的成就,他于 1927 年荣获诺贝尔物理学奖.

[例 22.2.2] 波长为 0.02 nm 的 X 射线与静止的自由电子碰撞,现在从与入射方向成 90°角的方向去观察散射射线.求:(1) 散射 X 射线的波长;(2) 反冲电子的能量.

解:(1) 散射后 X 射线波长改变

$$\Delta\lambda=\frac{2h}{m_0c}\sin^2\frac{\theta}{2}=2.4\times10^{-12}(\mathrm{m})=0.0024(\mathrm{nm})$$

$$\lambda=\lambda_0+\Delta\lambda=0.02+0.0024=0.0224(\mathrm{nm})$$

(2) 由能量守恒可知,反冲电子获得的能量就是入射光子与散射光子能量的差值

$$\varepsilon_e=\Delta\varepsilon=\frac{hc}{\lambda_0}-\frac{hc}{\lambda}=\frac{hc\Delta\lambda}{\lambda\lambda_0}=10.7\times10^{-16}(\mathrm{J})=6.66\times10^3(\mathrm{eV})$$

22.3 氢原子光谱和玻尔理论

22.3.1 氢原子光谱的实验规律

原子发光是重要的原子现象之一,光谱学的实验数据对物质结构的研究具有重要意义.19 世纪末,光谱学得到了长足的发展.一般元素的原子光谱十分复杂,其规律难以寻找.氢原子的光谱相对比较简单,历史上就是从研究氢原子光谱的规律性开始研究原子光谱的.

图 22.3.1 是氢原子的光谱图,图中 H_α、H_β、H_γ 等谱线的波长经光谱学的测量已标在图上.

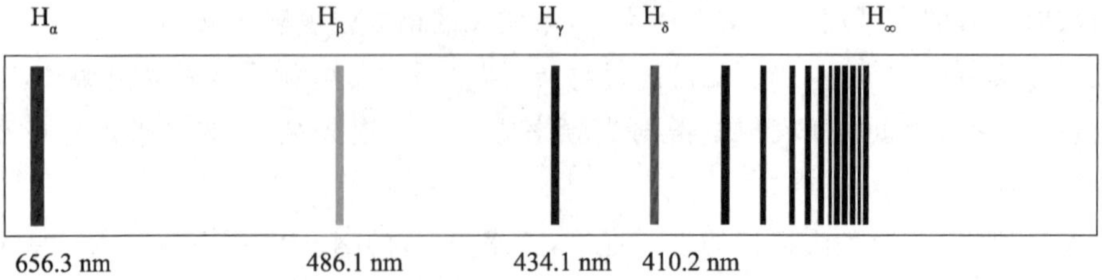

图 22.3.1 氢原子光谱——巴耳末系谱线

1885 年，瑞士一中学教师巴耳末(J. J. Balme)发现似乎毫无规律可言的氢原子可见光的线光谱，可以归结成一个有规律的公式

$$\lambda = B\,\frac{n^2}{n^2-4} \quad (n=3,4,5,\cdots) \tag{22.3.1}$$

式中，$B=364.56$ nm，人们把这个公式称为巴耳末公式. 当 $n=3,4,5,\cdots$时，上式分别给出氢原子光谱中 H_α，H_β，H_λ 等谱线的波长(单位：nm).

光谱学中常用波长的倒数(称为波数)$\sigma=\dfrac{1}{\lambda}$来表征谱线. 波数的物理意义是单位长度中波长的数目. 引进波数的概念后，里德堡把巴尔末公式改写成

$$\sigma=\frac{1}{\lambda}=\frac{4}{B}\left(\frac{1}{2^2}-\frac{1}{n^2}\right)=R\left(\frac{1}{2^2}-\frac{1}{n^2}\right) \quad (n=3,4,5,\cdots) \tag{22.3.2}$$

式中，$R=\dfrac{4}{B}$，称为里德堡常量，$R=1.0967758\times10^7\ \mathrm{m}^{-1}$.

1889 年，里德堡进一步给出了更普遍的形式：

$$\sigma=R\left(\frac{1}{m^2}-\frac{1}{n^2}\right)=T(m)-T(n) \quad (n>m;n,m\ \text{均为正整数}) \tag{22.3.3}$$

式中，$T(n)=\dfrac{R}{n^2}$称为光谱项. 里德堡的这一公式预示着还有其他谱系的存在. 果然，十多年后，符合式(22.3.3)的一些新的谱系相继被发现：

莱曼系：(紫外区，1914 年发现)$\sigma=R\left(\dfrac{1}{1^2}-\dfrac{1}{n^2}\right) \quad (n=2,3,4,\cdots)$

帕邢系：(红外区，1908 年发现)$\sigma=R\left(\dfrac{1}{3^2}-\dfrac{1}{n^2}\right) \quad (n=4,5,6,\cdots)$

布拉开系：(红外区，1922 年发现)$\sigma=R\left(\dfrac{1}{4^2}-\dfrac{1}{n^2}\right) \quad (n=5,6,7,\cdots)$

普丰德系：(红外区，1924 年发现)$\sigma=R\left(\dfrac{1}{5^2}-\dfrac{1}{n^2}\right) \quad (n=6,7,8,\cdots)$

氢原子光谱的谱线波数都可以用如此简单的公式表示，且结果非常准确，可见氢原子光谱线有确定的联系，预示了原子内在的规律.

22.3.2　原子结构的核式模型

自从 1897 年汤姆孙(J. J. Thomson)发现电子以后，人们就知道，原子中除有电子，一定还存在着带正电的部分，而且原子内正、负电荷应该相等. 在原子中，电子和正电荷如何分布，就成了 19 世纪末、20 世纪初物理学的重要研究课题之一.

1904 年汤姆孙提出了“葡萄干布丁”模型，他设想原子中的带正电部分像“流体”一样均匀分布在整个原子中，而电子像“葡萄干”一样镶嵌在球体的某些位置，该模型能解释当时知道的许多实验结果.

1909 年，马斯顿和盖革开展了 α 粒子散射实验研究，实验结果显示：绝大多数粒子的散射角小于 2°；约 1/8000 的粒子散射角大于 90°，有的几乎达 180°.

“葡萄干布丁”模型无法解释 α 粒子大角度散射的结果. 1911 年,卢瑟福根据 α 粒子大角度散射的实验结果建立了原子的核式模型. 按这一模型,原子有一个带正电的核,称为原子核,原子核半径很小,它集中了几乎全部原子的质量;在原子核周围,分布着带负电的电子,电子数等于原子核带的正电荷数,原子呈电中性,电子绕原子核不停地转动. 卢瑟福的原子核式结构模型虽然解释了 α 粒子散射实验结果,但是它与经典的电磁理论有着深刻的矛盾,主要表现为以下几个方面:

(1) 原子稳定性问题. 按经典电磁理论,做加速运动的电子因不断地辐射电磁波而损失能量,随着原子能量的不断损失,电子离核的距离将越来越小,最终电子会被吸引到核上去,即产生“坍塌”. 以氢原子为例,若开始时电子轨道半径为 10^{-10} m,则只要经过 10^{-10} s 的时间,电子就会被吸到原子核上,这就不可能有稳定的原子存在. 但实验事实告诉我们,在一般情况下,原子是稳定的.

(2) 原子线状光谱问题. 按经典电磁理论,电子绕核运动的频率与其辐射电磁波的频率应该相同,随着电子轨道的缩小,其旋转频率将不断增加,因此辐射电磁波的频率应连续变化,成为连续谱,而事实是原子光谱为非连续的线状光谱(见图 22.3.1).

22.3.3 玻尔理论的基本假设

为了解决原子稳定性问题和原子线状光谱问题,1913 年玻尔以“原子和分子结构”为题接连发表了 3 篇文章. 这是物理学史上划时代的著作. 年轻的玻尔勇敢地接受了卢瑟福的原子核式模型,并在普朗克、爱因斯坦理论的基础上提出了量子态的崭新概念,把光谱、光量子说和原子核式模型有机结合在一起,解释了近 30 年未能解释的氢原子光谱规律. 玻尔理论由三个基本假设构成:

1. 定态假设

原子系统存在某些稳定状态,这些状态称为定态. 在这些定态中,电子能围绕原子核做圆周运动而不辐射能量,原子定态的能量只能取某些分立的能量值.

2. 频率条件

当原子中电子从能量为 E_n 的定态轨道跃迁到能量为 E_m 的定态轨道时,原子才发射或吸收电磁波,其频率由

$$\nu=\frac{|E_n-E_m|}{h} \tag{22.3.4}$$

决定,若 $E_n>E_m$,原子发射光子;若 $E_n<E_m$,原子吸收光子.

3. 角动量量子化条件

电子在绕原子核运动时,只有电子角动量 L 等于$\hbar\left(\hbar=\frac{h}{2\pi},\text{称为约化普朗克常量}\right)$的整数倍的那些轨道才是稳定的,即

$$L=n\hbar \quad (n=1,2,3,\cdots) \tag{22.3.5}$$

式中,n 称为主量子数.

22.3.4　氢原子的能级和光谱

从玻尔的三条假设出发可以推得氢原子电子轨道半径和能级公式，并解释氢原子光谱的规律.

1. 轨道半径

设氢原子核质量为 $m_{核}$，电荷为 e，电子质量为 m_0. 由于 $m_{核} \gg m_0$，因此可设核不动. 由牛顿第二定律，电子以速率 v_n 绕核做半径为 r_n 的圆周运动的向心力由静电力提供，即

$$\frac{1}{4\pi\varepsilon_0}\frac{e^2}{r_n^2}=m_0\frac{v_n^2}{r_n} \tag{22.3.6}$$

由玻尔量子化条件，有

$$m_0 v_n r_n = n\frac{h}{2\pi} \tag{22.3.7}$$

由上面两式易得

$$r_n=n^2\left(\frac{\varepsilon_0 h^2}{\pi m_0 e^2}\right)\quad (n=1,2,3,\cdots) \tag{22.3.8}$$

或写为

$$r_n=n^2 r_1\quad (n=1,2,3,\cdots) \tag{22.3.9}$$

式中，$r_1=a_1=\dfrac{\varepsilon_0 h^2}{\pi m_0 e^2}=5.29\times10^{-11}\ \text{m}$，$a_1$ 为玻尔半径. 由式(22.3.9)可知，电子绕核运动的轨道半径是不连续的，其可能值为 a_1，$4a_1$，$9a_1$，$16a_1$，…. 人们注意到，a_1 的数量级与经典物理所估计的分子半径相符合，这初步显示出玻尔理论的正确性. 图 22.3.2 给出了氢原子定态轨道与跃迁图.

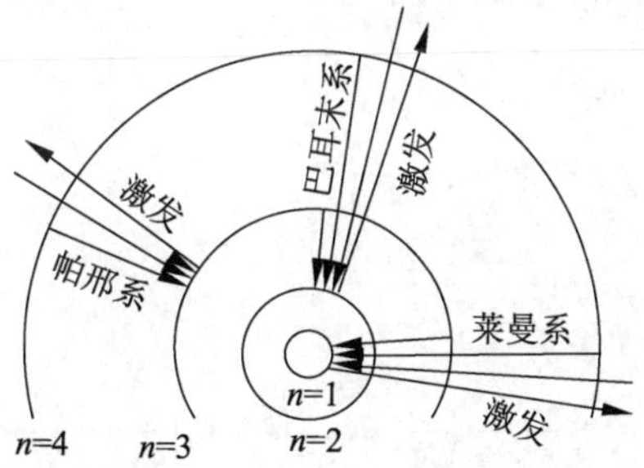

图 22.3.2　氢原子定态轨道与跃迁图

2. 原子系统的能量

若规定电子离核无穷远时势能为零，则原子系统的能量为

$$E_n=E_\text{k}+E_\text{p}=\frac{1}{2}m_0 v_n^2-\frac{e^2}{4\pi\varepsilon_0 r_n} \tag{22.3.10}$$

将前面求出的 v_n 和 r_n' 公式代入式(22.3.10)得

$$E_n=-\frac{m_0 e^4}{8\varepsilon_0^2 h^2 n^2} \tag{22.3.11}$$

当 $n=1$ 时，原子的能量最低，即

$$E_1=-\frac{m_0e^4}{8\varepsilon_0^2h^2}=-13.6\ \text{eV} \tag{22.3.12}$$

这样，原子的能量可表示为

$$E_n=\frac{E_1}{n^2}=-\frac{13.6}{n^2}\ \text{eV} \tag{22.3.13}$$

一般情况下，原子处于能量最低的状态，此状态称为基态. 根据氢原子的基态能量，可以得到氢原子的电离能为 13.6 eV，这一数值与实验测得的氢原子的电离能值(13.599 eV)吻合得很好. 由式(22.3.13)可以看出，当 n 取 1,2,3,…时，氢原子所具有的能量为 $E_1, E_1/4, E_1/9,\cdots$这就是说，氢原子具有的能量 E 是不连续的，即能量是量子化的. 这一系列分立值，就构成了通常所说的能级.

如上所述，氢原子能级是与电子所处的轨道相对应的. 当电子受到外界激发时，可从基态跃迁到较高的 $E_1/4, E_1/9,\cdots$能级上，这些能级对应的状态称激发态，而电子所处的轨道半径就是 $4a_1, 9a_1,\cdots$.

1914 年，弗兰克(J. Fanck)和赫兹(G. L. Hertz)在研究中发现电子与原子发生非弹性碰撞时能量的转移是量子化的，进一步证明了原子能级的存在. 1922 年，玻尔获诺贝尔物理学奖，而弗兰克和赫兹共同获得 1925 年的诺贝尔物理学奖.

(3) 玻尔理论对氢原子光谱的解释

由玻尔的频率条件，原子中电子从较高能级 E_n 跃迁到某一较低能级 E_m 时发射一个光子，其频率为

$$\nu=\frac{1}{h}(E_n-E_m)$$

由波数 $\sigma=\frac{1}{\lambda}=\frac{\nu}{c}$，有

$$\sigma=\frac{1}{hc}(E_n-E_m) \tag{22.3.14}$$

把式(22.3.10)代入上式得

$$\sigma=\frac{m_0e^4}{8\varepsilon_0^2h^3c}\left(\frac{1}{m^2}-\frac{1}{n^2}\right)=R\left(\frac{1}{m^2}-\frac{1}{n^2}\right) \tag{22.3.15}$$

式(22.3.15)与式(22.3.3)的形式完全一样.

根据式(22.3.15)，电子从 $n\geqslant m+1$ 的能级向 $m=1,2,3,4$ 的能级跃迁，将分别产生莱曼系、巴耳末系、帕邢系和布拉开系(见图 22.3.5). 这些由玻尔氢原子理论得出的谱系与实验得出的谱系吻合得很好，这说明氢原子的玻尔理论可较好地解释氢原子光谱的规律性.

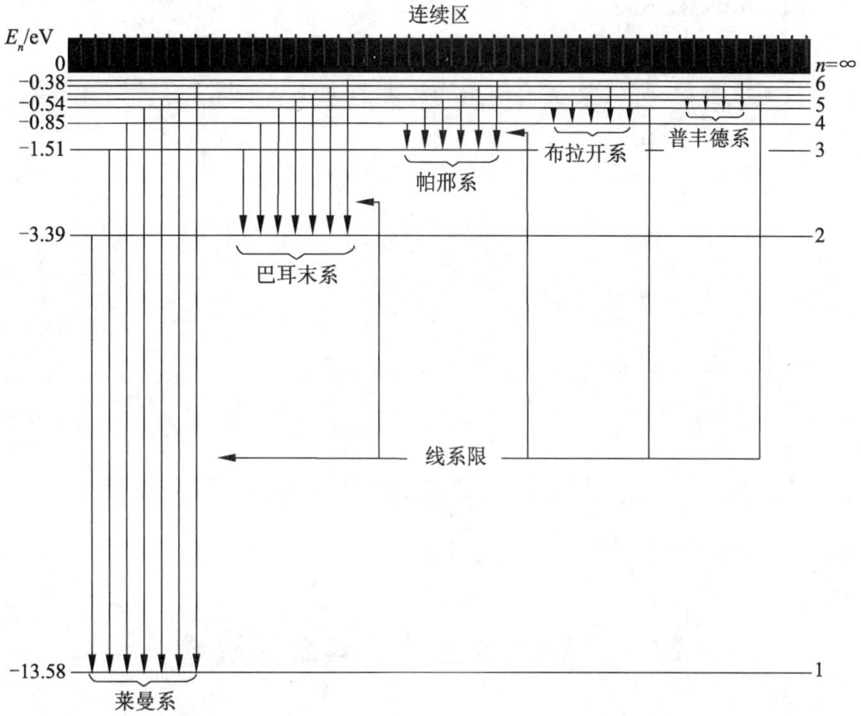

图 22.3.3　氢原子能级跃迁与光谱系之间的关系

22.3.5　玻尔理论的缺陷

玻尔理论不仅对氢原子光谱的解释获得了很大的成功，而且其中关于定态的概念和光谱频率的假设，在原子结构和分子结构的现代理论中，仍然是有用的概念. 玻尔的创造性工作对现代量子力学的建立有着深远的影响. 尽管如此，玻尔理论还存在着严重的不足，主要表现在如下几个方面：

(1) 玻尔理论以经典理论为基础，定态时不发射电磁波的假设是与经典理论相抵触的.

(2) 量子化条件的引进没有适当的理论解释.

(3) 只能用于计算谱线频率，无法处理谱线的强度、宽度、偏振等.

玻尔理论的缺陷是由于其本身没有一个完整的理论体系造成的，例如，它一方面用质点、坐标、轨道等经典概念，并用牛顿运动定律进行计算；另一方面又加上量子条件来限制稳定运动. 它是经典理论和量子条件的混合产物.

[例 22.3.1]　以动能为 12.5 eV 的电子碰撞使氢原子激发，氢原子最高能被激发到哪一能级？当原子从激发态回到基态时，能产生哪些谱线？

解： 若电子能量全部被氢原子吸收，则

$$E_n - E_1 = h\nu = hc\sigma = Rhc\left(1 - \frac{1}{n^2}\right)$$

将 $E_n-E_1=12.5\ \text{eV}$ 代入得

$$n=3.5$$

由于 n 只能取整数，所以氢原子最高能激发到 $n=3$ 的能级，于是产生的谱线有

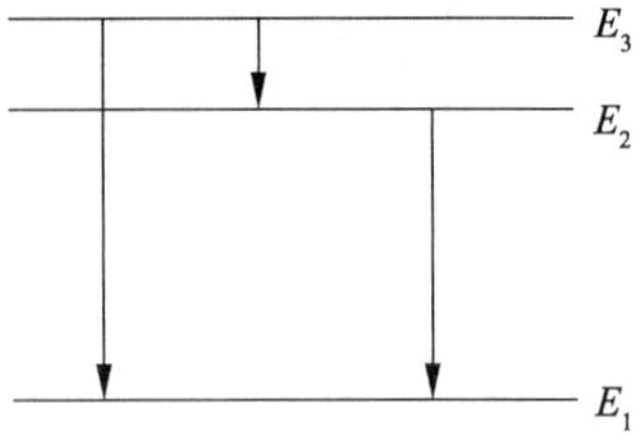

图 22.3.4　例 22.3.1 图

从 3→1：

$$\sigma_1=R\left(\frac{1}{1^2}-\frac{1}{3^2}\right)=\frac{8}{9}R,\lambda_1=\frac{1}{\sigma_1}=\frac{9}{8R}=102.6(\text{nm})$$

从 2→1：

$$\sigma_2=R\left(\frac{1}{1^2}-\frac{1}{2^2}\right)=\frac{3}{4}R,\lambda_2=\frac{1}{\sigma_2}=121.5(\text{nm})$$

从 3→2：

$$\sigma_3=R\left(\frac{1}{2^2}-\frac{1}{3^2}\right)=\frac{5}{36}R,\lambda_3=\frac{1}{\sigma_3}=656.3(\text{nm})$$

共三条谱线.

22.4　德布罗意波及其统计解释

22.4.1　德布罗意假设

1924 年，德布罗意全面考察了力学发展史和光学发展史，在光的波粒二象性的启发下，提出了与光的二象性完全对称的设想，即实物粒子(如电子、质子等)也具有波粒二象性.

德布罗意在题为《量子理论的研究》的博士论文中提出了物质波理论. 按德布罗意假设，能量为 E、动量为 p 的实物粒子的频率 ν 和波长 λ 可表示为

$$\nu=\frac{E}{h} \tag{22.4.1}$$

$$\lambda=\frac{h}{p} \tag{22.4.2}$$

这种波称为物质波，又称为德布罗意波，λ 称为德布罗意波长，式(22.4.1)和式(22.4.2)称为德布罗意公式. 这两个式子中既含有描述波动性的物理量 ν 和 λ，又包含描述粒子性的物理量 E 和 p，从而确定了粒子性和波动性之间的联系.

德布罗意公式的提出只能看作一种假设，正确与否必须由实验来检验.

22.4.2　德布罗意物质波的实验验证

1. 戴维孙-革末实验

1927 年，为了研究镍表面的性质，戴维孙(C. J. Davisson)与革末(L. H. Germer)将电子枪灯丝 K 发出的电子加速后(加速电压 U)入射于一块多晶镍靶上，以测量电子的散射规律. 电子束在晶面上散射后进入电子探测器，其电流由电流计测出(见图 22.4.1). 实验发现，当加速电压为 54 V 时，沿 $\theta=50°$的散射方向探测到电子束的强度出现一个明显

的极大，如图 22.4.2 所示，这个结果不能用粒子运动来解释，但可以用 X 射线对晶体的衍射方法来分析. 计算结果不仅表明电子有与 X 射线类似的波动性，而且也检验了德布罗意公式的正确性.

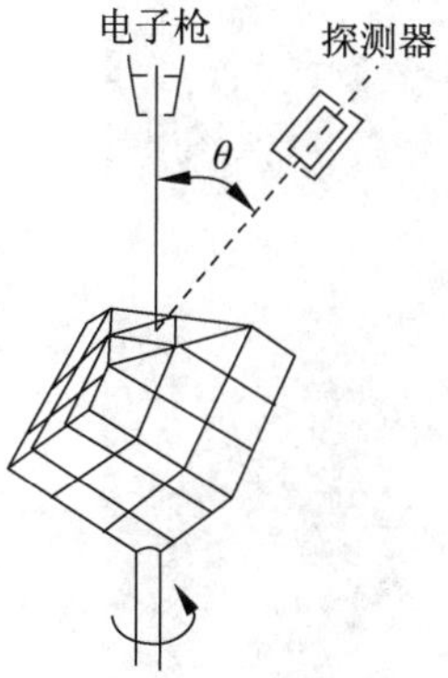

图 22.4.1　戴维孙-革末实验装置

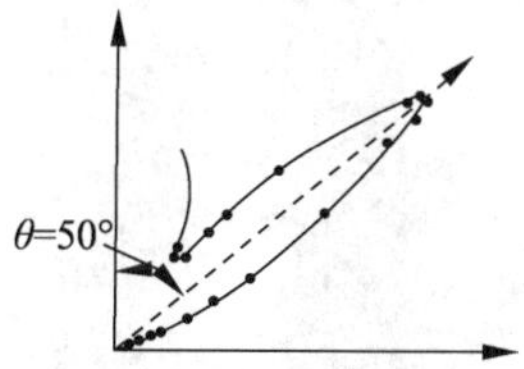

图 22.4.2　散射强度与角度的关系

2. 汤姆孙电子衍射实验

1927 年，英国物理学家汤姆孙（G. P. Thomson）进行了另一个电子衍射实验（见图 22.4.3）. 他采用更加明确、简单的方法，很快就观察到了衍射环，计算出相应的波长，从而令人信服地证明了德布罗意波长公式.

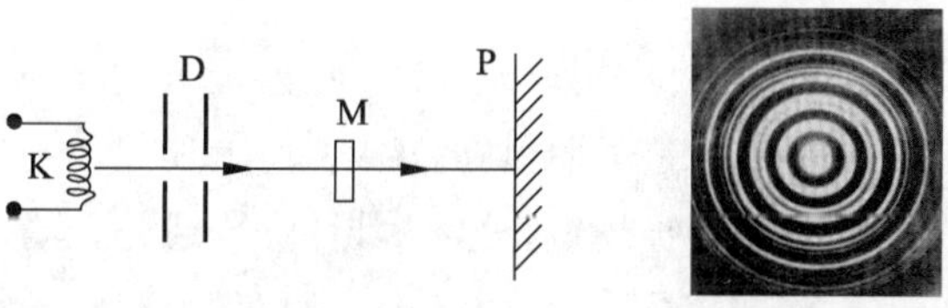

(a) 原理图　　(b) 衍射环

图 22.4.3　汤姆孙电子衍射实验

3. 约恩孙的电子双缝衍射实验

1961 年，约恩孙（C. Jönsson）才制出符合条件的单缝、双缝和多缝. 约恩孙发现用 50 kV 的加速电压加速电子，使电子束分别通过单缝、双缝……五缝，均可得到衍射图样. 图 22.4.4 所示是电子通过单缝和双缝的衍射图样，可见，电子通过单、双缝的衍射图样与可见光通过单、双缝的衍射图样在模式上完全一样. 2002 年，约恩孙的电子双缝衍射实验被物理学家评为十大最美物理实验之一. 另外，人们也对 α 粒子束、低能中子束进行了类似的实验，同样发现了它们的衍射效应.

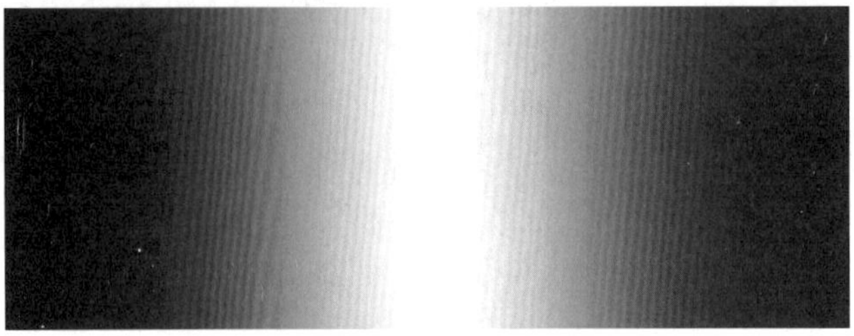

(a) 单缝

(b) 双缝

图 22.4.4　电子通过狭缝的衍射图样

根据这些实验结果，我们可以说，实物粒子和光子一样都具有波粒二象性，其波长可以由德布罗意公式算出. 为此，1929 年，德布罗意获诺贝尔物理学奖，1937 年戴维孙和汤姆孙获诺贝尔物理学奖.

微观粒子的波动性的一个重要应用就是 1932 年德国人鲁斯卡(E. Ruska)的电子显微镜的发明. 电子束是由磁透镜聚焦后照射在样品表面上形成衍射图像的. 我们知道，光学仪器的分辨率与波长成反比，波长越短，分辨率越高. 普通的光学显微镜由于受可见光波长的限制，分辨率一般不超过几百纳米. 而电子的德布罗意波长比可见光短得多. 当加速电压为几百伏特时，按照德布罗意公式，电子的波长和 X 射线相近. 如果加速电压增大到几十万伏特以上，则电子的波长更短. 目前，电子显微镜的分辨率已达 0.2 nm，在材料科学、生物科学(见图 22.4.5)、医学等方面得到越来越广泛的应用.

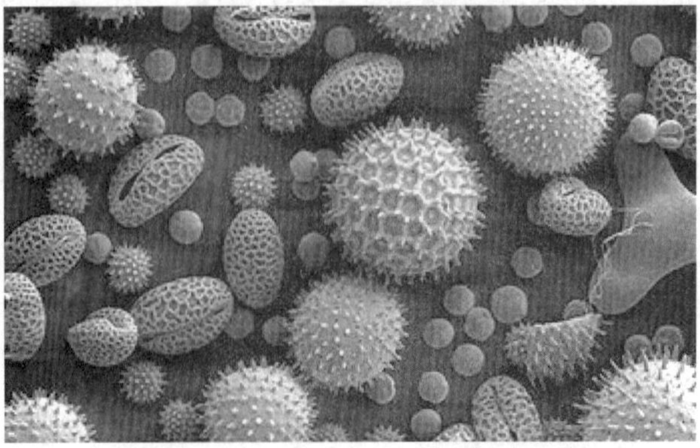

图 22.4.5　电子显微镜下的花粉结构

［例 22.4.1］　一质量 $m=0.005$ kg 的子弹，以 $v=300\ \mathrm{m\cdot s^{-1}}$ 的速率运动着，其德布罗意波长为多少？

解：由德布罗意公式得

$$\lambda=\frac{h}{p}=\frac{h}{mv}=4.4\times10^{-34}(\mathrm{m})$$

由此可见，对于一般的宏观物体，其物质波波长是很小的，很难显示波动性.

22.5　波函数　薛定谔方程

从 1900 年普朗克建立量子理论开始经过 20 多年的发展，物理学届形成共识：经典理论对微观世界不再适用，必须建立能正确反映微观世界客观规律的理论. 1925 年，德国物理学家海森堡抛弃了不可观察的轨道概念，和德国物理学家玻恩、约尔丹一起建立了矩阵力学. 1925 年在一次介绍德布罗意工作的报告中，荷兰物理学家德拜提出：讨论波动，而没有一个波动方程，太幼稚了. 这促使奥地利科学家薛定谔向这方面思索. 1926 年，薛定谔(E. Schrödingdr)根据德布罗意物质波假说，提出了波动力学方程，奠定了量子力学的基础. 其后不久，薛定谔还证明了波动力学和矩阵力学的数学等价性. 1927 年召开的第五届索尔维会议是量子力学发展史上具有里程碑意义的一次会议，量子力学的创立者都参加了会议，如图 22.5.1 所示.

图 22.5.1　第五届索尔维会议——量子力学发展史上十分重要的一次会议

这一节简要介绍非相对论量子力学的一些最基本的概念和薛定谔方程. 考虑到数学基础的限制，本节只着重介绍薛定谔方程，以及用薛定谔方程处理一维无限深势阱的方法，让大家了解量子力学的主要精神.

22.5.1　波函数及其统计意义

在经典物理中，粒子的状态可以用位移和速度来描述，而位移和速度都是时间和空间的函数，说明粒子的状态可以用某个时间和空间的函数来描述. 微观粒子具有波粒二象性，它和宏观物体有许多不同，我们如何来描述呢？

薛定谔认为，微观粒子的状态可以用波函数 $\Psi(x,t)$ 描述.

在经典力学中，一个沿 y 轴正方向传播的频率为 ν、波长为 λ 的平面波的波函数可表示为

$$y(x,t)=A\cos\left[2\pi\left(\nu t-\frac{x}{\lambda}\right)\right] \tag{22.5.1}$$

在波动理论中，为便于运算，常将波函数写成复数形式

$$y(x,t)=A\mathrm{e}^{-\mathrm{i}2\pi\left(\nu t-\frac{x}{\lambda}\right)} \tag{22.5.2}$$

在量子力学中，用波函数 $\Psi(x,t)$ 描述微观粒子的运动状态，对于能量为 E、动量为 p 的自由粒子，我们可以用与机械波类比的方法确定微观粒子的波函数.

由德布罗意公式，有

$$\nu=\frac{E}{h},\lambda=\frac{h}{p}$$

把上面两式代入式(22.5.2)可得

$$\boldsymbol{\Psi}(x,t)=\boldsymbol{\Psi}_0\mathrm{e}^{-\frac{\mathrm{i}}{\hbar}(Et-px)} \tag{22.5.3}$$

式(22.5.3)中已经用 $\Psi(x,t)$ 表示波函数，用 Ψ_0 表示其振幅，$\dfrac{Et-px}{\hbar}$ 代表波的相位. 显然，波函数 $\Psi(x,t)$ 是时间和坐标的函数.

对沿任意方向运动的自由粒子，其相应的波函数可表示为

$$\boldsymbol{\Psi}(\boldsymbol{r},t)=\boldsymbol{\Psi}_0\mathrm{e}^{-\frac{\mathrm{i}}{\hbar}(Et-\boldsymbol{p}\cdot\boldsymbol{r})} \tag{22.5.4}$$

波函数具有怎样的物理意义呢？

按照经典物理理论，粒子是实物的集中状态，波是实物的散开形态. 显然，运用经典波和经典粒子的概念，粒子与波的确难以统一到一个客体上去. 那么，如何正确理解微观粒子的波粒二象性呢？爱因斯坦曾经指出，从统计的角度来看，光强的地方，光子到达的概率大；光弱的地方，光子到达的概率小. 据此，玻恩认为：从粒子的观点来看，电子衍射图样的出现，是由电子到达各处的概率不同引起的，电子密集的地方表示电子到达该处的概率大，电子稀疏的地方表示电子到达该处的概率小；从波动的观点来看，电子密集的地方表示电子波的强度大，电子稀疏的地方表示电子波的强度小. 所以，某处附近电子出现的概率就反映了该处德布罗意波的强度. 对其他微观粒子的衍射现象，也可以做同样的解释. 普遍地说，在某处德布罗意波的强度与粒子在该处附近出现的概率成正比.

德布罗意波的强度可用波函数振幅的平方表示，具体如下：

$$|\Psi|^2=\Psi\Psi^* \tag{22.5.5}$$

Ψ^* 为波函数 Ψ 的共轭复数. 因为某时刻在某点附近发现粒子的概率还与附近区域体积元 $\mathrm{d}V$ 的大小有关，即

$$|\Psi|^2\mathrm{d}V=\Psi\Psi^*\mathrm{d}V \tag{22.5.6}$$

式中，$|\Psi|^2=\Psi\Psi^*$ 为粒子出现在某点附近单位体积元中的概率，也叫概率密度. 总的来说，在空间某处波函数模的平方与粒子在该处出现的概率成正比，这就是波函数的统计意义. 波函数的统计意义是玻恩在 1926 年提出来的，为此，他荣获 1954 年诺贝尔物理学奖.

由于粒子出现在某点附近单位体积元中的概率不能突变，因此波函数必须是单值、连续和有限的. 对于某个粒子，它要么出现在空间的这一区域，要么出现在空间的另一区域，而在整个空间粒子出现的概率总和必定等于 1，即

$$\int_V |\Psi|^2 \mathrm{d}V = 1 \tag{22.5.7}$$

上式称为波函数的归一化条件. 满足式(22.5.7)的波函数，称为归一化波函数. 综上所述，波函数必须是单值、连续、有限和归一化的，这就是波函数所要求的标准条件.

22.5.2　薛定谔方程

在经典力学中，我们用质点的位置和速度来描述其运动状态，如果知道质点的受力情况，以及质点在起始时刻的位置和速度，那么由牛顿运动方程可求得质点在任何时刻的位置和速度. 在量子力学中，微观粒子的状态是由波函数描述的，如果我们知道粒子所遵循的运动方程，那么，由其起始状态和能量，就可以求解粒子的任一状态. 波函数所遵循的运动方程称为薛定谔方程，它是量子力学的基本方程，它和牛顿运动方程一样，不可能由别的基本原理推导出来，它的正确性只能由实验来检验.

若粒子在势能 $V=V(x,t)$ 的势场中运动，做一维运动的粒子的含时薛定谔方程为

$$-\frac{\hbar^2}{2m}\frac{\partial^2\Psi(x,t)}{\partial x^2}+V(x,t)\Psi=\mathrm{i}\hbar\frac{\partial\Psi(x,t)}{\partial t} \tag{22.5.8}$$

它描述了一个质量为 m，在势能为 $V(x,t)$ 的势场中的粒子，其状态随时间变化的规律.

如果粒子在三维势场中运动，则薛定谔方程的形式为

$$\left[-\frac{\hbar^2}{2m}\nabla^2+V(r,t)\right]\Psi(\boldsymbol{r},t)=\mathrm{i}\hbar\frac{\partial\Psi(\boldsymbol{r},t)}{\partial t} \tag{22.5.9}$$

式(22.5.9)中 ∇^2 为拉普拉斯算子（在直角坐标系下，$\nabla^2=\frac{\partial^2}{\partial x^2}+\frac{\partial^2}{\partial y^2}+\frac{\partial^2}{\partial z^2}$）；$V(\boldsymbol{r},t)$ 是粒子所在势场的势函数. 一般来说，如果已知势函数的具体形式，再给定波函数的初始条件和边界条件，就可以由薛定谔方程求解出波函数 $\Psi(x,t)$.

如果势函数不随时间变化，那么势能仅与空间位置有关，数学上就可以把式(22.5.9)所表达的波函数分成坐标函数与时间函数的乘积，即

$$\Psi(\boldsymbol{r},t)=\psi(\boldsymbol{r})f(t) \tag{22.5.10}$$

把上式代入薛定谔方程(22.5.9)，有

$$-\frac{\hbar^2}{2m}\frac{\nabla^2\psi(\boldsymbol{r})}{\psi(\boldsymbol{r})}+V(\boldsymbol{r})=\mathrm{i}\hbar\frac{1}{f(t)}\frac{\mathrm{d}f(t)}{\mathrm{d}t} \tag{22.5.11}$$

式(22.5.11)左边是空间位置矢量 $\boldsymbol{r}$ 的函数，右边是时间 t 的函数，只有两边等于常量才成立，这个常量应具有与 V 相同的量纲即具有能量量纲，故令此常量为 E，即

$$i\hbar\frac{1}{f(t)}\frac{\mathrm{d}f(t)}{\mathrm{d}t}=E \tag{22.5.12}$$

$$-\frac{\hbar^2}{2m}\nabla^2\psi(\boldsymbol{r})+V(\boldsymbol{r})\psi(\boldsymbol{r})=E\psi(\boldsymbol{r}) \tag{22.5.13}$$

由式(22.5.12)得

$$f(t)=\mathrm{e}^{-\frac{i}{\hbar}Et} \tag{22.5.14}$$

式(22.5.13)中不含时间 t，所以它的解不随时间变化. 若由式(22.5.13)解出 $\psi(\boldsymbol{r})$，则波函数为

$$\Psi(\boldsymbol{r},t)=\psi(\boldsymbol{r})f(t)=\psi(\boldsymbol{r})\mathrm{e}^{-\frac{i}{\hbar}Et} \tag{22.5.15}$$

势函数不随时间变化时，概率密度不随时间变化，粒子的这种状态称为定态，式(22.5.13)称为定态薛定谔方程.

对于一维运动，式(22.5.13)的定态薛定谔方程可写成

$$\left[-\frac{\hbar^2}{2m}\frac{\mathrm{d}^2}{\mathrm{d}x^2}+V(x)\right]\psi(x)=E\psi(x) \tag{22.5.16}$$

此式称为一维定态薛定谔方程，$\psi(x)$称为一维定态波函数.

22.6 一维定态薛定谔方程的应用

下面我们将一维定态薛定谔方程应用到几个具体问题上，通过对这些例子的求解和分析，简单了解量子力学的应用.

22.6.1 一维势阱

设想有一个具有有限能量的小球在一个非常深的平底山谷里运动，或者束缚于金属体内的自由电子，它只能在金属体内运动而不能逃逸出金属表面. 上述两例中小球的重力势能曲线和自由电子的势能曲线都能简化为一个理想模型：一维无限深方形势阱.

设质量为 m 的粒子在一维无限深方形势阱中沿 x 轴运动，其势能函数可表示为

$$V(x)=\begin{cases}0 & (0<x<a)\\ \infty & (x\leqslant 0 \text{ 或 } x\geqslant a)\end{cases} \tag{22.6.1}$$

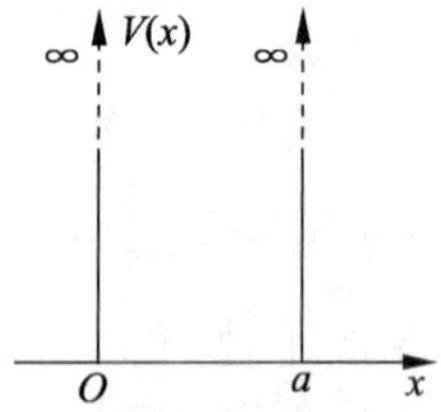

图 22.6.1　一维无限深势阱

相应的势能曲线如图 22.6.1 所示. 那么，粒子所允许具有的能量和粒子的波函数如何表示呢？

由于在 $x\leqslant 0$ 和 $x\geqslant a$ 的区域内 $V(x)=\infty$，而粒子能量为有限值，故粒子不可能出现在这两个区域内，即在 $x\leqslant 0$ 和 $x\geqslant a$ 的区域内粒子出现的概率为零，粒子在阱外的波函数为

$$\psi_e(x)=0 \quad (x\leqslant 0, x\geqslant a) \tag{22.6.2}$$

在 $0<x<a$ 区域内；将势函数 $V(x)=0$ 代入定态薛定谔方程得

$$-\frac{\hbar^2}{2m}\frac{\mathrm{d}^2\psi_{\mathrm{i}}}{\mathrm{d}x^2}=E\psi_{\mathrm{i}}\quad(0<x<a)\tag{22.6.3}$$

令 $k=\sqrt{\frac{2mE}{\hbar^2}}$，则有

$$\frac{\mathrm{d}^2\psi_{\mathrm{i}}}{\mathrm{d}x^2}+k^2\psi_{\mathrm{i}}=0\tag{22.6.4}$$

显然上式的通解为

$$\psi_{\mathrm{i}}(x)=A\sin(kx)+B\cos(kx)\tag{22.6.5}$$

其中，A、B 为待定常量. 用波函数的标准条件可确定 A、B、k.

由于在 $x=0$ 和 $x=a$ 处，波函数连续，因此

$$\begin{aligned}\psi_{\mathrm{i}}(0)&=\psi_{\mathrm{e}}(0)=0\\ \psi_{\mathrm{i}}(a)&=\psi_{\mathrm{e}}(a)=0\end{aligned}\tag{22.6.6}$$

解得

$$\begin{cases}B=0\\ k=\dfrac{n\pi}{a}\quad(n=1,2,3,\cdots)\end{cases}$$

把上式代入式(22.6.5)，可得粒子在阱内的波函数

$$\psi_{\mathrm{in}}(x)=A\sin\left(\frac{n\pi}{a}x\right)\quad(0<x<a,n\text{ 为正整数})\tag{22.6.7}$$

由归一化条件得

$$\int_{-\infty}^{+\infty}|\psi(x)|^2\mathrm{d}x=\int_0^a|\psi_{\mathrm{in}}(x)|^2\mathrm{d}x=\int_0^a A^2\sin^2\left(\frac{n\pi}{a}x\right)\mathrm{d}x=1$$

可求得
$$A=\sqrt{\frac{2}{a}}$$

因此，粒子的归一化波函数为

$$\psi_n(x)=\begin{cases}\sqrt{\dfrac{2}{a}}\sin\left(\dfrac{n\pi}{a}x\right) & (0<x<a)\\ 0 & (x\leqslant 0,x\geqslant a)\end{cases}\tag{22.6.8}$$

由 $k=\sqrt{\frac{2mE}{\hbar^2}}$ 和 $k=\frac{n\pi}{a}$ 得粒子允许的能量为

$$E=E_n=\frac{\hbar^2n^2\pi^2}{2ma^2}=\frac{n^2h^2}{8ma^2}\quad(n=1,2,3,\cdots)\tag{22.6.9}$$

一维无限深方形势阱中粒子运动有如下特点：

(1) 粒子能量不能取连续值，即能量是量子化的，n 为量子数. 能量量子化是求解薛定谔方程过程中自然得到的，并不需要人为的假设.

(2) 粒子的最小能量不为零. 因为 $n=0$，$\Psi(x,t)=0$，说明此状态不存在. 当 $n=1$ 时，势阱内粒子的能量为

$$E_1=\frac{h^2}{8ma^2}$$

它是粒子所具有的最小能量——基态能量.

按照经典理论,粒子的能量是连续分布的,可以为零.但大量的实验证实了微观领域中能量量子化的分布规律,并证实了最小能量不为零的存在.

(3) 在无限深的一维势阱中,粒子波函数和概率密度分布.

图 22.6.2 给出了在无限深的一维势阱中,粒子在前 4 个能级的波函数和概率密度分布.从图中可以看出,对确定的状态,粒子在各处的概率密度并不是均匀分布的,而是随量子数变化而变化.例如,当量子数 $n=1$ 时,粒子在势阱中部(即 $x=a/2$ 附近)出现的概率密度最大,而在两端出现的概率密度为零.这一结果有悖于经典力学理论.按照经典力学理论,处于无限深方形势阱中的粒子,其能量可取任意的有限值,粒子出现在势阱内各处的概率应当相等.随着量子数 n 的增大,概率密度分布曲线的峰值个数也增多.例如,当 $n=2$ 时有 2 个峰值,$n=3$ 时有 3 个峰值,且两相邻峰值之间的距离随 n 的增大而变小.可以推断,当 n 很大时,相邻的峰将挤在一起,这就非常接近于经典力学理论认为的粒子在势阱中各处概率相同的情况了.

经典物理的规律和量子物理的规律,无论是从内容上还是从形式上,都似乎毫无共同之处.其实并非如此,在某些极限的条件下(比如量子数 $n\to\infty$),它们彼此可以趋于一致,也就是说,量子规律可以转化为经典规律,这就是量子物理的对应原理.

$$\psi_n(x)=\sqrt{\frac{2}{a}}\sin\left(\frac{n\pi}{a}\right)\qquad |\psi_n(x)|^2=\frac{2}{a}\sin^2\left(\frac{n\pi}{a}\right)$$

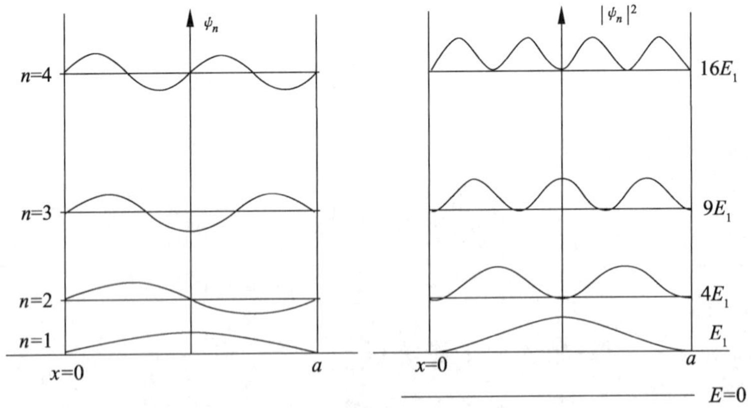

图 22.6.2　无限深的一维势阱中,粒子在前 4 个能级的波函数和概率密度

22.6.2　势垒和隧道效应

由牛顿力学原理可知,一个以速率 v 在一水平面上运动的小球遇到一个高为 h 的山包时,如果其动能 $\frac{1}{2}mv^2<mgh$,小球是不可能翻越过去的.山包对小球来说就是不可逾越的势垒.然而对于微观粒子,结果会如何呢?若有一粒子在图 22.6.3 所示的力场中沿

x 方向运动，其势能分布如下：

$$V(x)=\begin{cases}V_0 & (0<x<a)\\0 & (x\leqslant 0\ \text{或}\ x\geqslant a)\end{cases}$$

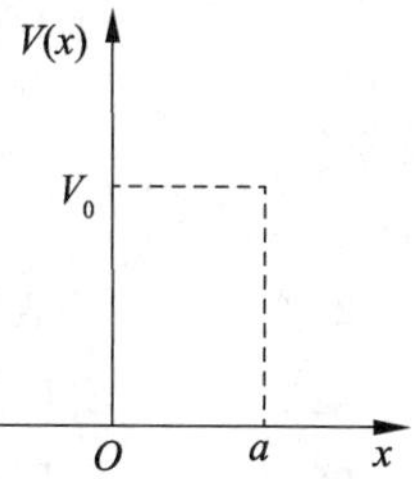

图 22.6.3　一维方势垒

从经典物理来看，如开始时，粒子处在 $x<0$ 的区域里，而且其能量 E 又小于势垒的高度 V_0，那么粒子只可能返回，不可能穿过宽度为 a 的势垒进入 $x>0$ 的区域. 然而，量子力学的结果却有些离奇. 从图 22.6.4 中可以看出，即使粒子的能量在 $E<V_0$ 的情况下，粒子在垒区($0\leqslant x\leqslant a$)的波函数，甚至在垒后区域($x>a$)的波函数，也都不为零. 这就是说，粒子有一定的概率处于势垒内，甚至还有一定的概率能穿透势垒进入 $x>a$ 的区域.

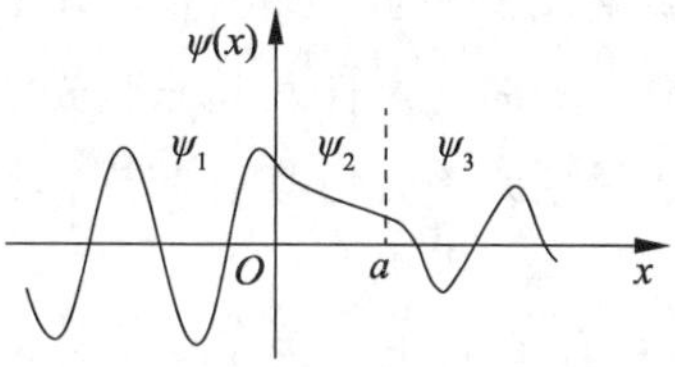

图 22.6.4　粒子穿过一维方势垒的隧道效应

粒子的能量虽不足以超越势垒，但在势垒中似乎有一个“隧道”，能使粒子有一定的概率穿过势垒而进入 $x>0$ 的区域，所以人们形象地称之为隧道效应. 定量计算表明，粒子透过势垒的概率随着粒子的质量和势垒宽度的增大而急剧降低，因此在宏观领域几乎观察不到隧道效应.

隧道效应已被许多实验所证实，如原子核的 α 衰变、电子的场致发射、超导体中的隧道结等. 日本物理学家江琦玲于奈(L. Esaki)由于发现半导体隧道效应荣获 1973 年诺贝尔物理学奖.

利用电子的隧道效应，1982 年宾尼希(G. Binnig)和罗雷尔(H. Rohrer)制成了扫描隧道显微镜(Scanning Tunneling Microscope，STM). STM 的发明对纳米材料、生命科学和微电子学的研究有着不可估量的作用. 由于发明扫描隧道显微镜，宾尼希和罗雷尔荣获 1986 年诺贝尔物理学奖.

图 22.6.5 为用扫描隧穿显微镜针尖移动的铁原子.

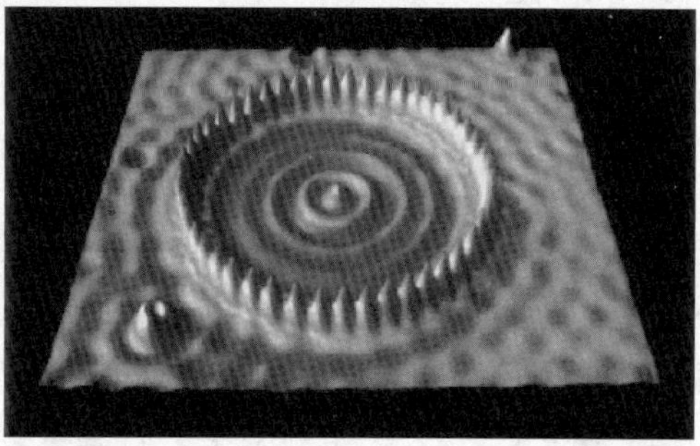

图 22.6.5　用扫描隧穿显微镜针尖移动的铁原子

思考题

22-1　黑体是任何温度下都呈现黑色的物体吗？

22-2　普朗克能量子理论的内容是什么？

22-3　什么是光电效应？爱因斯坦光量子理论的基本思想是什么？

22-4　什么是康普顿效应？康普顿散射实验有哪些重大的物理意义？

22-5　在我们日常生活中，为什么觉察不到物体的波动性？

22-6　光的波动性和粒子性有什么定量关系？如何理解光的波粒二象性？

22-7　电子衍射实验说明了什么事实？如何理解微观粒子具有的波粒二象性？

22-8　经典物理能否解释原子的稳定性及其线状光谱的实验事实？

22-9　玻尔是如何定量解释氢原子光谱具有的规律性的？试分析玻尔理论的伟大之处及其存在缺陷的原因.

22-10　量子力学中波函数具有的物理意义是什么？波函数要满足的标准条件是什么？

22-11　隧道效应是怎么回事？它有哪些重要应用？

习题

22-1　设恒星表面可看作黑体表面，若测得太阳和北极星辐射波谱的 λ_m 分别为 510 nm 和 350 nm，试估算它们的表面温度及单色辐出度.

22-2　钾的截止频率为 4.62×10^{14} Hz，用波长为 435.8 nm 的光照射，能否产生光电效应？若能产生光电效应，发出光电子的速度是多少？

22-3　波长为 λ 的单色光照射某金属 M 表面发生光电效应，发射的光电子（电荷绝对值为 e，质量为 m）经狭缝 S 后垂直进入磁感应强度为 B 的均匀磁场，今已测出电子在该磁场中做圆周运动的最大半径为 R. 求：

(1) 金属材料的逸出功 A；

(2) 遏止电势差 U_a.

22-4　波长 $\lambda_0=0.0708$ nm 的 X 射线在石蜡上受到康普顿散射，求在 $\frac{\pi}{2}$ 和 π 方向上所散射的 X 射线的波长以及反冲电子所获得的能量.

22-5　已知 X 射线光子的能量为 0.60 MeV，若在康普顿散射中散射光子的波长为入射光子的 1.2 倍，试求反冲电子的动能.

22-6　试计算氢原子巴耳末系的长波极限波长 λ_{lm} 和短波极限波长 λ_{sm}.

22-7　处于 $n=4$ 激发态的氢原子，它回到基态的过程中，所发出的最短和最长光波波长各为多少？

22-8　一质量为 1.25×10^{-29} kg 的粒子以 100 eV 的动能在运动.若不考虑相对论效应,在观察者看来与该粒子相联系的物质波的频率是多少?

22-9　一束带电粒子经 206 V 的电压加速后,测得其德布罗意波长为 0.002 nm,已知该带电粒子所带电量与电子电量相等,则这束粒子质量是多少?

22-10　已知粒子在无限深势阱中运动,其波函数为

$$\psi(x)=\sqrt{2/a}\sin(2\pi x/a)\quad(0\leqslant x\leqslant a).$$

求:(1) 发现粒子的概率为最大的位置及此位置的概率密度;

(2) 粒子在 $0\sim a/4$ 区间内的概率.

产教融合案例五:原子力显微镜

原子力显微镜(Atomic Force Microscope,AFM)是一种高度微观的成像仪器,能够提供纳米级精度的表面形貌图像.它的基本原理是利用原子间超微弱的相互作用,实现对物体表面原子结构的无损、高分辨率观察.图1(a)所示为原子力显微镜设备.

原子力显微镜的关键技术是悬臂的微弱形变检测.图1(b)所示为原子力显微镜测量原理示意图.当探针靠近样品表面时,探针和样品之间产生一个微弱的相互作用力(引力、斥力等),使悬臂发生弯曲变形,这个力的大小和方向取决于样品表面的原子结构.通过精确测量这个相互作用力,从而监测悬臂的形变位移(根据胡克定律 $F=k\Delta z$),可以获得样品表面的原子级图像.

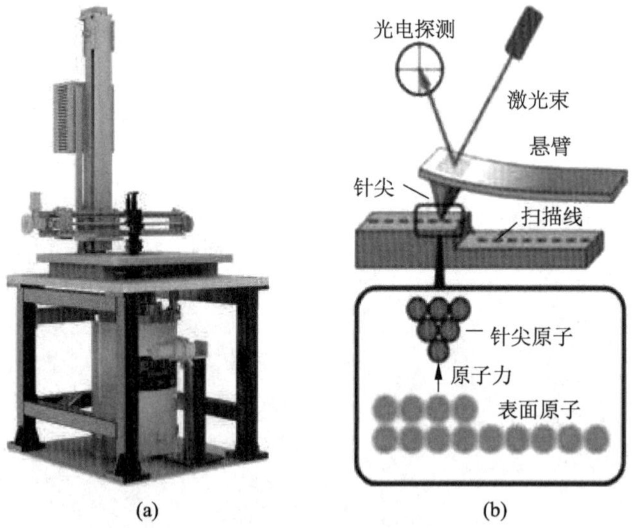

图1 原子力显微镜及测量原理示意图

原子力显微镜作为一种重要的表征工具,在材料科学、生物医学和纳米科技等领域得到广泛的应用.在材料科学领域,它可用于研究各种材料的表面形貌、粗糙度、晶体结构和织构等.图2为二氧化硅增透薄膜表面AFM形貌图.通过原子力显微镜,可以研究金属、陶瓷、高分子材料等不同材料的性能差异.

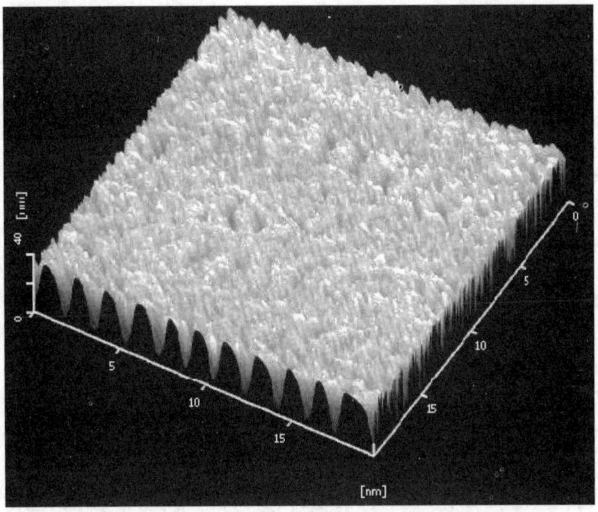

图 2　二氧化硅增透薄膜表面 AFM 形貌图

在生物医学领域,它可用于研究生物组织的表面形貌、细胞形态和分子结构等. 图 3 为霍乱菌的 AFM 形貌图.

在纳米科技领域,它可以用于纳米级别的表面形貌检测、纳米级别的力场分析和纳米级别的材料分析等. 例如,通过原子力显微镜,可以研究纳米材料的光学性能、电学性能和化学性能等.

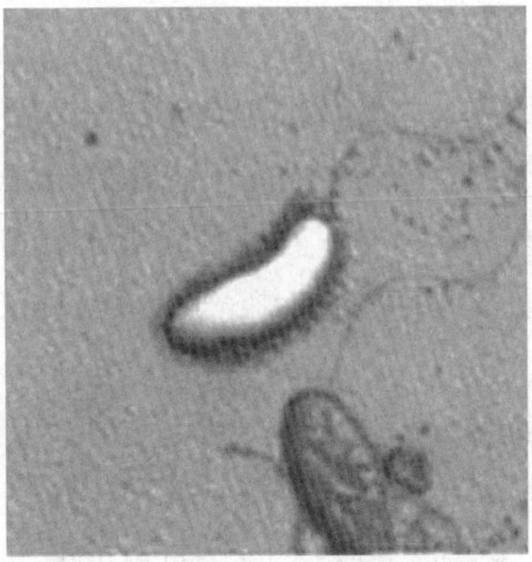

图 3　霍乱菌的 AFM 形貌图

未来,随着纳米科技的进步和原子力显微镜技术的不断发展,原子力显微镜将在更多领域得到应用.

综合练习(下册)

练习十

知识点:理想气体状态方程及温度、压强公式、能量均分定理、理想气体内能、麦克斯韦速率分布律

一、选择题

1. 容器中储有一定量的处于平衡状态的理想气体,温度为 T,分子质量为 m,则分子速度在 x 方向的分量平均值为(根据理想气体分子模型和统计假设讨论)　(　　)

(A) $\overline{v_x}=\frac{1}{3}\sqrt{\frac{8kT}{\pi m}}$;　　(B) $\overline{v_x}=\sqrt{\frac{8kT}{3\pi m}}$;

(C) $\overline{v_x}=\sqrt{\frac{3kT}{2m}}$;　　(D) $\overline{v_x}=0$.

2. 根据气体动理论,单原子理想气体的温度正比于　(　　)

(A) 气体的体积;　　(B) 气体的压强;

(C) 气体分子的平均动量;　　(D) 气体分子的平均平动动能.

3. 有两个容器,一个盛氢气,另一个盛氧气,如果两种气体分子的方均根速率相等,那么下列结论正确的是　(　　)

(A)氧气的温度比氢气的高;　　(B) 氢气的温度比氧气的高;

(C)两种气体的温度相同;　　(D) 两种气体的压强相同.

4. 根据经典的能量按自由度均分原理,每个自由度的平均能量为　(　　)

(A) $kT/4$;　(B) $kT/3$;　(C) $kT/2$;　(D) $3kT/2$;

(E) kT.

5. 在标准状态下,若氧气(视为刚性双原子分子理想气体)和氦气的体积比 $V_1/V_2=1/2$,则其内能之比 E_1/E_2 为　(　　)

(A) 3/10;　(B) 1/2;　(C) 5/6;　(D) 5/3.

6. 压强为 p、体积为 V 的氢气(视为刚性分子理想气体)的内能为　(　　)

(A) $\frac{5}{2}pV$;　(B) $\frac{3}{2}pV$;　(C) pV;　(D) $\frac{1}{2}pV$.

二、填空题

1. 质量为 m、摩尔质量为 M、分子数密度为 n 的理想气体处于平衡态时,状态方程为____________________,状态方程的另一形式为____________________,其中 k 称为____________________常数.

2. 理想气体的微观模型可以简明表述为____________,____________,____________.

3. 能量均分定理的内容是____.

4. 气体分子的平均平动动能与宏观量温度 T 的关系为 $\bar{\varepsilon}_k=$____________,因此,气体的温度是____________________的量度.

5. 单原子气体分子有________个自由度,刚性双原子气体分子有________个自由度,刚性三原子气体分子有________个自由度.

6. $f(v)$为麦克斯韦速率分布函数,其归一化条件的数学表达式为______________,其物理意义是____.

三、计算题

1. 有一水银气压计,当水银柱高度为 0.76 m 时,管顶离水银柱液面为 0.12 m.管的截面积为 $2.0\times10^{-4}\ m^2$.当有少量氦气混入水银管内顶部时,水银柱高度下降为 0.60 m.此时温度为 27 ℃,试计算有多少质量的氦气在管顶.(氦气的摩尔质量为 $0.004\ kg\cdot mol^{-1}$,0.76 m 水银柱压强为 1.013×10^5 Pa)

2. 一瓶氢气和一瓶氧气温度相同.若氢气分子的平均平动动能为 $\bar{\varepsilon}_{kt}=6.21\times10^{-21}$ J.求:

(1) 氧气分子的平均平动动能和氧气的温度;

(2) 氧气分子的方均根速率.

(阿伏伽德罗常量 $N_A=6.022\times10^{23}\ mol^{-1}$,玻尔兹曼常量 $k=1.38\times10^{-23}\ J\cdot K^{-1}$)

3. 有体积为 2×10^{-3} m^3 的刚性双原子分子理想气体，其内能为 6.75×10^2 J.

(1) 试求气体的压强；

(2) 设分子总数为 5.4×10^{22} 个，求分子的平均平动动能及气体的温度.

4. 有一带有活塞的容器中盛有一定量的气体，如果压缩气体并对它加热，使它的温度从 27 ℃升到 177 ℃，体积减少一半，问：

(1) 气体压强变为原来的几倍？

(2) 气体分子的平均平动动能变为原来的几倍？

(3) 分子的方均根速率变为原来的几倍？

练习十一

知识点:热力学第一定律及其应用、循环过程、卡诺循环、热机效率、热力学第二定律

一、选择题

1. 如图所示为一定量的理想气体的 $p-V$ 图,由图可得出结论 ( )

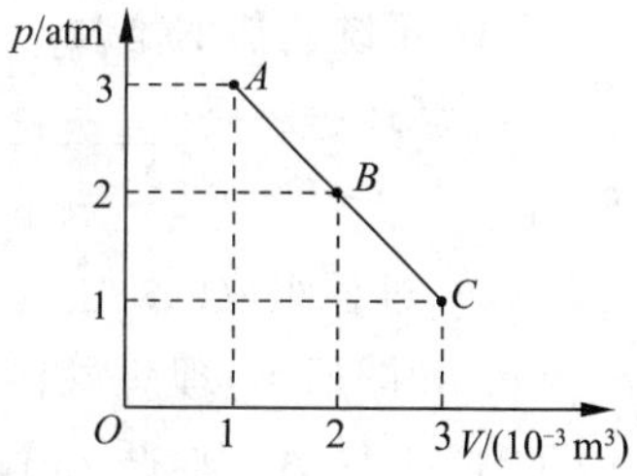

(A) ABC 是等温过程;

(B) $T_A > T_B$;

(C) $T_A < T_B$;

(D) $T_A = T_B$.

2. 气体的摩尔定压热容 $C_{p,\mathrm{m}}$ 大于摩尔定容热容 $C_{V,\mathrm{m}}$,其主要原因是 ( )

(A) 膨胀系数不同; (B) 温度不同;

(C) 气体膨胀需做功; (D) 分子引力不同.

3. 1 mol 单原子理想气体,从初态温度 T_1、压强 p_1、体积 V_1 准静态地等温压缩至体积 V_2,外界需做功 ( )

(A) $RT_1\ln(V_2/V_1)$; (B) $RT_1\ln(V_1/V_2)$;

(C) $p_1(V_2-V_1)$; (D) $p_2V_2-p_1V_1$.

4. 在气缸中装有一定质量的气体,下面说法正确的是 ( )

(A) 传给它热量,其内能一定改变;

(B) 对它做功,其内能一定改变;

(C) 它与外界交换热量又交换功,其内能一定改变;

(D) 以上三种说法都不对.

5. 理想气体向真空做绝热膨胀,以下结论正确的是 ( )

(A) 膨胀后,温度不变,压强减小;

(B) 膨胀后,温度降低,压强减小;

(C) 膨胀后,温度升高,压强减小;

(D) 膨胀后,温度不变,压强不变.

6. 对于理想气体系统来说,系统所吸收的热量、内能的增量和对外做的功均为负值的过程是 ( )

(A) 等体降压过程; (B) 等温膨胀过程;

(C) 绝热膨胀过程; (D) 等压压缩过程.

二、填空题

1. 热力学第一定律的内容是______________________________,其数学表达式为____________________.其中,$Q>0$ 表示____________________,

$Q<0$ 表示____________________；$A>0$ 表示____________________，$A<0$ 表示________________.

2. 不规则地搅拌盛于绝热容器中的液体，液体温度在升高，若将液体看作系统，则：

(1) 外界传给系统的热量________零；

(2) 外界对系统做的功________零；

(3) 系统内能的增量________零.（填"大于""等于"或"小于"）

3. 循环过程是____________________________，在 $p-V$ 图上循环过程用____________表示. 卡诺循环是由两个准静态的________过程和两个准静态的________过程组成的.

4. 如图所示，理想气体从状态 A 出发经 $ABCDA$ 循环过程回到初态 A，则循环过程中气体净吸的热量为 $Q=$__________.

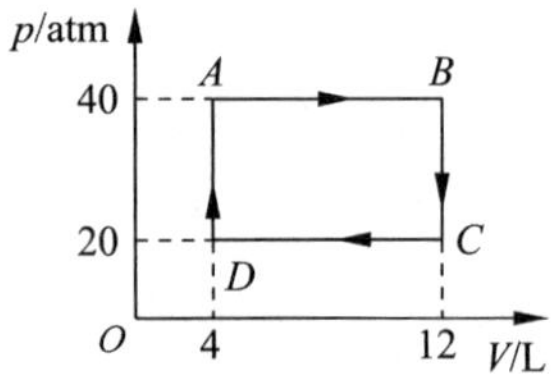

5. 一卡诺热机（可逆的），低温热源为 27 ℃，热机效率为 40%，其高温热源温度为________K. 今欲将该热机效率提高到 50%，且低温热源温度保持不变，则高温热源的温度增加________K.

6. 热力学第二定律的两种表述. 开尔文表述：____. 克劳修斯表述：____.

三、计算题

1. 标准状态下 0.014 kg 的氮气，压缩为原体积的一半，分别经过：(1) 等温过程；(2) 等压过程. 试计算在这些过程中气体内能的增量、气体吸收的热量和对外界所做的功.

2. 双原子分子理想气体从状态 $a(p,V)$ 沿 $p-V$ 图所示直线 ab 变化到状态 $b(1.5p,3V)$，试求气体内能的增量、对外界所做的功和吸收的热量.

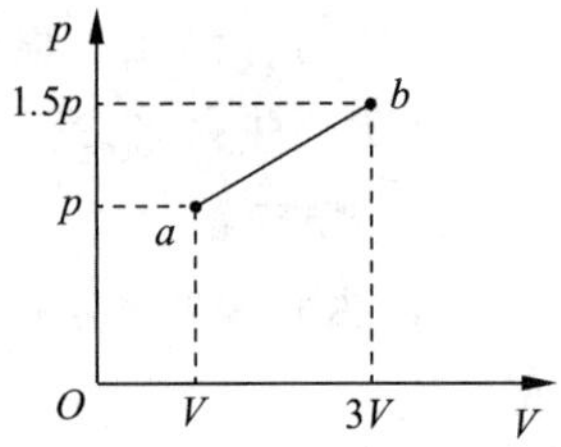

3. 气缸内有 2 mol 氦气，初始温度为 27 ℃，先将氦气等压膨胀直至体积加倍，然后绝热膨胀直至回复初温. 把氦气视为理想气体.

(1) 在 $p-V$ 图上大致画出气体的状态变化过程.

(2) 在这个过程中氦气吸热多少?

(3) 氦气的内能变化多少?

(4) 氦气所做的总功是多少?

4. 1 mol 理想气体在 $T_1 = 400$ K 的高温热源与 $T_2 = 300$ K 的低温热源间做卡诺循环(可逆的)，在 400 K 的等温线上起始体积为 $V_1 = 0.001\ \mathrm{m}^3$，终止体积为 $V_2 = 0.005\ \mathrm{m}^3$，试求此气体在每一循环中：

(1) 从高温热源吸收的热量 Q_1；

(2) 气体所做的净功 A；

(3) 气体传给低温热源的热量 Q_2.

练习十二

知识点:简谐振动及其合成

一、选择题

1. 两个简谐振动的振动曲线如图所示,则有　　(　　)

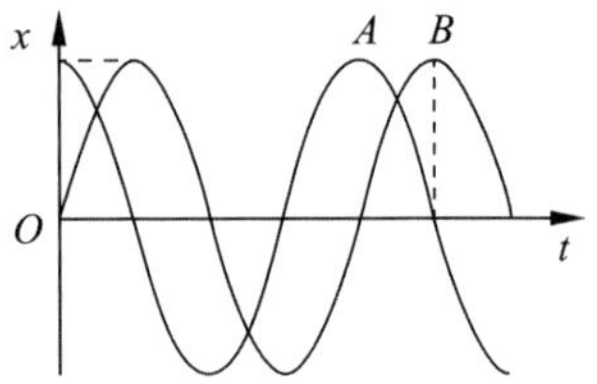

(A) A 超前$\frac{\pi}{2}$;　　(B) A 落后$\frac{\pi}{2}$;

(C) A 超前 π;　　(D) A 落后 π.

2. 两个质点各自做简谐振动,它们的振幅相同、周期相同.第一个质点的振动表达式为 $x_1=A\cos(\omega t+\alpha)$.当第一个质点从相对于其平衡位置的正位移处回到平衡位置时,第二个质点正在最大正位移处,则第二个质点的振动表达式为　　(　　)

(A) $x_2=A\cos\left(\omega t+\alpha+\frac{1}{2}\pi\right)$;　　(B) $x_2=A\cos\left(\omega t+\alpha-\frac{1}{2}\pi\right)$;

(C) $x_2=A\cos\left(\omega t+\alpha-\frac{3}{2}\pi\right)$;　　(D) $x_2=A\cos(\omega t+\alpha+\pi)$.

3. 一个质点做简谐振动,周期为 T,当质点由平衡位置向 X 轴正方向运动时,由平衡位置到二分之一最大位移这段路程所需要的最短时间为　　(　　)

(A) $\frac{T}{4}$;　　(B) $\frac{T}{12}$;　　(C) $\frac{T}{6}$;　　(D) $\frac{T}{8}$.

4. 一个质点做简谐振动,振幅为 A,在起始时刻质点的位移为$\frac{1}{2}A$,且向 x 轴的正方向运动,则代表此简谐振动的旋转矢量图为　　(　　)

(A) 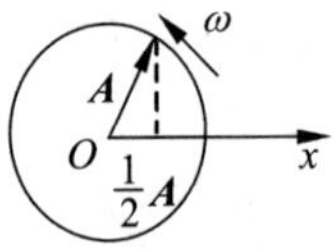

(B) 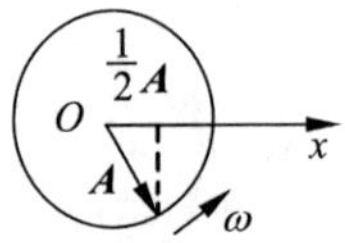

(C) 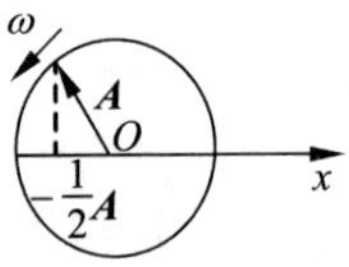

(D) 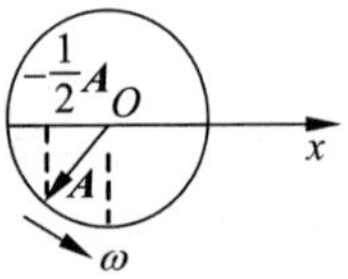

5. 弹簧振子在光滑水平面上做简谐振动时,弹性力在半个周期内所做的功为(　　)

(A) kA^2;　　(B) $\frac{1}{2}kA^2$;　　(C) $\frac{1}{4}kA^2$;　　(D) 0.

6. 两个分振动的表达式分别为 $x_1=3\cos(50\pi t+0.25\pi)$和 $x_2=4\cos(50\pi t+0.75\pi)$(SI 制)则它们的合振动表达式为　　(　　)

(A) $x=2\cos(50\pi t+0.25\pi)$;　　(B) $x=5\cos(50\pi t)$;

(C) $x=5\cos(50\pi t+\frac{\pi}{4}+\arctan\frac{3}{4})$;　　(D) $x=5\cos(5\pi t+\frac{\pi}{4}+\arctan\frac{4}{3})$.

二、填空题

1. 简谐振动的余弦函数表达式是 $x=$ ____________. 其中, ________、

________、________称为简谐振动的三个特征量.

2. 简谐振动的速度表达式 $v=\frac{dx}{dt}=$ ________________，速度的幅值 $v_m=$ ______________；加速度的数学表达式 $a=\frac{d^2x}{dt^2}=$ ______________，加速度的幅值 $a_m=$ ________.

3. 做简谐振动的物体，角频率是 ω，初始时刻，物体的初速度是 v_0，初位移是 x_0，则振幅 $A=$ ________________.

4. 一质点沿 x 轴做简谐振动，振动范围中心点为 x 轴的原点. 已知周期为 T，振幅为 A.

(1) 若 $t=0$ 时质点过 $x=0$ 处且朝 x 轴正方向运动，则振动方程为 $x=$ ____________________；

(2) 若 $t=0$ 时质点处于 $x=\frac{1}{2}A$ 处且向 x 轴负方向运动，则振动方程为 $x=$ ________________.

5. 一简谐振动用余弦函数表示，其振动曲线如图所示，则此简谐振动的三个特征量为 $A=$ ________；$\omega=$ ________；$\varphi_0=$ ________.

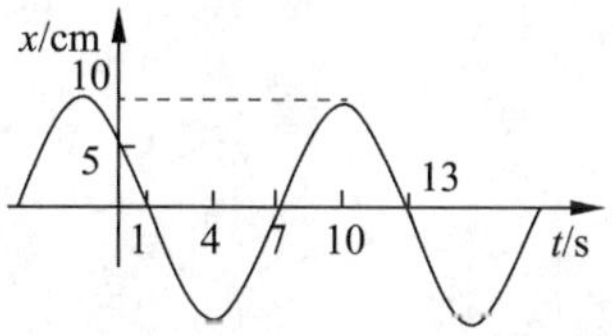

6. 两个同方向的简谐振动曲线如图所示. 合振动的振幅为____________，合振动的振动方程为____________.

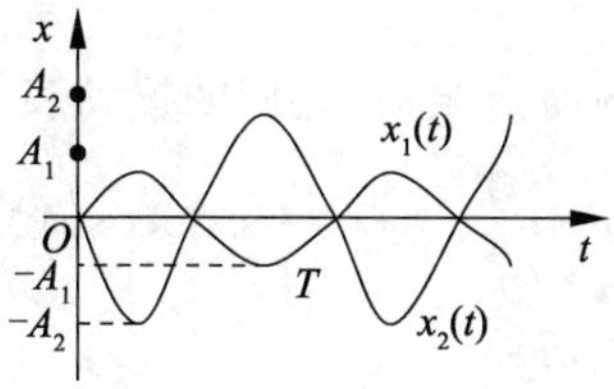

三、计算题

1. 质量 $m=10$ g 的小球按如下规律沿 x 轴做简谐振动：$x=0.1\cos\left(8\pi t+\frac{2}{3}\pi\right)$(SI制). 求此振动的周期、振幅、初相、速度最大值和加速度最大值以及振动的总能量.

2. 一简谐振动的位移-时间曲线如图所示，用余弦函数表示振动方程，试求其初相位及 a、b、c、d 各点对应的相位，并画出相应的旋转矢量图.

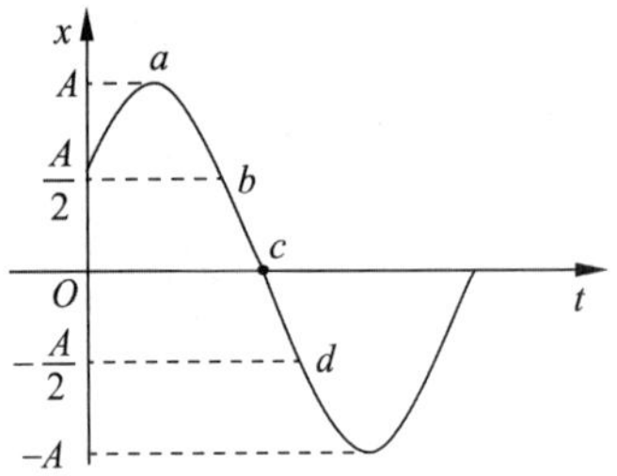

3. 一水平放置的弹簧振子，振动物体质量为 0.25 kg，弹簧的劲度系数 $k=25\ \mathrm{N\cdot m^{-1}}$.

(1) 求振动的周期 T 和角频率 ω；

(2) 以平衡位置为坐标原点，如果振幅 $A=15$ cm，$t=0$ 时物体位于 $x=7.5$ cm 处，且物体沿 x 轴反向运动，求振动的表达式；

(3) 求振动速度的表达式.

4. 有两个同方向、同频率的简谐振动，它们的振动表达式为

$$x_1=0.05\cos\left(10t+\frac{3}{4}\pi\right),x_2=0.06\cos\left(10t+\frac{1}{4}\pi\right)(\text{SI 制})$$

(1) 求它们合振动的振幅和初相；

(2) 另有一个振动 $x_3=0.07\cos(10t+\varphi_0)$，问：$\varphi_0$ 为何值时，x_1+x_3 的振幅最大？φ_0 为何值时，x_2+x_3 的振幅最小？

练习十三

知识点:平面简谐波、波的干涉、波的能量

一、选择题

1. 一个平面简谐波沿 x 轴负方向传播,波速 $u=10\ \mathrm{m\cdot s^{-1}}$. 在 $x=0$ 处,质点振动曲线如图所示,则该波的表达式(SI 制)为 ( )

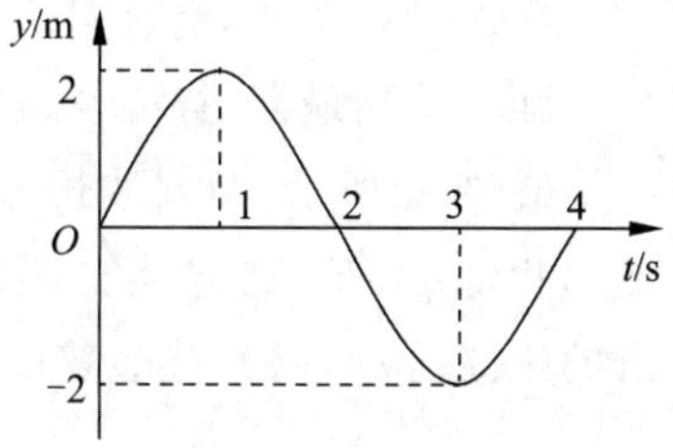

(A) $y=2\cos\left(\frac{\pi}{2}t+\frac{\pi}{20}x+\frac{\pi}{2}\right)$;

(B) $y=2\cos\left(\frac{\pi}{2}t+\frac{\pi}{20}x-\frac{\pi}{2}\right)$;

(C) $y=2\sin\left(\frac{\pi}{2}t+\frac{\pi}{20}x+\frac{\pi}{2}\right)$;

(D) $y=2\sin\left(\frac{\pi}{2}t+\frac{\pi}{20}x-\frac{\pi}{2}\right)$.

2. 一个平面简谐波沿 x 轴正方向传播,波速为 $u=160\ \mathrm{m\cdot s^{-1}}$,$t=0$ 时刻的波形图如图所示,则该波的表达式(SI 制)为 ( )

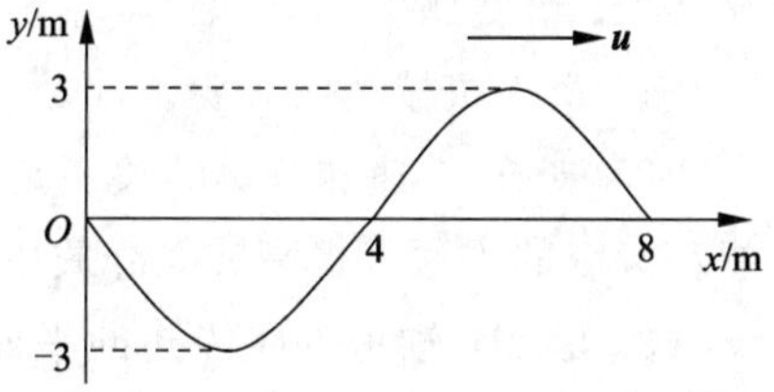

(A) $y=3\cos\left(40\pi t+\frac{\pi}{4}x-\frac{\pi}{2}\right)$;

(B) $y=3\cos\left(40\pi t+\frac{\pi}{4}x+\frac{\pi}{2}\right)$;

(C) $y=3\cos\left(40\pi t-\frac{\pi}{4}x-\frac{\pi}{2}\right)$;

(D) $y=3\cos\left(40\pi t-\frac{\pi}{4}x+\frac{\pi}{2}\right)$.

3. 一平面简谐波沿 Ox 正方向传播,波动表达式为 $y=0.10\cos\left[2\pi\left(\frac{t}{2}-\frac{x}{4}\right)+\frac{\pi}{2}\right]$(SI 制),该波在 $t=0.5$ s 时刻的波形图是 ( )

(A)
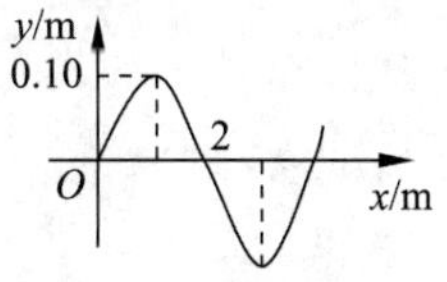

(B)
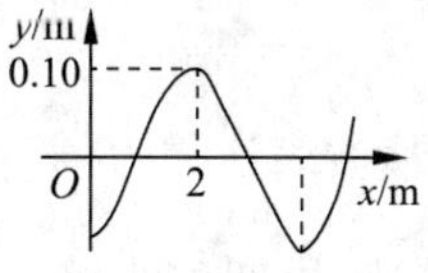

(C)
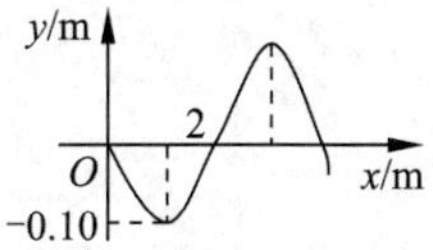

(D)
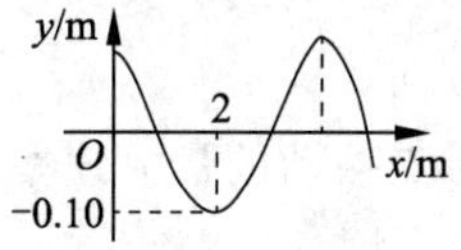

4. 频率为 100 Hz,传播速度为 $300\ \mathrm{m\cdot s^{-1}}$ 的平面简谐波,波线上距离小于波长的

两点振动的相位差为$\frac{1}{3}\pi$，则此两点相距 （　　）

(A) 2.86 m； (B) 2.19 m； (C) 0.5 m； (D) 0.25 m.

5. 一平面简谐波在弹性介质中传播时，在传播方向上某质元在某一时刻处于最大位移处，则它的 （　　）

(A) 动能为零，势能最大； (B)动能为零，势能也为零；

(C) 动能最大，势能也最大； (D)动能最大，势能为零.

6. 如图所示，两列波长为λ的相干波在P点相遇. 波在S_1点振动的初相是φ_1，S_1到P点的距离是r_1；波在S_2点的初相是φ_2，S_2到P点的距离是r_2，以k代表零或正、负整数，则P点是干涉极大的条件为 （　　）

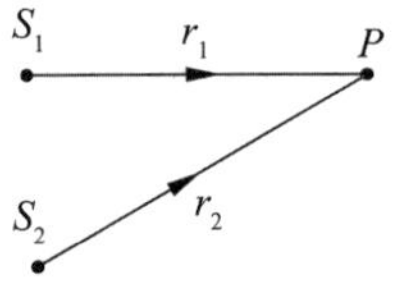

(A) $r_2-r_1=k\lambda$；

(B) $\varphi_2-\varphi_1=2k\pi$；

(C) $\varphi_2-\varphi_1+2\pi(r_2-r_1)/\lambda=2k\pi$；

(D) $\varphi_2-\varphi_1+2\pi(r_1-r_2)/\lambda=2k\pi$.

二、填空题

1. 产生机械波的必要条件是____________和____________.

2. 波长、波速和频率的关系是________，我们______（填“能”或“不能”）利用提高频率的方法来提高波在介质中的传播速度.

3. 沿Ox轴正方向传播的平面简谐波的波函数$y(x,t)=$____________；若平面简谐波沿Ox轴负方向传播，则波函数$y(x,t)=$____________.

4. 对于波函数$y(x,t)$，如果x给定，那么位移y就只是t的周期函数，这时波函数表示为________________；如果t给定，那么位移y就只是x的周期函数，这时波函数表示为________________.

5. 平面简谐波（机械波）沿x轴正方向传播，波动表达式为$y=0.2\cos\pi\left(t-\frac{x}{2}\right)$（SI制），则$x=-3$ m处质点的位移表达式为$y=$____________.

6. 两列波叠加产生干涉现象的条件是：(1) ________；(2) ________；(3) ________.

三、计算题

1. 沿弦线前进的横波表达式为$y=0.06\cos\left[40\pi\left(t+\frac{x}{20}\right)\right]$，试求：

(1) 波的振幅、波速、周期和波长；

(2) 波的传播方向；

(3) 弦线上各质点振动的最大速率.

2. 一列平面简谐波沿 x 轴正方向传播,坐标原点按 $y_0=A\cos(\omega t+\varphi)$ 的规律振动,已知 $A=0.10\ \text{m}$,$T=0.50\ \text{s}$,$\lambda=10\ \text{m}$.

(1) 如果 $\varphi=0$,写出波函数的表达式;

(2) 试求波线上相距 2.5 m 的两点的相位差.

3. 某质点做简谐振动,周期为 2 s,振幅为 0.06 m,$t=0$ 时刻,质点的位移为 0.03 m,且向 x 轴正方向运动,求:

(1) 该质点的振动表达式;

(2) 此振动以速度 $u=2\ \text{m}\cdot\text{s}^{-1}$ 沿 x 轴负方向传播时,波函数的表达式(以该质点平衡位置为坐标原点);

(3) 该波的波长.

4. 一列沿 x 正方向传播的简谐波,已知 $t_1=0$ 和 $t_2=0.25$ s 时的波形如图所示. 假设周期 $T>0.25$ s,试求:

(1) P 点的振动表达式;

(2) 此波的波动表达式.

练习十四

知识点：相干光、光程与光程差、双缝干涉、薄膜干涉、迈克耳孙干涉仪、单缝夫琅禾费衍射

一、选择题

1. 如图所示，用波长 $\lambda=600$ nm 的单色光做杨氏双缝实验，在光屏 P 处产生第5级明纹极大，现将折射率 $n=1.5$ 的薄透明玻璃片盖在其中一条缝上，此时 P 处变成中央明纹极大的位置，则此玻璃片厚度为 (　　)

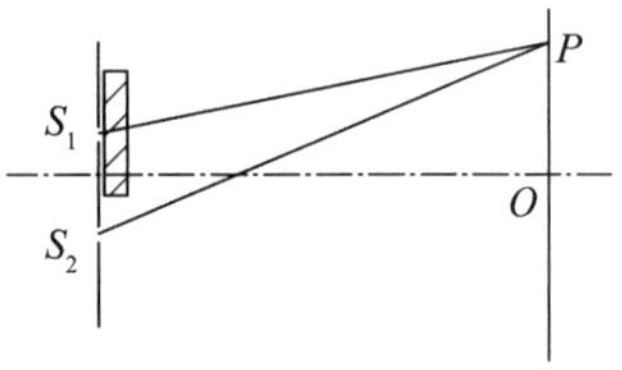

(A) 5.0×10^{-4} cm；

(B) 6.0×10^{-4} cm；

(C) 7.0×10^{-4} cm；

(D) 8.0×10^{-4} cm.

2. 在双缝干涉实验中，为使屏上的干涉条纹间距变大，可以采取的办法是 (　　)

(A) 使屏靠近双缝；　(B) 使两缝的间距变小；

(C) 把两个缝的宽度稍微调窄；　(D) 改用波长较小的单色光源.

3. 如图所示，在双缝干涉实验中，若单色光源 S 到两缝 S_1、S_2 距离相等，则观察屏上中央明纹中心位于图中 O 处，现将光源 S 向下移动到示意图中的 S'位置，则 (　　)

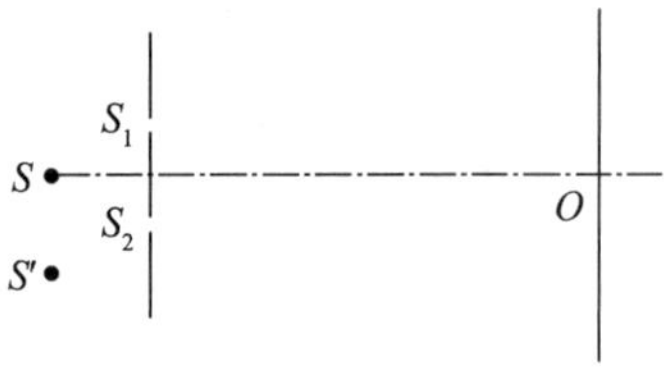

(A) 中央明条纹向下移动，且条纹间距不变；

(B) 中央明条纹向上移动，且条纹间距增大；

(C) 中央明条纹向下移动，且条纹间距增大；

(D) 中央明条纹向上移动，且条纹间距不变.

4. 用单色光垂直照射牛顿环装置，设其平凸透镜可以在垂直的方向上移动，在透镜离开平玻璃的过程中，可以观察到这些环状干涉条纹 (　　)

(A) 向右平移；　(B) 向中心收缩；

(C) 向外扩张；　(D) 向左平移.

5. 在夫琅禾费单缝衍射实验中，对于给定的入射单色光，当缝宽度变小时，除中央亮纹的中心位置不变外，各级衍射条纹 (　　)

(A) 对应的衍射角变小；　(B) 对应的衍射角变大；

(C) 对应的衍射角也不变；　(D) 光强也不变.

6. 在如图所示的夫琅禾费单缝衍射实验装置中，S 为单缝，L 为凸透镜，C 为放在焦平面处的屏. 当把单缝沿垂直于凸透镜光轴方向稍微向上平移时，屏幕上的衍射图样 (　　)

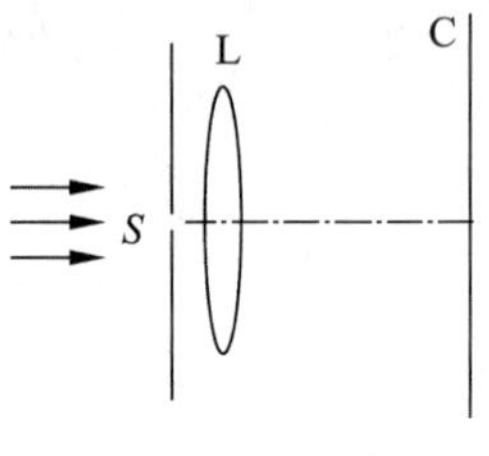

(A) 向上平移；　(B) 向下平移；

(C) 不动;　　　　　　　　　　(D) 条纹间距变大.

二、填空题

1. 从同一光源获得相干光的方法有__________和__________.

2. 在双缝干涉实验中,双缝间距为 d,双缝到屏的距离为 $D(D\gg d)$,测得中央零级明纹与第 5 级明纹之间的距离为 x,则入射光的波长为______________.

3. 单色平行光垂直照射在薄膜上,经上下两表面反射的两束光发生干涉,如图所示,若薄膜的厚度为 e,且 $n_1<n_2$,$n_2>n_3$,λ_1 为入射光在 n_1 中的波长,则两束反射光的光程差为 $\delta=$____________________.

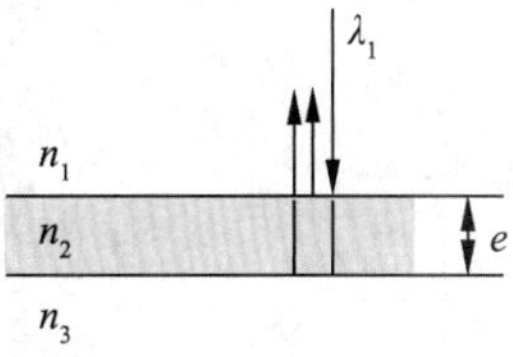

4. 在垂直照射的劈尖干涉实验中,当劈尖的夹角变大时,干涉条纹将向________方向移动,相邻条纹间的距离将变__________.

5. 在迈克尔孙干涉仪实验中,可移动反射镜 M 移动 0.620 mm 的过程中,观察到干涉条纹移动了 2300 条,则所用光的波长为________nm.

6. 在缝宽为 a 的单缝夫琅禾费衍射中,波长为 λ,衍射角 θ 方向的观察屏上的 P 点出现暗纹的条件是______________.

三、计算题

1. 在双缝干涉实验中,波长 $\lambda=550$ nm 的单色平行光垂直入射到缝间距 $d=2\times10^{-4}$ m 的双缝上,屏到双缝的距离 $D=2$ m. 求:

(1) 相邻明纹的间距及中央明纹两侧的第 5 级明纹中心的间距;

(2) 用一厚度为 $e=6.6\times10^{-6}$ m、折射率为 $n=1.58$ 的玻璃片覆盖其中一缝后,零级明纹将移到原来的第几级明纹处? ($1\ \text{nm}=10^{-9}$ m)

2. 放在空气中的一劈尖折射率为 1.4,劈尖的夹角为 10^{-4} rad,在某一单色光的垂直照射下,可测得两条相邻明纹的间距为 0.25 cm,试求:此单色光在空气中的波长.

3. 用波长为 589.3 nm 的光做牛顿环实验，测得某一明环半径为 1.0 mm，其外第 4 个明环的半径为 3.0 mm，求实验中所用的平凸透镜的凸面曲率半径.

4. 在复色光照射下的单缝衍射图样中，某一未知波长光的第 3 级明纹极大位置恰与波长为 $\lambda=600$ nm 光的第 2 级明纹极大位置重合，求这一光波的波长.

练习十五

知识点：圆孔夫琅禾费衍射、光学仪器的分辨本领、光栅衍射、光的偏振

一、选择题

1. 在半径为 a 的圆孔夫琅禾费衍射中，艾里斑的半径为 r，今将圆孔的半径减小一半，则艾里斑的半径是 ( )

(A) $r/2$；(B) r；(C) $2r$；(D) $4r$.

2. 在光栅衍射实验中，若只改变光栅常数 d，衍射图样中改变的是 ( )

(A) 干涉主极大的位置；(B) 单缝衍射亮纹内的谱线数；

(C) 光谱线的亮度和宽度；(D) 光谱线的亮度和位置.

3. 波长为 600 nm 的单色光垂直入射到光栅常数为 2.5×10^{-3} mm 的光栅上，光栅的刻痕与缝宽相等，则光谱上呈现的全部级数为 ( )

(A) $0,\pm1,\pm2,\pm3,\pm4$；(B) $0,\pm1,\pm3$；

(C) $\pm1,\pm3$；(D) $0,\pm2,\pm4$.

4. 某波长的光垂直入射至一衍射光栅，在屏幕上只能出现零级和一级主极大，欲使屏幕上出现更高级次的主极大，应该 ( )

(A) 换一个光栅常数较大的光栅；(B) 换一个光栅常数较小的光栅；

(C) 将光栅向靠近屏幕的方向移动；(D) 将光栅向远离屏幕的方向移动.

5. 一束光强为 I_0 的自然光垂直穿过两个偏振片，且两偏振片的偏振化方向成 45° 角，若不考虑偏振片的反射和吸收，则穿过两个偏振片后的光强 I 为 ( )

(A) $\frac{\sqrt{2}}{4}I_0$；(B) $\frac{1}{4}I_0$；(C) $\frac{1}{2}I_0$；(D) $\frac{\sqrt{2}}{2}I_0$.

6. 自然光从空气入射到折射率为$\sqrt{3}$的玻璃上，反射光为线偏振光时的入射角为 ( )

(A) $\pi/2$；(B) $\pi/3$；(C) $\pi/4$；(D) $\pi/6$.

二、填空题

1. 波长为 λ，圆孔直径为 D 的衍射图样艾里斑的角半径 $\theta_1=$____________.

2. 迎面驶来的汽车两盏前灯相距 1.2 m，则当汽车与人相距为________时，人眼才能分辨这两盏前灯.(假设人的眼瞳直径为 0.5 mm，而入射光波长为 550.0 nm.)

3. 光的偏振态有______________、______________、______________.

4. 入射强度为 I_1，振动方向与检偏器透振方向夹角为 α 的线偏振光，经检偏器后的透射光强 $I=$________，这种规律称__________________.

5. 自然光从折射率为 n_1 的介质入射到折射率为 n_2 的介质分界面上，反射光为线偏振光时的入射角 i_B 满足________，这时________和________垂直.

6. 检验自然光、线偏振光时，使被检验光入射到偏振片上，然后旋转偏振片. 若从偏

振片射出的光线________________________，则入射光为自然光；若射出的光线________________，则入射光为完全偏振光.

三、计算题

1. 用可见光(400 nm～760 nm)照射光栅常数为 d 的光栅时，一级光谱和二级光谱是否重叠？二级光谱和三级光谱如何？

2. 一衍射光栅，每厘米有 200 条狭缝，每条狭缝宽为 $a=2\times10^{-3}$ cm，在光栅后放一焦距 $f=1$ m 的凸透镜，现以 $\lambda=600$ nm ($1\ \text{nm}=10^{-9}$ m)的单色平行光垂直照射光栅，求：

(1) 单缝 a 的衍射中央明条纹线宽度为多少？

(2) 在该宽度内，有几个光栅衍射主极大？

3. 自然光和线偏振光的混合光束通过一偏振片. 随着偏振片以光的传播方向为轴转动，透射光的强度也跟着改变，最强和最弱的光强之比为 6∶1，那么入射光中自然光和线偏振光光强之比为多大？

4. 水的折射率为 1.33，玻璃的折射率为 1.50. 当光由水中射向玻璃而反射时，起偏角为多少？当光由玻璃射向水而反射时，起偏角又为多少？

模拟卷

一、选择题（共 20 分，每题 2 分）

1. 若理想气体的体积为 V，压强为 p，温度为 T，一个分子的质量为 m，k 为玻尔兹曼常量，R 为摩尔气体常量，则该理想气体的分子数为 （　　）

(A) pV/m；　(B) $pV/(kT)$；　(C) $pV/(RT)$；　(D) $pV/(mT)$.

2. 如果在一固定容器内，理想气体分子速率都提高为原来的 2 倍，那么 （　　）

(A) 温度和压强都升高为原来的 2 倍；

(B) 温度升高为原来的 2 倍，压强升高为原来的 4 倍；

(C) 温度升高为原来的 4 倍，压强升高为原来的 2 倍；

(D) 温度与压强都升高为原来的 4 倍.

3. 1 mol 双原子刚性分子理想气体，在 1 atm 下从 0 ℃上升到 100 ℃时，内能的增量为 （　　）

(A) 23 J；　(B) 46 J；　(C) 2077.5 J；　(D) 1246.5 J；

(E) 12500 J.

4. 一热机由温度为 727 ℃的高温热源吸热，向温度为 527 ℃的低温热源放热，若热机在最大可能效率下工作且吸热为 2000 J，则热机做功约为 （　　）

(A) 400 J；　(B) 1450 J；　(C) 1600 J；　(D) 2000 J；

(E) 2760 J.

5. 一质点沿 x 轴做简谐振动，振动表达式为 $x=4\times10^{-2}\cos\left(2\pi t+\frac{1}{3}\pi\right)$ （SI 制）. 从 $t=0$ 时刻起，到质点位置在 $x=-2$ cm 处且向 x 轴正方向运动的最短时间为 （　　）

(A) $\frac{1}{8}$ s；　(B) $\frac{1}{6}$ s；　(C) $\frac{1}{2}$ s；　(D) $\frac{1}{4}$ s.

6. 两个相干波源的相位相同，它们发出的波叠加后，在下列哪条线上总是加强的 （　　）

(A) 两波源连线的垂直平分线上；

(B) 以两波源连线为直径的圆周上；

(C) 以两波源为焦点的任意一个椭圆上；

(D) 以两波源为焦点的任意一条双曲线上.

7. 在杨氏双缝干涉实验中，若将两缝的间距加倍，则干涉条纹的间距 (　　)

(A) 是原来的 2 倍；　　(B) 是原来的 4 倍；

(C) 是原来的 1/4；　　(D) 是原来的 1/2.

8. 在单缝夫琅禾费衍射中，缝宽为 a，透镜焦距为 f，波长为 λ，则观察屏上中央亮条纹的宽度为 (　　)

(A) $\frac{\lambda}{a}f$；　　(B) $\frac{\lambda}{f}a$；　　(C) $2\frac{\lambda}{a}f$；　　(D) $2\frac{\lambda}{f}a$.

9. 一束光强为 I_0 的自然光，相继通过 3 个偏振片 P_1、P_2、P_3 后出射光强为 $\frac{1}{8}I_0$. 已知 P_1 和 P_3 的偏振化方向相互垂直. 若以入射光线为轴旋转 P_2，要使出射光强为零，P_2 至少应转过的角度是 (　　)

(A) 30°；　　(B) 45°；　　(C) 60°；　　(D) 90°.

10. 自然光以 60°的入射角照射到某一透明介质表面时，反射光为线偏振光，则 (　　)

(A) 折射光为线偏振光，折射角为 30°；

(B) 折射光为部分偏振光，折射角为 30°；

(C) 折射光为线偏振光，折射角不能确定；

(D) 折射光为部分偏振光，折射角不能确定.

二、填空题(共 30 分，每题 3 分)

1. $f(v)$为麦克斯韦速率分布函数，$\int_{v_p}^{\infty} f(v)\mathrm{d}v$ 的物理意义是____________________________.

2. 同一温度下的氢气和氧气的速率分布曲线如图所示，其中曲线 1 为________的速率分布曲线，________的最概然速率较大(填“氢气”或“氧气”). 若图中曲线表示同一种气体不同温度时的速率分布曲线，温度分别为 T_1 和 T_2 且 $T_1<T_2$，则曲线 1 代表温度为________的分布曲线(填“T_1”或“T_2”).

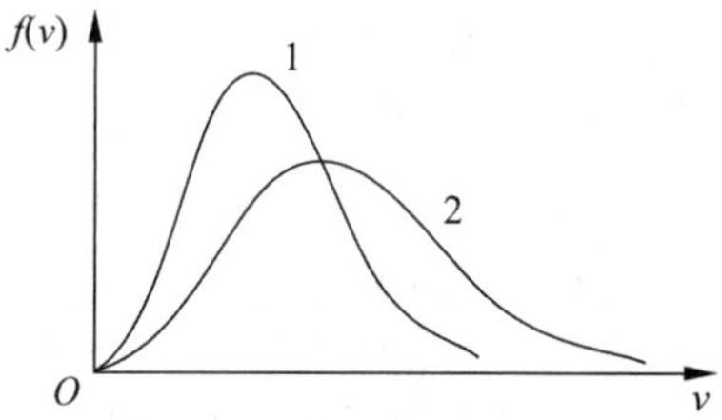

3. 设氮气为刚性分子组成的理想气体，其分子的平动自由度数为________，转动自由度数为________.

4. 如图所示，一理想气体系统由状态 a 沿 acb 到达状态 b，系统吸收热量 350 J，而系统做功为 130 J.

(1) 若经过过程 adb，系统对外做功 40 J，则系统吸收的热量 $Q=$____________.

(2) 当系统由状态 b 沿曲线 ba 返回状态 a 时，外界对系统做功为 60 J，则系统吸收的热量 $Q=$____________.

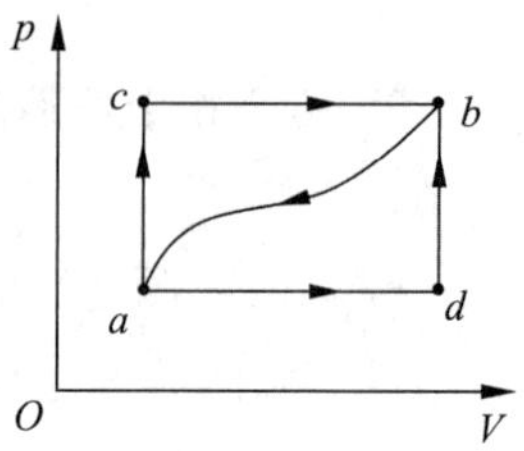

5. 一平面简谐波沿 x 轴正方向传播，波动方程为 $y=A\cos\left[\omega\left(t-\frac{x}{u}\right)+\frac{\pi}{4}\right]$，则 $x=L_1$ 处质点的振动方程为____________________，$x=-L_2$ 处质点的振动和 $x=L_1$ 处质点的振动的相位差为 $\varphi_2-\varphi_1=$____________.

6. 一质点沿 x 轴做简谐振动，振动范围的中心点为 x 轴的原点. 已知周期为 T，振幅为 A. 若 $t=0$ 时质点过 $x=0$ 处且朝 x 轴正方向运动，则振动方程为 $x=$________________，若向 x 轴负方向运动，则振动方程为 $x=$________________.

7. 一平面简谐波的周期为 2.0 s，在波的传播路径上有相距为 2.0 cm 的 M、N 两点，如果 N 点的相位比 M 点相位落后 $\frac{\pi}{6}$，那么该波的波长为________，波速为________.

8. 简谐驻波中，相邻两个波腹之间的距离为________，相邻两个波节之间的距离为________，在同一个波节两侧距该波节的距离相同的两个质元的振动相位差为________.

9. 波长为 λ 的平行单色光垂直照射到折射率为 n 的劈形膜上，相邻的两明纹所对应的薄膜厚度之差是____________________.

10. 自然光以布儒斯特角入射在介质界面上，反射光的振动面垂直于________.

三、计算题(共 50 分，每题 10 分)

1. 水蒸气分解为同温度 T 的氢气和氧气时，1 mol 的水蒸气可分解成 1 mol 氢气和 $\frac{1}{2}$mol 氧气$\left(H_2O \rightarrow H_2+\frac{1}{2}O_2\right)$. 当不计振动自由度时，求此过程中内能的增量.

2. 如果一定质量的理想气体，其体积和压强依照 $V=\frac{a}{\sqrt{p}}$ 的规律变化，其中 a 为已知常量. 试求：

(1) 气体从体积 V_1 膨胀到 V_2 所做的功；

(2) 气体体积为 V_1 时的温度 T_1 与体积为 V_2 时的温度 T_2 之比(用 V_1 和 V_2 表示).

3. 一平面简谐波，振动周期 $T=0.5\ \mathrm{s}$，波长 $\lambda=10\ \mathrm{m}$，振幅 $A=0.1\ \mathrm{m}$. 当 $t=0$ 时，波源振动的位移恰好为正方向的最大值. 若坐标原点和波源重合，且波沿 x 轴正方向传播，求：

(1) 波源的振动表达式；

(2) 简谐波的波动表达式；

(3) $x=2.5\ \mathrm{m}$ 处质点在 $t=0.25\ \mathrm{s}$ 时刻的位移和振动速度.

4. 波长 $\lambda=500\ \mathrm{nm}$($1\ \mathrm{nm}=10^{-9}\ \mathrm{m}$)的单色光垂直照射到宽度 $a=0.25\ \mathrm{mm}$ 的单缝上，单缝后面放置一凸透镜，在凸透镜的焦平面上放置一屏幕用以观测衍射条纹. 今测得屏幕上中央明条纹一侧第 3 级暗条纹和另一侧第 3 级暗条纹之间的距离为 $d=12\ \mathrm{mm}$，求凸透镜的焦距 f.

5. 一束平行光垂直入射到某个光栅上，该光束有两种波长的光，$\lambda_1=440\ \mathrm{nm}$，$\lambda_2=660\ \mathrm{nm}$($1\ \mathrm{nm}=10^{-9}\ \mathrm{m}$). 实验发现，两种波长的谱线(不计中央明纹)第二次重合于衍射角 60° 的方向上. 求此光栅的光栅常数 d.